普通高等院校材料工程类规划教材

建筑工程材料物理性能检测

主　编　赵北龙
副主编　安晓燕　钱慧丽　马雪岩
主　审　石常军

中国建材工业出版社

图书在版编目(CIP)数据

建筑工程材料物理性能检测/赵北龙主编. —北京：中国建材工业出版社，2015.2(2023.2重印)

普通高等院校材料工程类规划教材

ISBN 978-7-5160-1036-5

Ⅰ. ①建… Ⅱ. ①赵… Ⅲ. ①建筑材料-物理性能-性能检测-高等学校-教材 Ⅳ. ①TU502

中国版本图书馆 CIP 数据核字（2014）第 274076 号

内容简介

建筑工程材料检测技术是材料检测类专业的一门专业核心课程。本书主要介绍了常用建筑工程材料的基本性能及检测、技术要求、工程应用中对材料的检查验收、材料检测的相关标准、材料的取样检测、检测方法和步骤、判定规则等，力求工程材料检测与工程实际应用中对材料的要求和施工管理中对材料的要求相一致，满足建筑工程检测公司岗位知识要求的同时，也满足建筑工程岗位材料员、实验员、质量员、监理员等技术人员进行材料质量控制和检测、管理的需要。

教材突出应用性、实效性及实践性，以够用、实用为编写原则，理论知识以学习课程和讲授最新概念为主，以强化实践应用与检验为特点。

本书适合作为普通高等院校材料工程类等相关专业教材，也可作为相关专业岗位培训用书或参考书。

建筑工程材料物理性能检测

主　编　赵北龙

副主编　安晓燕　钱慧丽　马雪岩

主　审　石常军

出版发行：中国建材工业出版社

地　　址：北京市海淀区三里河路 11 号

邮　　编：100831

经　　销：全国各地新华书店

印　　刷：北京雁林吉兆印刷有限公司

开　　本：787mm×1092mm　1/16

印　　张：14

字　　数：348 千字

版　　次：2015 年 2 月第 1 版

印　　次：2023 年 2 月第 2 次

定　　价：49.80 元

本社网址：www.jccbs.com.cn　　微信公众号：zgjcgycbs

本书如出现印装质量问题，由我社市场营销部负责调换。联系电话：（010）57811387

编写委员会

主　编　赵北龙

副主编　安晓燕　钱慧丽　马雪岩

参　编　谢志峰　吕　岩　孙晓玮

主　审　石常军

前　言

自20世纪末以来，建筑材料的发展速度很快，出现了大量的新型材料，本书按照当前建筑材料的发展水平与建筑工程的实际应用情况，详细介绍了常用工程材料检测标准和方法。

建筑工程材料检测技术是材料检测类专业的一门专业核心课程。教材从适用的角度出发，本着理论够用为度的原则和培养应用型、技术型人才的目标，教材着重介绍常用建筑工程材料的基本性能及检测、技术要求、工程应用中对材料的检查验收、材料检测的相关标准、材料的取样检测、检测方法和步骤、判定规则等。力求在工程材料检测与工程实际应用中对材料的要求和在施工管理中对材料的要求相一致。在满足建筑工程检测公司相关岗位对知识和技能要求的同时，也满足建筑工程岗位材料员、实验员、质量员、监理员等技术人员进行材料质量控制和检测、管理的需要。

教材具有如下特点：第一，教材突出应用性，即突出岗位知识、岗位能力和岗位技能的培养，本着实用易懂的原则，使内容的“宽度”和“浅度”有机地结合起来。第二，贯彻各部委发布的最新标准和行业规范保证实效性，使教学与实践紧密结合。第三，为突出高等职业教育的特点，教材吸收部分企业的技术人员参加编审工作，使教材更贴近实践，能反映最新的工程材料使用技术、工艺和方法。第四，以够用、实用为原则，将理论和实际操作融为一体。理论知识以学习课程和讲授最新概念为主，以强化实际应用和检验为特点。

本书适合作为普通高等院校材料工程类等相关专业教材，也可作为相关专业岗位培训用书或参考书。

本书项目1由马雪岩编写，项目2由安晓燕编写，项目3、项目5由钱慧丽编写，项目4由吕岩编写，项目6、项目7由赵北龙编写，项目8由谢志峰编写，项目9由孙晓玮编写。本书由赵北龙担任主编，负责全书统稿工作，石常军教授主审。

由于编者知识结构、水平和广度有限，书中难免会出现纰漏和错误，希望大家给予批评和指正，也十分感谢大家提出宝贵意见。

编　者

2015年2月

学生实验规则

一、学生实验前，必须按实验指导书的要求做好预习，明确实验目的、方法和步骤，做好准备工作，经教师检查后方可进行实验。迟到者，不得参加实验。

二、学生听从教师指导，严肃认真地进行实验，实事求是地做好实验记录。实验结束时把实验记录交指导教师审阅签名。

三、实验时不准动用与实验无关的仪器设备，不得动用他组的仪器、工具、元件与材料。

四、实验时要注意安全，严格遵守操作规程进行实验，遇到事故要立即采取安全措施，并及时向指导教师报告。

五、做完实验必须整理好仪器、设备，清扫实验场所，经教师检查后，方可离开实验室。

六、实验报告必须自己独立完成，不符合要求的实验报告退回重做。

七、因无故旷课、迟到缺做的实验，一律不予补做，成绩为零。

八、实验室内必须保持安静，不准高声喧哗，不准吸烟，不准随地吐痰和乱抛纸屑杂物。

九、爱护仪器、设备和工具。节约水、电和材料。因责任事故损坏仪器、设备和工具者，均应检查其原因，做出书面检查报告，并视具体情节按规定赔偿。

十、凡违反实验室有关规定者，教师将提出批评，必要时令其停做实验。情节严重者，教师要及时向有关领导报告，以便做出处理。

目　　录

项目1　绪　　论

随着国民经济的持续增长，房地产业、建筑业的健康发展，人民生活水平的提高，以及建筑材料行业新技术、新品种的不断出现，我国建筑行业仍保持较高的发展速度。

1.1　建筑工程材料检测的目的

建筑工程材料检测就是根据有关标准的规定和要求，采取科学合理的检测手段，对建筑工程材料的性能参数进行检验和测定的过程。

建筑工程材料的品种很多，形态各异，性能相差很大。建筑工程材料质量、性能的好坏直接影响工程质量。要判断建筑工程材料的质量好坏，必须对建筑工程材料进行检测。近年来人们认识到环保装修的重要性，又增加了对建筑工程材料污染控制与检测。

建筑工程材料的检测，主要分为生产单位检测和施工单位检测两方面。生产单位检测的目的，是通过测定材料的主要质量指标，判定材料的各项性能是否达到相应的技术标准规定，以评定产品的质量等级、判断产品质量是否合格，确定产品能否出厂。施工单位的检测是采用规定的抽样方法，抽取一定数量的材料送交相关资质等级的检测机构进行检测。其主要目的是通过测定材料的主要质量指标，判定材料的各项性能是否符合质量等级的要求，即是否合格，以确定该批建筑工程材料能否用于工程中。

对建筑工程材料检测，不仅是评定和控制建筑工程材料质量、施工质量的手段和依据，而且也是推动科技进步、合理选择使用建筑工程材料、降低生产成本、提高企业经济效益的有效途径。

1.2　建筑工程材料检测的基本知识

1.2.1　概述

在科学实验中，当我们要测试一个现象中的某一性质，或对现象某一性质作一系列测量时，一方面，必须对所测对象进行分析研究，选择适当的测试方法，估计所测结果的可靠程度，并对所测数据给予合理的解释；另一方面，还必须将所得数据进行归纳整理，以一定的方式表示出各数值之间的相互关系。前者需要误差理论方面的基础知识，后者需要数据处理的基本技术。关于误差理论、概率论和数理统计这些原理本身的讨论以及公式的推导，在有关专著中都有详细叙述。本章的日的在于如何运用这些原理解决测试的一些具体问题，至于原理本身，必要时仅作简要介绍。

我们知道，任何一种测试工作都必须在一定的环境下，通过测试工作者用一定的测试仪表或工具来进行。但是，无论测试仪表多么精密、测试方法多么完善、测试者多么细心，所测得的结果都不可避免要产生误差，即误差的存在是绝对的，不能也不可能完全消除它。随着科学水平、测试技术水平和测试技术的不断提高和发展，人们只能使测量值逐步接近客观存在的真值。

根据误差产生的原因，可将误差种类分为下述三类：系统误差、偶然误差和过失误差。

（1）系统误差

系统误差是指在测试中由于测试系统不完善，如仪表设备校正误差、测试方法不得当、测试环境的变化（如外界温度、压力湿度变化），以及观测者的习惯性误差。一般来说系统误差的出现往往是有规律的，它可能是符号和数值都不变的一个定值，也可能是一个按某一规律改变其大小和符号的变值，它不能依靠增加量测次数的方法使之减小或消除。通过实验前对仪表的校验调整，实验环境的改善和测试人员技术水平的提高以及实验数据的修正，可以减少甚至消除系统误差。

（2）偶然误差

当消除引起系统误差的一些因素后，在测试中仍会有许多随机因素，使测试数据波动不稳，这种误差即为偶然误差。这些随机因素包括了测试环境和条件不稳定（温度、湿度、气压、电压的少量波动）、仪表设备不稳定、测试数据的不准确等。偶然误差表面看来无规律可循，有随机性质，无法防止。但对同一物理量用增加量测次数的方法，可以发现该误差服从统计规律。因此，实际工作中可以根据误差理论，适当增加量测次数以减少该误差对测量结果的影响。

偶然误差的大小，决定了量测工作的精确度，因此它是误差理论的研究对象。

（3）过失误差

这是一种显然不符合实际的误差，完全是由于测试者的粗心大意、操作错误、记录错误所致。此种误差无规律可循，只有通过认真细致的操作去力求避免，或对同一物理量重复多次的测量，在整理数据时经过分析予以剔除。

1.2.2 精确度与准确度

这里我们需要说明精确度和准确度的概念。

所谓精确度（也称精密度和精度）是指多次测量时，各次量测数据最接近的程度。准确度则表示所测数值与真值相符合的程度。在一组测量值中，若其准确度好，则精确度一定也高；但是若精确度很高，则准确度不一定很好。这一点可以用打靶的实例说明：图 1-1 中（a）表示精确度准确度都很好；（b）表示精确度很好，但准确度不高；而（c）中各点分散，表示准确度与精确度都不好。

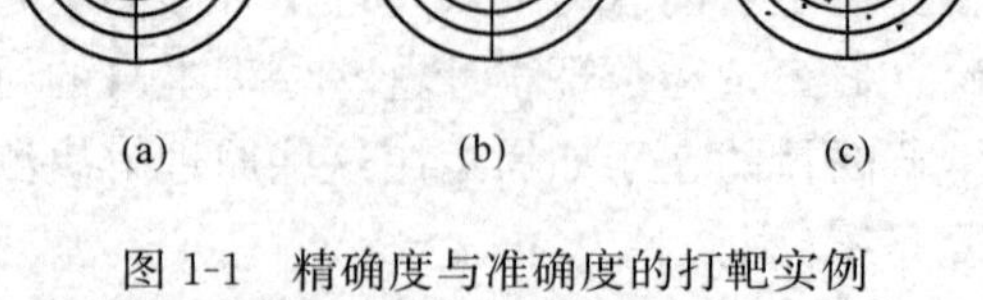

(a)　　(b)　　(c)

图 1-1　精确度与准确度的打靶实例

1.2.3　误差的表示方法

由于测试仪器、测试条件和人为因素，严格说来，真值是无法求得的。在实验科学中，每次测试所得的值都不可避免的与真值有差异。测量值与真值的差异称为误差。若令其真值为 x_0，测量值为 x，则误差可用下式表示：

$$\Delta x = x - x_0$$

这里的 Δx 称为绝对误差。在实际工作中，我们常用相对误差 e 来表示测量精度。相对误差 e 可用下式表示（常用百分数表示）：

$$e = \frac{\Delta x}{x_0} \times 100\%$$

误差 Δx 可以为正值或负值表示，但 Δx 与 x_0 相比，Δx 是很小的，即 $|\Delta x| \ll |x_0|$ 。这样可近似将 x 看成 x_0 ，因而相对误差可近似的记为：

$$e = \frac{\Delta x}{x} \times 100\%$$

1.2.4　真值与平均值

真值是指一个现象中物理量客观存在的真实数值。严格说来，由于各种主客观的原因，真值是无法测得的。在实验科学中，为了使真值这个概念具有实际的含义，通常可以这样来定义实验科学中的真值：在没有过失误差和系统误差的情况下，无限多次的观测值的平均值即为真值。在实际测试中不可能观测无限多次，故用有限测试次数求出的平均值，只能是近似值，我们称之为最佳值或平均值。

常用的平均值有算术平均值、加权平均值、中位值等。

（1）算术平均值

算术平均值是最常用的一种平均值。在一组等精度的测量中，算术平均值是最接近真值的最佳值。

设某一物理量的一组观测值为 $x_1, x_2, \cdots, x_n$ ，n 表示观测的次数，则其算术平均值为：

$$\overline{x} = \frac{x_1 + x_2 + \cdots + x_n}{n} = \frac{1}{n}\sum_{i=1}^{n} x_i$$

（2）加权平均值

当同一物理量用不同的方法去测定，或由不同的人去测定时，常对可靠的数值予以加权平均，称此平均值为加权平均值。其定义是：

$$\overline{x}_k = \frac{k_1 x_1 + k_2 x_2 + \cdots + k_n x_n}{k_1 + k_2 + \cdots + k_n} = \frac{\sum_{i=1}^{n} k_i x_i}{\sum_{i=1}^{n} k_i}$$

式中，$k_1 + k_2 + \cdots + k_n$ 代表各观测值的对应的权，其权数可依据经验多少、技术高低给定。

（3）中位值

中位值是将同一状态物理量的一组测试数据按一定的大小次序排列起来的中间值。若遇测试次数为偶数，则取中间两个值的平均值。该法的最大优点是简单，与两端变化无关。只有观测值的分布呈正态分布时，它才能代表一组观测值的近似真值。

上述各种平均值的计算方法，其目的都是企图在一组测试数据中找出最接近真值的那个值，即最佳值。平均值的选择主要取决于一组观测数据的分布类型。以后我们讨论的重点都是指正态分布类型且平均值将以算术平均值为主。

方差：是各个数据与平均数之差的平方和的平均数。

标准差：是方差的算术平方根。标准差能反映一个数据集的离散程度。平均数相同的，标准差未必相同。

变异系数：变异系数又称“标准差率”，是衡量资料中各观测值变异程度的另一个统计量。当进行两个或多个资料变异程度的比较时，如果度量单位与平均数相同，可以直接利用标准差来比较。如果单位和（或）平均数不同时，比较其变异程度就不能采用标准差，而需采用标准差与平均数的比值（相对值）来比较。标准差与平均数的比值称为变异系数。

1.2.5 数值修约

根据中华人民共和国国家标准《数值修约规则与极限数值的表示和判定》（GB/T 8170）规定，该标准适用于科学技术与生产活动中实验测定和计算得出的各种数值。需要修约时，除另有规定者外，应按本标准给出的规定进行。

1. 有效数字

（1）（末）的概念

所谓（末），指的是任何一个数最末一位数字所对应的单位量值。例如：用分度值为0.1mm的钢卷尺测量某物体的长度，测量结果为19.8mm，最末一位的量值0.8mm，即为最末一位数字8与其所应的单位量值0.1mm的乘积，故19.8mm的（末）为0.1mm。

（2）有效数字的概念

人们在日常生活中接触到的数，有准确数和近似数。对于任何数，包括无限不循环小数和循环小数，截取一定位数后所得的即近似数。同样，根据误差公理，测量总是存在误差，测量结果只能是一个接近于真值的估计值，其数字也是近似数。

【例 1.1】 将无限不循环小数 $\pi=3.14159\cdots$ 截取到百分位，可得到近似数3.14，则此时引起的误差绝对值为：

$$|3.14-3.14159\cdots|=0.00159\cdots$$

近似数3.14的（末）为0.01，因此0.5（末）$=0.5\times0.01=0.005$，而 $0.00159\cdots<0.005$，故近似数3.14的误差绝对值小于0.5（末）。

由此可以得出关于近似数有效数字的概念：当该近似数的绝对误差的模小于0.5（末）时，从左边的第一个非零数字算起，直到最末一位数字为止的所有数字。根据这个概念，3.14有3位有效数字。

测量结果的数字，其有效位数代表结果的不确定度。例如：某长度测量值为19.8mm，有效位数为3位；若是19.80mm有效位数为4位。它们的绝对误差的模分别小于0.5（末），即分别小于0.05mm和0.005mm。

显而易见，有效位数不同，它们的测量不确定度也不同，测量结果19.80mm比19.8mm的不确定度要小。同时，数字右边的“0”不能随意取舍，因为这些“0”都是有效数字。

2. 数据修约

对某一拟修约数，根据保留数位的要求，将其多余位数的数字进行取舍，按照一定的规则，选取一个其值为修约间隔整数倍的数（称为修约数）来代替拟修约数，这一过程称为数据修约，也称为数的化整或数的凑整。为了简化计算，准确表达测量结果，必须对有关数据进行修约。

修约间隔又称为修约区间或化整间隔，它是确定修约保留位数的一种方式。修约间隔一般以 $k\times10^n$（k=1，2，5；n 为正、负整数）的形式表示。人们经常将同一 k 值的修约间隔，简称为“k”间隔。

一个数值一经确定了修约间隔，则修约后的数值一定是修约间隔的整数倍。其进舍的规则：当拟舍取数字的最左一位数小于 5 则舍，大于 5 则进；当等于 5 或 5 后面皆为 0 时，所保留的末位数为奇数（1、3、5、7、9）则进，偶数（2、4、6、8、0）则舍。这就是所谓的“四舍六入五单双”。

【例 1.2】 修约间隔为 0.001

1.0005 依据国标修约规则，修约后的值应为：1.000。

【例 1.3】 修约间隔为 0.01

1.005000001 依据国标修约规则，修约后的值应为：1.01。

【例 1.4】 修约间隔为 5

142.002 依据国标修约规则，先将 142.532 乘以 2，得 284.04 修约到 10 位数为 280 再除以 2，则修约后的值应为：140。

国标中还规定：拟修约的数值应一次修约不得连续修约。

【例 1.5】 修约间隔为 0.01

1.014501 修约为 1.01（正确）；

1.014501 先修约为 1.015 再修约为 1.02（错误）。

1.2.6　实验数据的整理

通常，实验的目的都是为寻求两个或更多的物理量之间的关系，实验后，经过整理的数据都要用一定的方式表达出来，以供进一步分析、使用。常用的表达方式有列表表示法、曲线表示法和方程表示法。列表表示法简单易行，我们都较熟悉，在此不再赘述，下面仅介绍实验曲线表示法和方程表示法。

1. 实验曲线表示法

实验曲线表示法简明、直观，可一目了然统观测试结果的全貌。然而，根据实验数据作实验曲线时要注意以下几点：

① 选择适当坐标（直角坐标、对数坐标、三角坐标），坐标比例尺和分度。习惯上自变量用横坐标表示，因变量用纵坐标表示。

② 曲线要光滑匀整，曲折少，且尽量与所有测试数据点接近。

③ 实验曲线两侧的实验数据点数要大体相等，分布均匀。

为达到上述要求，用曲线表示法时就必须有足够的实验数据点，否则精度会降低。

2. 回归方程表示法

做出实验曲线后，往往还需要用函数的解析表达形式，以便做有关计算用。所谓回归方程公式就是根据实验数据而建立起来的物理量间近似的函数表达式。一般来说，将测试数据应用回归方程的方法表达，其步骤如下：

① 首先对测试数据进行检查、修正，舍去有明显过失误差的数据，并做出系统误差的修正。

② 先在普通直角坐标系中描出实验点，并描出光滑的实验曲线见图 1-2。

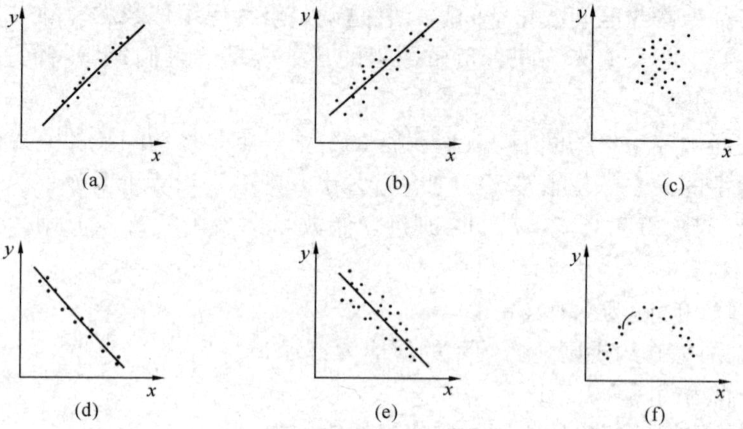

图 1-2　实验曲线图

（a）正相关；（b）弱正相关；（c）不相关；（d）负相关；（e）弱负相关；（f）非线性相关

③ 判断曲线有、无一次或二次等线性特征。

④ 根据经验和解析几何原理，选择经验公式应有的形式。

⑤ 确定所选定回归方程的系数，一般可用选点法、平均值法，或最小二乘法等。

⑥ 根据实验数据对所回归方程偏差的均方差值，估计公式的精度。

【例 1.6】 有一组实验数据列表见表 1-1。

表 1-1　实验数据表

x	1	3	7	10	13	15	18	20
y	4.0	6.0	9.0	11.5	14.0	15.5	18.0	19.5

解： 建立以水平为 x 轴垂直为 y 轴的直角坐标系，并在坐标系上描绘出各点对应的值形成散点图 1-3。

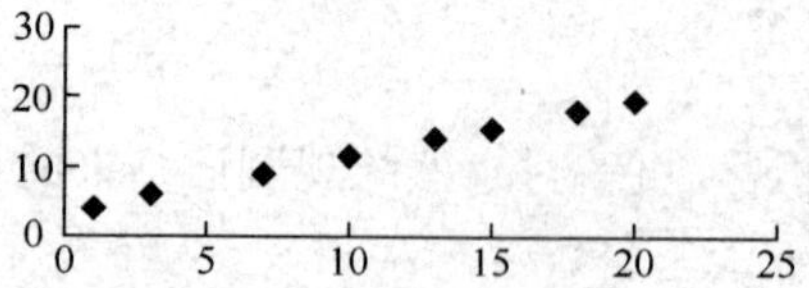

图 1-3　变量 x 与 y 对应值散点图

从对应的散点图大致表现为一条直线，因此我们建立一元线性回归方程的模型为：

$$y = ax + b$$

式中　y——因变量 y 的估计理论值；

x——自变量的实际值；

a 、b——待定参数，其中 a 为斜率，b 为截距。

通常根据数学中的最小平方法原理确定 a 、b 两个参数，其公式如下：

$$a = \frac{n\sum xy - \sum x \sum y}{n\sum x^2 - (\sum x)^2}$$

$$b = \overline{y} - a\overline{x}$$

通过计算可以求出：a=0.8132；b=3.2191。因此得出一元线性回归方程为：

$$y = 0.8132x + 3.2191$$

利用相关系数 R（或 R^2）进行验证（相关系数是在直线相关条件下，说明两个现象之间相关关系的密切程度及其相关方向的统计分析指标。取值范围在－1 和＋1 之间。计算结果有正负，正值表示正相关，负值表示负相关。一般情况下，$R\propto\pm1$，表示相关性越强，反之越弱）：

$$R = \frac{\Sigma(x-\overline{x}) \cdot \Sigma(y-\overline{y})}{\sqrt{\Sigma(x-\overline{x})^2 \cdot \Sigma(y-\overline{y})^2}}$$

将数值代入公式计算得出，R^2 =0.9958，表明变量 x 、y 之间高度相关。一元线性回归技术广泛应用于统计分析中，除此之外，指数函数、对数函数等回归分析也较普遍，这里不再赘述。随着计算机技术的广泛应用，使得上述工作变得轻而易举，图 1-4 就是利用 Excel 组件完成的绘图及统计分析。

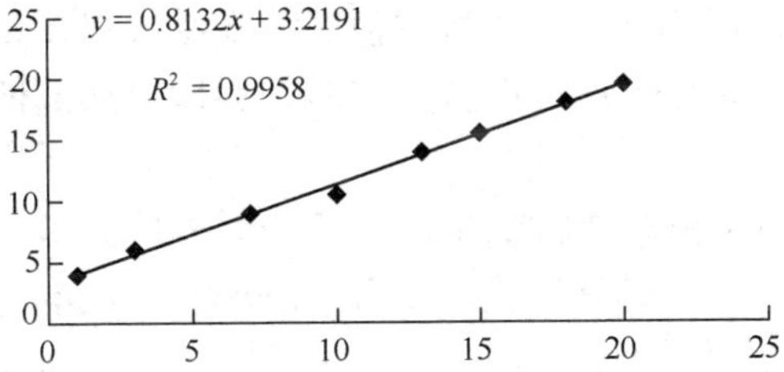

图 1-4　变量 x、y 散点图及线性回归方程图

1.3　不确定度原理和应用

测量是科学技术、工农业生产、国内外贸易以至日常生活各个领域中不可缺少的一项工作。测量的目的是确定被测量的值或获取测量结果。测量结果的质量（品质），往往会直接影响国家和企业的经济利益。例如，对出口货物称重不准就会造成很大的损失，多了白白送给外商，少了则要赔款。测量结果的质量还是科学实验成败的重要因素之一。例如，对卫星的质量或对运载火箭燃料的质量若测量不准，就有可能导致卫星发射因推力不足而失败。测量结果的质量也会影响到人身的健康和安全。例如，在使用 γ 射线治疗疾病时，若对剂量测量不准，过少达不到治病的目的，延误治疗；过多则会对人体造成伤害。测量结果和由测量结果得出的结论，还可能成为执法和决策的重要依据。因此，当报告测量结果时，必须对其质量给出定量的说明，以确定测量结果的可信程度。测量不确定度就是对测量结果质量的定量表征，测量结果的可用性很大程度上取决于其不确定度的大小。所以，测量结果必须附有不确定度说明才是完整并有意义的。

测量不确定度的概念在测量历史上相对较新，其应用具有广泛性和实用性。正如国际单位制（SI）计量单位已渗透到科学技术的各个领域并被全世界普遍采用一样，无论哪个领域进行的测量，在给出完整的测量结果时也普遍采用了测量不确定度。

1.3.1 基本概念

测量不确定度是对测量结果可信性、有效性的怀疑程度或不肯定程度，是定量说明测量结果的质量的一个参数。

通俗来讲，测量不确定度即对任何测量的结果存有怀疑。也许认为制作良好的尺子、钟表和温度计应该是可靠的，并应给出正确答案。但对每一次测量，即使是最仔细的，总是会有怀疑的余量。日常中这可以表述为“出入”，例如一根绳子可能 2m 长，有 1cm“出入”。

由于对任何测量总是存在怀疑的余量，所以我们需要回答“余量有多大”和“怀疑有多差”，这样为了给不确定度定量，实际上需要有两个数。一个是该余量（或称区间）的宽度，另一个是置信概率，说明我们对“真值”在该余量范围内有多大把握。

例如：我们用钢卷尺测量窗的长度为 1200mm，误差为±1mm，有 95%的置信概率。这结果可写成：（1200±1）mm，置信概率为 95%，这表明该窗的长度为 1199mm 至 1201mm 之间有 95%的把握。

1.3.2 测量不确定度评定代替偏差评定的原因

测量结果是由测量所得到的赋予被测量的值。测量结果仅仅是被测量的最佳估计值，并非真值。在用传统方法对测量结果进行误差评定时，大体上遇到两方面的问题：逻辑概念上的问题和评定方法问题。

测量误差的定义是测量结果减去被测量的真值。误差应该是一个确定的值，是客观存在的测量结果与真值之差。但由于真值往往不知道，故误差无法准确得到。虽然误差定义中同时还指出：由于真值不能确定，实际上用的是约定真值，但此时还需考虑约定真值本身的误差。对一个被测量进行测量的目的就是想要知道该被测量的值。如果知道了被测量的真值或约定真值，也就没有必要再进行测量了。由于真值无法知道，因此实际上误差的概念只能用于已知约定真值的情况。

从另一个角度来说，误差等于测量结果减真值，即真值等于测量结果减误差，因此一旦知道了测量结果的误差，就可以对测量结果进行修正而得到真值。这是经典的误差评定遇到的第一个问题。

误差评定遇到的第二个问题是评定方法的问题。在进行误差评定时通常要求先找出所有需要考虑的误差来源，然后根据这些误差来源的性质将它们分为随机误差和系统误差两类。随机误差通常用测量结果的标准偏差（样本标准偏差 $s=\sqrt{\dfrac{\sum_{i=1}^{n}(x_i-\overline{x})^2}{n-1}}$）来表示，将所有的随机误差分量按方和根法进行合成，得到测量结果的总的随机误差。由于在正态分布情况下与标准偏差所对应区的置信概率仅为 68.26%，故通常采用两倍或三倍的标准偏差来表示总的随机误差。而系统误差则通常用该分量最大误差限来表示，同样采用方和根法将各系统误差分量进行合成，得到测量结果的总的系统误差。最后再将总的随机误差和总的系统误差进行合成得到测量结果的总误差。而问题正是来自于随机误差和系统误差的合成方法上。由于随机误差和系统误差是两个性质不同的量，前者用标准偏差表示，而后者则用最大可能误差来表示，在数学上无法解决两者之间的合成方法问题。正因为如此，长期以来，在随机误差和系统误差的合成方法上从来没有统一过。误差评定方法的不一致，使得不同的测量结果之间缺乏可比性，这与当今全球化的市场经济的发展不相适应。社会、经济和科技的发展和进步也要求改变这一状况，用测量不确定度统一评价测量结果就是在这种背景下产生的。

1.3.3　测量不确定度的来源

测量中，可能导致不确定度的因素很多。测量中的缺陷可能看得见，也可能看不见。由于实际的测量绝不会是在完美条件下进行的，不确定度大体上来源于下述几个方面：

① 对被测量的定义不完整或不完善。例如：定义被测量是一根标称值为1m长的钢棒长度。如果要求测准至μm量级，则被测量的定义就不够完整。因为此时被测钢棒1m受温度和压力的影响已较明显，而这些条件没有在定义中说明，由于定义的不完整使测量结果引入温度和压力影响的不确定度。这时完整的被测量定义是：标称值为1m的钢棒在25℃和101325Pa时的长度。

② 实现被测量定义的方法不理想。如上例，完整定义的被测量，由于测量时温度和压力实际上达不到定义的要求（包括由于温度和压力的测量本身存在不确定度），使测量结果引入不确定度。

③ 取样的代表性不够，即被测量的样本不能完全代表所定义的被测量。例如：被测量为某种介质材料在给定频率时的相对介电常数。由于测量方法和测量设备的限制，只能取这种材料的一部分做成样块，然后对其进行测量，如果测量所用的样块在材料的成分或均匀性方面不能完全代表定义的被测量，则样块就引起测量不确定度。

④ 对测量过程受环境影响的认识不周全，或对环境条件的测量与控制不完善。同样以上述钢棒为例，不仅温度和压力影响其长度，实际上，湿度和钢棒的支撑方式都有明显影响，但由于认识不足，没有采取措施，就会引起不确定度。此外在按被测量的定义测量钢棒的长度时，测量温度和压力所用的温度计和压力表的不确定度也是不确定度的来源。

⑤ 对模拟式仪器的读数存在人为偏差（偏移）。模拟式仪器在读取其示值时，一般是估读到最小分度值的1/10。由于观测者的位置、不同的观测习惯等原因，可能对同一状态下的显示值会有不同的估读值，这种差异将产生不确定度。

⑥ 测量仪器计量性能（如灵敏度、鉴别力阈、分辨力、死区及稳定性等）上的局限性是数字仪器的不确定度来源之一，是其指示装置的分辨力。

例如，即使示值为理想重复，重复性所贡献的测量不确定度仍然不为零，因为仪器的输入信号在一个已知区间内变动，却给出同样的示值。

⑦ 赋予计量标准的值和标准物质的值不准确。通常的测量是将被测量与测量标准的给定值进行比较实现的，因此，标准的不确定度直接引入测量结果。例如用天平测量时，测得质量的不确定度中包括了标准砝码的不确定度。

⑧ 引用的数据或其他参量的不确定度。例如，在测量黄铜的长度随温度变化时，要用到黄铜的线热膨胀系数α_t，查数据手册可以找到所需的α_t值，该值的不确定度也可由手册查出，它同样是测量结果不确定度的一个来源。

⑨ 与测量方法和测量程序有关的近似性和假定性。例如，被测量表达式的近似程度，自动测试程序的迭代程度，电测量中由于测量系统不完善引起的绝缘漏电、热电势、引线电阻上的压降等，均会引起不确定度。

⑩ 在表面上看来完全相同的条件下，被测量重复观测值的变化。在实际工作中我们经常会发现，无论怎样控制环境条件以及各类对测量结果可能产生影响的因素，而最终的测量结果总会存在一定的分散性，即多次测量的结果并不完全相等。这种现象是一种客观存在，是由一些随机效应造成的。

由此可见，测量不确定度一般来源于随机性或模糊性。前者归因于条件不充分，后者归因于事物本身概念不明确。因而测量不确定度一般由许多分量组成，其中一些分量具有统计性，另一些分量具有非统计性。所有这些不确定度来源，若影响到测量结果，都会对测量结果的分散性做出贡献。也就是说由于这些不确定度来源的综合效应，使测量结果的可能值服从某种概率分布。可以用概率分布的标准差来表示的测量不确定度，称为标准不确定度，它表示测量结果的分散性。也可以用具有一定置信概率的区间来表示测量不确定度。

1.3.4 测量不确定度的评定

在测量不确定度评定中，所有的测量值均应是测量结果的最佳估计值（即对所有测量结果中系统效应的影响均应进行修正）。对各影响量产生的不确定度分量不应有遗漏，也不能有重复。在所有的测量结果中，均不应存在由于读取、记录或数据分析失误或仪器不正确使用等因素引入的明显的异常数据。如果发现测量结果中有异常值，则应将其剔除，但在剔除数据前应对异常值依据适当规则［例如《数据的统计处理和解释　正态样本离群值的判断和处理》（GB/T 4883）］进行检验，而不能仅凭经验或主观感觉做判断。

在有些情况下，系统效应引起的不确定度分量本身很小，对测量结果的合成不确定度影响也很小，这样的分量在评定不确定度时就可以忽略。如果修正值本身与合成标准不确定度相比也是很小的值时，修正值本身也可以忽略不计。比如，用等级很高的标准器校准低等级的计量器具时，标准器的修正值及标准器修正值引入的不确定度分量均可忽略不计。

又如，在法制计量领域内，通常要求计量标准及测量方法和程序引入的测量不确定度应小到可忽略的程度，即要求标准装置的扩展不确定度为被测件允许误限差的1/3～1/10。这时，测量方法、过程及测量标准本身引起的不确定度，通常可以忽略不计。

评定测量不确定度的主要步骤如下：

1. 确定被测量和测量方法

由于测量结果的不确定度和测量方法有关，因此在进行不确定度评定之前必须首先确定被测量和测量方法。此处的测量方法包括测量原理、测量仪器、测量条件以及测量和数据处理程序等。

2. 找出所有影响测量不确定度的影响量

原则上，测量不确定度来源既不能遗漏，也不能重复计算。

3. 建立满足测量不确定度评定所需的数学模型

在实际测量的很多情况下，被测量 Y（输出量）不能直接测得，而是由 X_1，X_2，…，X_n（输入量）通过函数关系 f 来确定，因此也就建立了满足测量所要求准确度的数学模型，即被测量 Y 和所有各影响量 X_i 之间的函数关系。

$$Y = f(X_1, X_2, \cdots, X_n)$$

从原则上说，数学模型应该就是用以计算测量结果的计算公式。但许多情况下的计算公式都经过了一定程度的近似和简化，因此数学模型和计算公式经常是有差别的。

要求所有对测量不确定度有影响的输入量都应包含在数学模型中。在测量不确定度评定中，所考虑的各不确定度分量，要与数学模型中的输入量一一对应。

4. 确定各输入量的标准不确定度 $u(x_i)$

各输入量最佳估计值的确定大体上分成两类：由实验测量得到和由其他各种信息来源得到。对于这两类输入量，可以采用不同的方法评定其标准不确定度，即标准不确定度的A类评定和标准不确定度的B类评定。

A、B的分类目的是表明不确定度评定的两种方法，仅为讨论方便，并不意味着两类评定之间存在本质上的区别。它们都基于概率分布，并都用方差或标准差表征。

表征A类评定所得不确定度分量的方差估计值记为 u^2，由重复观测列算得。u^2 就是熟知的统计方差 σ^2 的估计值 s^2，而 u^2 的正平方根即为估计标准差 s，记为 u，即 $u=s$，称为A类标准不确定度。B类评定所得的不确定度分量的估计方差 u^2 依据有关信息评定，估计标准差为 u，称为B类标准不确定度。因此，A类标准不确定度由以观测列频率分布导出的概率密度函数得到；B类标准不确定度由一个认定的或假定的概率密度函数得到，此函数基于事件发生的信任度（常称主观概率或先验概率）。两种方式都用已知的概率解释。

5. 确定对应于各输入量的标准不确定度分量 $u_i(y)$

若输入量 x_i 的标准不确定度为 $u(x_i)$，则标准不确定度分量 $u_i(y)$ 为：

$$u_i(y) = c_i u(x_i) = \frac{\partial f}{\partial x_i} \cdot u(x_i)$$

式中，c_i 称为灵敏系数。它可由数学模型对输入量 x_i 求偏导数而得到，也可由实验测量得到，在数值上它等于当输入量 x_i 变化一个单位量时，被测量 y 的变化量。

当数学模型为非线性模型时，灵敏系数 c_i 的表示式中将包含输入量。从原则上说，灵敏系数 c_i 表示式中的输入量应取其数学期望值。

6. 对各标准不确定度分量 $u_i(y)$ 进行合成得到合成标准不确定度 $u_c(y)$

根据方差合成定理，当数学模型为线性模型，并且各输入量 x_i 彼此间独立无关时，合成标准不确定度 $u_c(y)$ 为：

$$u_c(y) = \sqrt{\sum_{i=1}^{n} u_i^2(y)}$$

上式常称为不确定度传播定律。当数学模型为非线性模型时，原则上上式已不再成立，而应考虑其高阶项。若非线性不很明显，则通常高阶项因远小于一阶项而仍可以忽略；但若非线性很明显时，则应考虑高阶项。

当各输入量之间存在相关性时，则要考虑它们之间的协方差，即在合成标准不确定度的表示式中应加入相关项。

7. 确定被测量 Y 可能值分布的包含因子

根据被测量 Y 分布情况的不同，所要求的置信概率 p，以及对测量不确定度评定具体要求的不同，分别采用不同的方式来确定包含因子 k。

8. 确定扩展不确定度 U

扩展不确定度 $U=ku_c$。当包含因子 k 由所规定的置信概率 p 得到时，扩展不确定度用 $U_p=k_p u_c$ 表示。

9. 给出测量不确定度报告

简要给出测量结果及其不确定度，以及如何由合成标准不确定度得到扩展不确定度。报告中应给出尽可能多的信息，避免用户对所给测量不确定度产生错误的理解。

【例 1.7】 水泥抗压强度测量不确定度评定

（1）测定方法

实验按《水泥胶砂强度检验方法（ISO 法）》（GB/T 17671—1999）的要求进行，养护龄期 28d，共做了 10 组强度实验，数据见表 1-2。

表 1-2　强度实验表

组数＼强度	28d 抗压强度（MPa）						
	1	2	3	4	5	6	平均值
第一组	51.5	53.6	51.3	51.2	52.2	52.1	52.0
第二组	52.0	51.4	52.0	50.5	53.5	55.3	52.5
第三组	53.1	51.2	51.8	52.0	49.8	51.6	51.6
第四组	53.7	50.8	51.5	52.6	50.9	51.5	51.8
第五组	53.2	54.8	51.9	51.7	52.2	51.5	52.6
第六组	51.5	51.7	53.2	50.6	51.3	50.6	51.5
第七组	52.0	52.1	51.8	51.5	51.6	53.0	52.0
第八组	51.8	51.8	52.2	51.7	52.6	50.4	51.8
第九组	52.0	52.0	52.7	53.0	52.4	53.6	52.6
第十组	49.9	50.0	51.0	51.3	52.1	51.7	51.0

（2）建立数学模型

数学模型：

$$y = R(x_1, x_2, \cdots, x_{12}) + \Delta F$$

式中　y——水泥 28d 抗压强度值；

R——观测值；

$x_1, x_2, \cdots, x_{12}$——各影响量；

x_1——水泥、标准砂、水的不均匀性；

x_2——配合比的误差；

x_3——搅拌的不均匀性；

x_4——成型的不均匀性；

x_5——养护的不均匀性；

x_6——加荷偏心；

x_7——加荷速度不均匀性；

x_8——试验机本身的重复性；

x_9——分辨力的影响；

x_{10}——人的操作不一致性；

x_{11}——抗折实验时试体破损影响；

x_{12}——其他未知因素的影响；

ΔF——压力实验机的误差。

在数学模型中 x_1，x_2，…，x_{12}这 12 个影响量的大小很难用物理或数学方法分析，相互关系也很复杂，只能用 A 类评定，综合 12 个影响因素，通过实验来评定它的综合影响。数学模型中 ΔF 分量可通过压力机的鉴定证书获得，做 B 类评定。

（3）计算不确定度

① 合并样本标准偏差

$$S_p(R)=\sqrt{\frac{\sum_{j=1}^{10}\sum_{i=1}^{6}(R_{ji}-\bar{R}_j)^2}{m(n-1)}}$$

$$i=1,2,3,\cdots,6(n)$$

$$j=1,2,3,\cdots,10(m)$$

代入实验数据得：S_p（R）$=1.03$MPa；

表中 60 块试体强度的平均值：$\bar{R}=51.9$MPa。

② 计算各不确定度分量

a. 标准不确定度 u（R）

$$u(R)=S_p(R)=1.03\text{MPa}$$

b. u（ΔF）

由压力实验机检定证书得到 $\Delta F=1\%\times F$，$F\approx52$MPa（实验数据的平均值），所以 $\Delta F=1\%\times52=0.52$MPa。

取均匀分布 $k=\sqrt{3}$，则：

$$u(\Delta F)=\frac{\Delta F}{k}=\frac{0.52}{\sqrt{3}}=0.30\text{MPa}$$

③ 合成不确定度

$$U_c=\sqrt{u^2(R)+u^2(\Delta F)}=\sqrt{1.03^2+0.30^2}=1.07\text{MPa}$$

④ 扩展不确定度

从表 1-3 查得，当置信概率 $p=95.45\%$时包含因子 $k=2$。

表 1-3 正态分布 k、p 对应值

p（%）	50	68.27	90	95	95.45	99	99.72
k	2/3≈0.67	1	1.65	1.96	2	2.58	3

因此计算出扩展不确定度：$U=kU_c=2\times1.07=2.14$MPa

扩展不确定度：$U/\bar{R}=2.14/51.9=4.1\%$

（4）实际检测情况下的不确定度

① 由于上面计算的不确定度是 10 组实验针对 60 个数据样本中的任何一个数据的不确定度，而在水泥强度的正常检测中 28d 抗压强度不可能做 10 组而只有一组，且最终的抗压强度值是一组中 6 个试体的抗压强度值的平均值（数据不离群的情况下）。因此对于水泥检测室来说，需提供给客户的是抗压强度平均值（6 个试体）的不确定度。在实际检测中，如果检测数据接近上面计算用的 10 组数据的平均值，可利用上面计算的合并样本标准偏差来计算实际单组实验抗压强度的不确定度。

② 平均值的标准不确定度

$$U(\overline{R}) = S_p(\overline{R}) = S_p(R)/\sqrt{n} = 1.03/\sqrt{6} = 0.42\ \mathrm{MPa}$$

③ 平均值的合成不确定度

$$U_c = \sqrt{u^2(\overline{R}) + u^2(\Delta F)} = \sqrt{0.42^2 + 0.30^2} = 0.52\mathrm{MPa}$$

④ 扩展不确定度

包含因子取 $k=2$（置信概率 95.45%）：

$$U = ku_c = 2 \times 0.52 = 1.04\mathrm{MPa}$$

相对扩展不确定度：

$$U/\overline{R} = 1.04/52.3 \times 100 = 2.0\%$$

⑤ 测量不确定度报告

对于水泥 28d 抗压强度实测值为 52.3MPa，在包含因子为 2 时（置信概率 95.45%）测量的扩展不确定度是 1.04MPa，相对扩展不确定度为 2.0%。

项目 2　常见胶凝材料及性能检测

2.1　概述

在建筑材料中，凡是经过一系列物理、化学作用，能由浆体变成坚固的石状体，并能将散粒状材料（如砂、石等）或块、片状材料（如砖、砌块等）胶结成整体的物质，称胶结料，又称胶凝材料。

胶凝材料按其化学成分不同，可分为无机胶凝材料和有机胶凝材料。沥青和各种树脂属于有机胶凝材料；无机胶凝材料又称矿物胶凝材料，它根据硬化条件可分为气硬性胶凝材料与水硬性胶凝材料。气硬性胶凝材料拌水后只能在空气中硬化而不能在水中硬化，如石灰、石膏等；水硬性胶凝材料拌水后既能在空气中硬化又能在水中硬化，如各种水泥。

水泥是建筑工程中最为重要的建筑材料之一。它是水硬性胶凝材料，在建筑、交通、水利、海港、矿山等建设工程中有广泛的应用。水泥的品种繁多，至今为止已有 180 多种水泥，而且各种新型水泥仍在不断地开发应用之中。水泥按性能和用途，可分为通用水泥、专用水泥和特性水泥三大类。通用水泥为用于大量土木建筑工程一般用途的水泥，如硅酸盐水泥、普通硅酸盐水泥、矿渣硅酸盐水泥、火山灰质硅酸盐水泥和粉煤灰硅酸盐水泥等。专用水泥则指有专门用途的水泥，如油井水泥、砌筑水泥等。特性水泥指某种性能较突出的一类水泥，如快硬水泥、膨胀水泥、彩色水泥、耐火水泥、防辐射水泥、抗菌水泥等。按照水泥熟料的矿物组成又可分为硅酸盐水泥、铝酸盐水泥、硫铝酸盐水泥、氟铝酸盐水泥、铁铝酸盐水泥和无熟料水泥等。

2.2　常用标准

GB/T 12573	《水泥取样方法》
GB/T 175	《通用硅酸盐水泥》
GB/T 2015	《白色硅酸盐水泥》
GB 201	《铝酸盐水泥》
GB/T 3183	《砌筑水泥》
GB 13693	《道路硅酸盐水泥》
GB/T 1346	《水泥标准稠度用水量、凝结时间、安定性检验方法》
GB/T 2419	《水泥胶砂流动度测定方法》
GB/T 208	《水泥密度测定方法》
GB/T 1345	《水泥细度检验方法　筛析法》
GB/T 17671	《水泥胶砂强度检验方法（ISO 法）》
GB/T 8074	《水泥比表面积测定方法 勃氏法》
GB/T 176	《水泥化学分析方法》

根据水泥生产、应用和性能检测的概念，水泥性能可分为通用性能和特殊性能；根据物理和化学的概念，水泥性能可分为物理性能和化学性能。水泥的通用性能是水泥生产和应用中主要表征的物理和化学性能，它们是水泥的烧失量、水泥中三氧化硫、水泥中氧化镁、水泥的细度、水泥的容重、水泥的密度、水泥的需水性、水泥的凝结时间，水泥的安定性、水泥的强度等；水泥的特殊性能有析水性、吸水性、含水率、抗渗性、抗冻性、水化热等。水泥性能的技术指标及性能的检验必须按产品标准来进行。

2.3　水泥主要质量指标的检测

2.3.1　一般规定

水泥的质量指标中，甚至任何一种材料或产品，有的是必测项目，有的是选测项目，作为我们来说一定要看懂产品的技术标准，掌握哪些是必测项目，哪些是选测项目。只有掌握好这些才能在使用和检测材料中做到有的放矢。

1. 取样方法

① 水泥检验应按同一生产厂家、同一等级、同一品种、同一批号且连续进场的水泥袋装不超过 200t 为一批，散装不超过 500t 为一批，每批抽样不少于 1 次。取样方法按 GB 12573 进行。可连续取，亦可从 20 个以上不同部位取等量样品，总量至少 12kg。

② 检测前，把上述方法取得的水泥样品，按标准规定将其分成两等份。一份用于标准检测，另一份密封保管三个月，以备有疑问时复检。

③ 仲裁检验：对水泥质量发生疑问需作仲裁检验时，应按仲裁检验的办法进行。

2. 检测前的准备及注意事项

① 样品取得后应存放在密封的干燥容器（一般用铁桶或塑料桶）中，加封条，并在容器上注明生产厂名称、品种、强度等级、出厂日期、送检日期等。容器应洁净、干燥、防潮、密闭、不易破损、不与水泥发生反应。

② 检测前应将试样混合均匀并通过 0.9mm 方孔筛，记录试样筛余百分数。

③ 实验室温度为 18～22℃，相对湿度大于 50 %。湿气养护箱的温度为（20±1)℃，相对湿度大于 90 %。养护池水温（20±1)℃。

④ 实验用水应是清洁的饮用水，如有争议时采用蒸馏水。

⑤ 实验用材料、仪器、用具的温度与实验室一致。

2.3.2　水泥密度测定

1. 检测目的

通过测定水泥的密度，计算水泥孔隙率和密实度。在进行混凝土配合比设计和贮运水泥时，需知道水泥的密度。测定按 GB/T 208 来进行。

2. 基本原理

将水泥倒入装有一定量液体介质的李氏瓶内，并使液体介质充分地浸透水泥颗粒。根据阿基米德定律，水泥的体积等于它所排开的液体体积，从而算出水泥单位体积的质量即为密度，为使测定的水泥不产生水化反应，液体介质采用无水煤油。

3. 主要仪器及参数

① 李氏瓶。

② 恒温水槽、温度计、干燥计。

③ 天平，感量为 0.01g。

④ 无水煤油，应符合 GB 253 要求。

4. 实验条件

① 李氏瓶

李氏瓶横截面形状为圆形，外形尺寸应严格遵守关于公差、符号、长度、间距以及均匀刻度的要求；最高刻度标记与磨口玻璃塞最低点之间的间距至少为 10mm，任何标明的容量误差都不大于 0.05mL。

② 试样制备

水泥试样应预先通过 0.90mm 方孔筛，在（110±5）℃ 温度下干燥 1h，并在干燥器内冷却至室温。称取水泥 60g，称准至 0.01g。

5. 检验步骤

① 将无水煤油注入李氏瓶中到 0～1mL 刻度线后（以弯月面下部为准），盖上瓶塞放恒温水槽内，使刻度部分浸入水中（水温应控制在李氏瓶刻度时的温度），恒温 30min，记下初始（第一次）读数 V_1（mL）。

② 从恒温水槽中取出李氏瓶，用滤纸将李氏瓶细长颈内没有煤油的部分仔细擦干净。

③ 用小匙将水泥样品一点点的装入李氏瓶中，反复摇动（亦可用超声波振动），至没有气泡排出，再次将李氏瓶静置于恒温水槽中，恒温 30 min，记下第二次读数 V_2（mL）。

6. 结果计算及处理

① 水泥密度 ρ_C（g/cm^3）按下式计算（精确至 0.001g/cm^3）：

$$\rho_C = \frac{m}{V_1 - V_2}$$

式中　m——试样质量，g；

V_2——第二次读数，mL 或 cm^3；

V_1——第一次读数，mL 或 cm^3。

② 实验结果取两次测定结果的算术平均值，精确至 0.01g/cm^3。两次测定结果之差不得超过 0.02g/cm^3。

2.3.3　水泥细度

1. 实验目的

通过 80μm 和 45μm 筛析法测定筛余量，判定水泥的粗细程度是否符合标准。本实验是 80μm 筛析法，测定按 GB/T 1345 来进行。

2. 实验方法原理

采用 80μm 筛对水泥试样进行筛析实验，用筛网上所得筛余量的质量占试样原始质量的百分数来表示水泥样品的细度。

细度检验筛析方法主要有负压筛法、水筛法两种，当无条件时，也可以采用手工筛。当检验方法测试结果发生争议时，以负压筛法为准。

3. 主要仪器及参数

① 负压筛析仪：由筛座、负压筛、负压源及收尘器组成，其中筛座由转速为(30±2)r/min的喷气嘴、负压表、控制板、微电机和机壳等构成。

② 实验筛：由圆形筛框和筛网组成，分负压筛、水筛和手工筛三种。

③ 水筛架和喷头，符合 JC/T 728 规定。

④ 天平，最小分度值不大于 0.01g。

4. 主要实验步骤

(1) 负压筛法

① 筛析实验前，应把负压筛放在筛座上，盖上筛盖，接通电源，检查控制系统，调节负压至 4000～6000Pa 范围内。

② 称取试样 25g 或 10g，精确至 0.01g，置于洁净的负压筛中，盖上筛盖，放在筛座上，通电源，开动筛析仪连续筛析 2min，在此期间如有试样附着在筛盖上，可轻轻敲击使试样落下。筛毕，用天平称量筛余物。

③ 当工作负压小于 4000Pa 时，应清理吸尘器内水泥，使负压恢复正常。

(2) 水筛法

① 筛析实验前，应检查水泥中无泥、砂，调整好水压及水筛架的位置，使其能正常运转。喷头底面和筛网之间的距离为 35～75 mm。

② 称取试样 50g，精确至 0.01g，置于洁净的水筛中，立即用淡水冲洗至大部分细粉通过后，放在水筛架上，用水压为（0.05±0.02）MPa 的喷头连续冲洗 3min。筛毕，用少量水把筛余物冲至蒸发皿中，等水泥颗粒全部沉淀后，小心倒出清水，烘干并用天平称量筛余物。

(3) 手工干筛法

在没有负压筛析和水筛的情况下，允许用手工干筛法测定，操作方法如下：

① 称取水泥试样 50g，精确至 0.01g，倒入干筛内。

② 用一只手持筛往复摇动，另一只手轻轻拍打，往复缓和拍打过程应保持近于水平。拍打速度每分钟约 120 次，每 40 次向同一方向转动 60°，使试样均匀分布在筛网上，直至每分钟通过的试样量不超过 0.03g 为止。

③ 称量全部筛余物。

5. 数据处理及实验结果

水泥试样筛余百分数按下式计算：

$$F=(R_t/W)\times 100\%$$

式中 F——水泥试样的筛余百分数，%；

R_t——水泥筛余物的质量，g；

W——水泥试样的质量，g。

结果计算至 0.1%。

由于水泥筛易被水泥颗粒堵塞，或在清洗水泥筛的过程中损伤筛网，因此，水泥筛应经常进行校正。实验筛的修正系数实验和校正方法见下述，校正后的水泥筛余百分数 $F_c \leq$ 10% 时为合格。

6. 实验筛的修正系数测定方法和水泥试样筛余百分数结果计算

① 用一种已知的 80μm 标准筛筛余百分数的粉状试样（该试样受环境影响筛余百分数不发生变化）作为标准样。按照上述筛析方法测定标准样在实验筛上的筛余百分数。

② 实验筛的修正系数按照下式计算：

$$C = F_s / F_t$$

式中　C——水泥试样修正后的筛余百分数，%；

F_s——标准样给定的筛余百分数，%；

F_t——标准样在实验筛上的筛余百分数，%。

修正系数计算至 0.01。当 C 值在 0.80～1.20 范围内时，实验筛可继续使用，C 可作为结果修正系数；当 C 值超过 0.80～1.20 时，实验筛不能用作水泥细度检验。

③ 水泥试样筛余百分数结果计算：

$$F_c = C \cdot F$$

式中　F_c——水泥试样修正后的筛余百分数，%；

F——水泥试样修正前的筛余百分数，%。

2.3.4　水泥标准稠度用水量、凝结时间、安定性

1. 实验目的

水泥的标准稠度用水量，是指水泥净浆达到标准稠度的用水量，以水占水泥质量的百分数表示。通过此项实验测定水泥浆达到标准稠度时的用水量，作为该水泥凝结时间和安定性实验用水量的标准。

水泥的凝结时间、安定性是重要的技术性质，通过这两项实验，评定水泥的质量，确定其能否用于工程中。测定按 GB/T 1346 来进行。

2. 实验方法原理

① 水泥标准稠度的净浆对标准试杆（或试锥）的沉入具有一定阻力。通过实验不同的含水量水泥净浆的穿透性，以确定水泥标准稠度净浆中所需加入的水量。

水泥标准稠度用水量的测定有两种方法：标准法和代用法。

② 凝结时间测定，通过测定试针沉入标准稠度水泥净浆至一定深度所需的时间来表示水泥初凝和终凝时间。

③ 体积安定性测定，雷氏法（标准法）是通过测定沸煮后雷氏夹中两个试针的相对位移，即水泥标准稠度净浆体积膨胀程度，以此评定水泥浆硬化后体积安定性；试饼法（代用法）是观测沸煮后水泥标准稠度净浆试饼外形变化，评定水泥浆硬化后体积安定性。

体积安定性测定中，当雷氏法和试饼法发生争议时，以雷氏法为准。

3. 主要仪器及参数

① 水泥净浆搅拌机，符合 JC/T 729 规定。

② 标准法维卡仪，标准稠度测定试杆见图 2-1（c），初凝时间测定试针见图 2-1（d），终凝时间测定试针见图 2-1（e）；盛放水泥净浆试模见图 2-1（a）。

③ 代用法维卡仪，符合 JC/T 729 规定。

④ 雷氏夹，由铜质材料制成，结构见图 2-2。

⑤ 沸煮箱，有效容积约为 410mm×240mm×310mm。

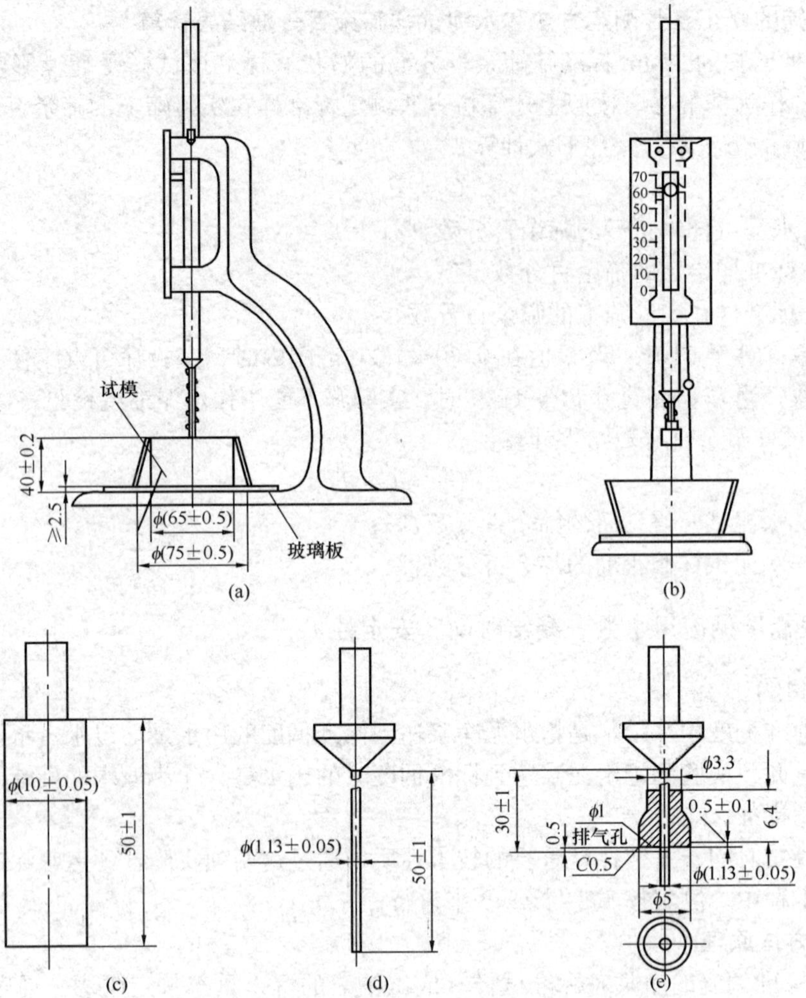

图 2-1　水泥凝结时间测定仪及配置

（a）初凝时间测定用立式试模的侧视图；（b）终凝时间测定用反转试模的前视图；
（c）标准稠度试杆；（d）初凝用试针；（e）终凝用试针

⑥ 雷氏夹膨胀测定仪，标尺最小刻度为 0.5 mm，见图 2-3。

⑦ 量水器（量筒或滴定管的精度±0.5mL）。

⑧ 天平，分度值不大于 1 g，最大称量不小于 1000g。

4. 主要实验步骤

（1）水泥标准稠度用水量测定（标准法）

① 测定前准备工作。

a. 维卡仪的金属棒能自由滑动。

b. 调整至试杆接触玻璃板时，指针对准零点。

c. 搅拌机运行正常。

② 搅拌锅和搅拌叶片用湿布擦过后，将拌合水倒入搅拌锅内，然后在 5～10s 内小心将称好的 500 g 水泥加入水中。

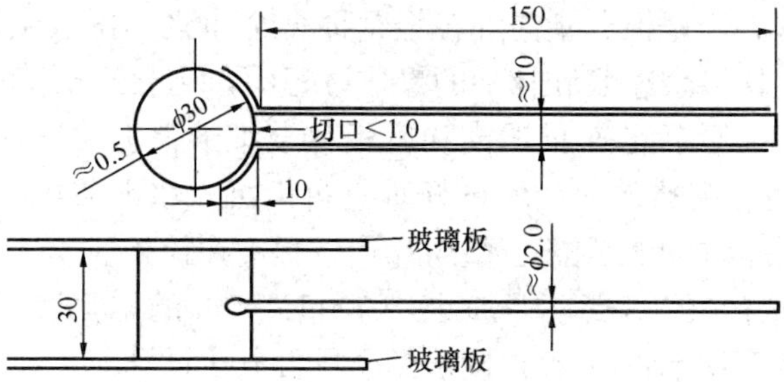

(a)

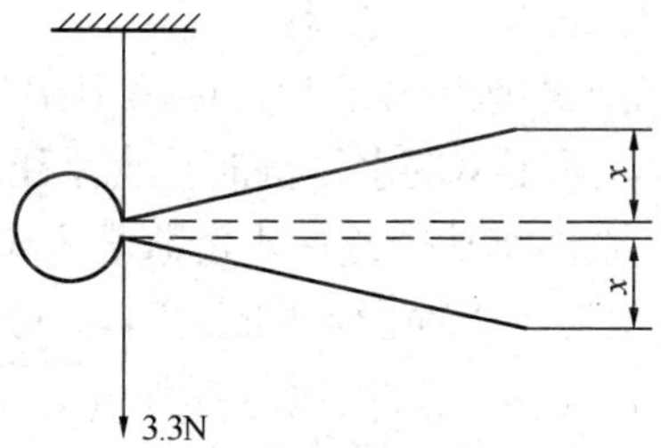

(b)

图 2-2　雷氏夹及受力示意图

(a) 雷氏夹；(b) 雷氏夹受力示意图

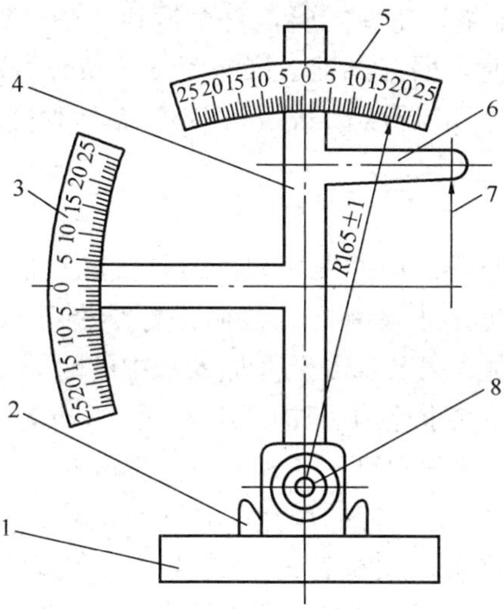

图 2-3　雷氏夹膨胀值测量仪

1—底座；2—模子座；3—测弹性标尺；
4—立柱；5— 测膨胀值标尺；6—悬臂；
7　悬丝；8—弹簧顶钮

③ 拌合时，低速搅拌 120s，停 15s，同时将搅拌锅壁和搅拌叶片粘有的水泥浆刮入锅内，接着高速搅拌 120s 停机。

④ 立即取适量水泥浆一次性将其装入已置于玻璃底板上的试模中，浆体超过试模上端，用宽约 25mm 的直边刀轻轻拍打超出试模部分的浆体 5 次以排除浆体中的空隙，然后在试模

上表面约 1/3 处，略倾斜于试模分别向外轻轻锯掉多余净浆，再从试模边沿轻抹顶部 1 次，使净浆表面光滑。在锯掉多余净浆和抹平的操作过程中，注意不要压实净浆，抹平为一刀抹平，最多不超过两刀。抹平后迅速将试模和底板移至维卡仪上，调整试杆与水泥浆表面接触，拧紧螺钉 1～2 s 后，突然放松，使试杆垂直自由沉入水泥浆中，在试杆停止沉入或放松 30 s 时记录试杆距底板之间的距离。整个操作过程应在搅拌后 1.5 min 内完成。

⑤ 结果评定。以试杆沉入净浆并距底板（6±1）mm 的水泥浆为标准稠度净浆，其拌合水为该水泥的标准稠度用水量（P），按水泥质量百分比计算。

（2）水泥标准稠度用水量测定（代用法）

① 水泥净浆的拌制同以上标准法①、②条。

② 采用代用法测定水泥标准稠度用水量时，可采用调整水量法或不变水量法，采用调整水量法时拌合水据经验确定，采用不变水量法时拌合水用 142.5mL。

③ 水泥净浆搅拌结束后，立即将拌合好的水泥浆装入锥模中，用小刀插捣，轻振数次，刮去多余的净浆，抹平后迅速放至锥下面固定的位置上，将试锥与水泥净浆表面接触，拧紧螺钉 1～2s 后，突然放松，让试锥垂直自由沉入净浆中。到试锥停止下沉或释放试锥 30s 时，记录试锥下沉深度。整个操作过程应在搅拌后 1.5min 内完成。

④ 数据处理及实验结果。

a. 当采用调整水量方法测定时，以试锥下沉深度为（30±1）mm 时的净浆为标准稠度净浆，其拌合水量为该水泥的标准稠度用水量（P），按水泥质量百分比计算。如下沉深度超出范围需另称试样，调整水量，重新实验，直至达到（30±1）mm 为止。

b. 用不变水量方法测定时，根据试锥下沉深度 S（mm）按下式计算得标准稠度用水量（P）%。$P=33.4-0.185S$。标准稠度用水量可从仪器上对应的标尺上直接读取，当 $S<13$mm 时，应改用调整水量法测定。

（3）水泥凝结时间测定

① 测定前准备工作：调整凝结时间测定仪的试针接触玻璃板时，指针对准零点。

② 试件制备：以标准稠度用水量测定方法制备标准稠度水泥净浆，一次装满试模振动数次刮平，立即放入养护箱内，记录水泥全部加入水中的时间即为凝结时间的起始时间。

③ 初凝时间测定：试件在养护箱中养护至加水后 30 min 时进行第一次测定。测定时，将试针与水泥净浆表面接触，拧紧螺钉 1～2s 后，突然放松，让试针垂直自由沉入净浆，观察试针停止下沉或释放试针 30s 时指针的读数，并同时记录此时的时间。

④ 终凝时间测定：为了准确观察试针沉入的状况，在试针上安装了一个环形附件，见图 2-1（e）。在完成初凝测定后，立即将试模连同浆体从玻璃板上平移取下，并翻转 180°，将小端向下放在玻璃板上，再放入养护箱内继续养护。接近终凝时间时，每隔 15min 测定 1 次，并同时记录测定时间。

⑤ 数据处理及结果评定：

a. 初凝时间确定。当试针沉至距底板（4±1）mm 时，为水泥达到初凝状态，由水泥全部加入水中起至初凝状态的时间为初凝时间。用“min”表示。

b. 终凝时间确定。当试针沉入试体 0.5mm 时，即环形附件开始不能在试件上留下痕迹时，为水泥达到终凝状态，由水泥全部加入水中起至终凝状态的时间为终凝时间，用“min”表示。

c. 若初凝时间和终凝时间未达到标准要求，则判定为不合格品。

⑥ 注意事项：

a. 整个测试过程中试针以自由下落为准，且沉入位置至少距试模内壁 10mm。

b. 每次测定不能让试针落入原孔，每次测定须将试针擦净并将试模放入养护箱，整个测试防止试模受振。

c. 临近初凝，每隔 5min 测定 1 次，临近终凝，每隔 15min 测定 1 次。达到初凝时应立即重复测 1 次，当两次结论相同时，才能定为达到初凝状态。到达终凝时，需要在试体另外两个不同点测试，结论相同时才能确定到达终凝状态。

(4) 安定性的测定法（雷氏夹法）

① 测定前准备工作，每个试样需成型 2 个试件，每个雷氏夹需配两个边长或直径约 80mm、厚度 4～5mm 的玻璃板，凡与水泥净浆接触的玻璃板和雷氏夹内表面都要稍稍涂上一层油。

② 将预先准备好的雷氏夹放在已稍擦油的玻璃板上，并立即将制好的标准稠度净浆一次装满雷氏夹，装浆时一只手轻轻扶持雷氏夹，用宽约 25mm 的直边刀在浆体表面轻轻插捣 3 次，然后抹平，盖上稍涂油玻璃板，立即置于养护箱内养护（24±2h）。

③ 调整好沸煮箱内的水位，使能保证在整个沸煮过程中都超过试件，不需中途加水，又能保证在（30±5 ）min 内升至沸腾。

④ 脱去玻璃板取下试件，先测量雷氏夹指针尖端间的距离（A），精确到 0.5mm，接着将试件放入沸煮箱水中的试件架上，指针朝上，然后在（30±5）min 内加热至沸腾并恒沸（180±5）min。

⑤ 沸煮结束后，立即放掉沸煮箱中的热水，打开箱盖，冷却至室温，取出试件，测量雷氏夹指针夹端的距离（C），准确至 0.5mm。

⑥ 结果评定。沸煮结束后，放掉热水，冷却至室温，取出试件观察、测量。当沸煮前后两个试件指针尖端距离差（$C-A$）的平均值不大于 5.0mm 时，即认为该水泥安定性合格，当 $C-A$ 相差超过 4.0mm 时，应用同一样品立即重做一次实验，再如此，则认为水泥安定性不合格。

(5) 安定性的测定（试饼法）

① 测定前准备工作，每个试样需成型 2 个试件，准备两块约 100 mm×100 mm 的玻璃板，凡与水泥净浆接触的玻璃板都要稍稍涂上一层油。

② 将制好的标准稠度净浆分成两等分，使之成球，放在准备好的玻璃板上，制成直径 70～80mm，中心厚约 10mm，边缘渐薄，表面光滑的试饼，放入养护箱内养护（24±2）h。

③ 接着沸煮同标准法③。

④ 脱去玻璃板取下试饼，在试饼无缺陷的情况下，将试饼放入沸煮箱水中的篦板上，然后在（30±5）min 内加热至沸腾并恒沸（180±5）min。

⑤ 结果评定。沸煮结束后，放掉热水，冷却至室温，取出试件观察、测量。目测试饼未发现裂缝，钢直尺测量未弯曲（钢直尺和试饼底部紧靠，以两者间不透光为不弯曲）的试饼为安定性合格，当两个试饼判别结果不一致时，该水泥的安定性不合格。安定性不合格的水泥应视为不合格品。

5. 水泥胶砂强度测定（ISO 法）

（1）实验目的

通过检验不同龄期的抗压强度、抗折强度，确定水泥的强度等级或评定水泥强度是否符合标准要求。

（2）实验方法原理

通过测定以标准方法制备成标准尺寸的胶砂试块的抗压破坏荷载、抗折破坏荷载，确定其抗压强度、抗折强度。

（3）主要仪器及参数

① 实验筛，金属丝网实验筛应符合 GB/T 6003.1 要求，其筛网孔尺寸见表 2-1（R20 系列）。

表 2-1 实验筛

系列	网眼尺寸（mm）	系列	网眼尺寸（mm）
R20	2.0 1.6 1.0	R20	0.5 0.16 0.08

② 胶砂搅拌机，搅拌机属行星式，由搅拌锅、搅拌叶、电动机等组成，应符合 JC/T 681要求。用多台搅拌机工作时，搅拌锅和搅拌叶片应保持配对使用。叶片与锅之间的间隙，是指叶片与锅壁最近的距离，应每月检查一次。

③ 试模，由三个水平的模槽组成，可同时成型三条截面为 40mm×40mm，长 160 mm 的棱形试体，其材质和制造尺寸应符合 JC/T 726 要求。成型操作时，应在试模上面加有一个壁高 20 mm 的金属模套。为了控制料层厚度和刮平胶砂，应备有两个播料器和一个金属刮平直尺。

④ 振实台，应符合 JC/T 682 要求。

⑤ 抗折强度实验机，应符合 JC/T 724 的要求。

⑥ 抗压强度实验机，在较大的（4/5）量程范围内使用时记录的荷载应有±1%精度，并具有按（2400±200 ）N/s 速率的加荷能力。

⑦ 抗压强度实验机用夹具，夹具应符合 JC/T 683 的要求，受压面积为 40mm×40mm。夹具要保持清洁，球座应能转动以使其上压板能从一开始就适应试体的形状并在实验中保持不变。

⑧ 抗压夹具，受压面积 40mm×40mm。

（4）主要实验步骤

1）制作水泥胶砂试件

① 配合比，胶砂的质量配合比是一份水泥、三份标准砂和一份水（水灰比为 0.5）的比例，每一锅胶砂成型三条试件，需水泥（450±2）g，ISO 标准砂（1350±5）g，水（225±1）g。

② 搅拌，将水加入胶砂搅拌锅内，再加入水泥，把锅放在固定架上，升至固定位置。然后启动机器，低速搅拌 30s，在第二个 30s 开始时，同时均匀地加入标准砂。再高速搅拌 30s。停 90s，在第一个 15s 内用一胶皮刮具将叶片上和锅壁上的胶砂刮入锅内，在调整下继续高速搅拌 60s。胶砂搅拌完成。各阶段的搅拌时间误差应在±1s 内。

③ 将试模内壁均匀涂刷一层机油，并将空试模和套模固定在振实台上。

④ 用勺子将搅拌锅内的水泥胶砂分两次装模。装第一层时，每个槽里先放入 300 g 胶砂，并用大播料器刮平，接着振动 60 次，再装第二层胶砂，用小播料器刮平，再振动 60 次。

⑤ 移走套模，取下试模，用金属直尺以近似 90°的角度架在试模模顶一端，沿试模长度方向做锯割动作慢慢向另一端移动，一次将超过试模部分的胶砂刮去，并用同一直尺以近似水平的情况将试件表面抹平。

2）水泥胶砂试件的养护

① 养护，将成型好的试件连同试模一起放入标准养护箱内，在温度（20±1)℃，相对湿度不低于 90% 的条件下养护。

② 脱模，养护到 20～24h 之间脱模（对于龄期为 24h 的应在破坏实验前 20min 内脱模)。将试件从养护箱中取出，用防水墨汁或颜料笔编号，编号时应将每个三联试模中的三条试件编在两龄期内，同时编上成型与测试日期。然后脱模，脱模时应防止损伤试件。对于硬化较慢的水泥允许 24h 后脱模，但须记录脱模时间。

③ 水中养护，试件脱模后立即水平或垂直放入水槽中养护，养护水温为（20±1)℃，水平放置时刮平面朝上，试件之间留有间隙，水面至少高出试件 5mm，并随时加水以保持恒定水位，不允许在养护期间完全换水。

④ 强度实验试件的规定龄期，试件龄期是从水泥加水搅拌开始起算。不同龄期的强度在下列时间里进行测定：24h±15min，48h±30min，7h±45min，7d±2h，>28d±8h。

⑤ 注意事项：

a. 试模内壁应在成形前涂薄层的隔离剂。

b. 脱模时应小心操作，防止试件受到损伤。

c. 养护时不应将试模叠放。

3）水泥胶砂试件的强度测定

水泥胶砂试件在破坏实验前 15 min 从水中取出。揩去试件表面的沉积物，并用湿布覆盖至实验为止。先用抗折实验机以中心加荷法测定抗折强度，然后将折断的试件进行抗压实验测定抗压强度。

① 抗折强度实验

将试件安放在抗折夹具内，试件的侧面与实验机的支撑圆柱接触，试件长轴垂直于支撑圆柱（图 2-4)。启动实验机，以（50±10）N/s 的速度均匀地加荷直至试体断裂。记录最大抗折破坏荷载 R_f（N)。

② 抗压强度实验

抗折强度实验后的六个断块试件保持潮湿状态，并立即进行抗压实验。将断块试件放入抗压夹具内，并以试件的侧面作为受压面。启动实验机，以（2.4±0.2）kN/s 的速度进行加荷，直至试件破坏。记录最大抗压破坏荷载 R_c（N)。

（5）数据处理与结果评定

① 抗折强度

每个试件的抗折强度 R_f按下式计算（精确至 0.1MPa)：

$$R_f = \frac{3FL}{2b^3} = 0.00234F$$

式中 R_f——试件的抗折强度，MPa；

F——折断时施加于棱柱体中部的荷载，N；

L——支撑圆柱体之间的距离，mm；L=100mm；

b——棱柱体截面正方形的边长，mm；b=40mm。

以一组三个试件抗折结果的平均值作为实验结果。当三个强度值中有超出平均值±10%时，应剔除后再取平均值作为抗折强度实验结果。实验结果，精确至0.1MPa。

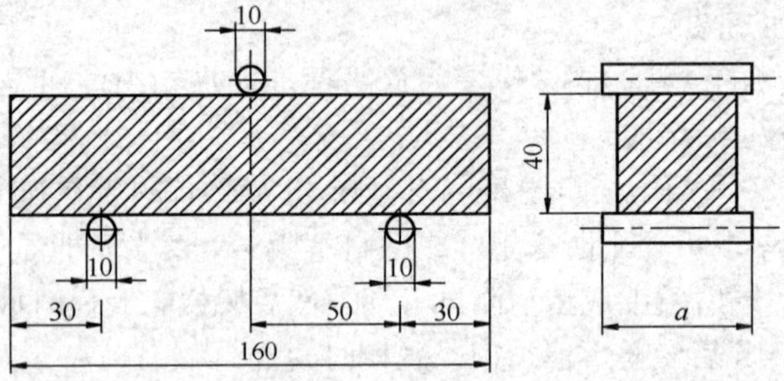

图2-4 抗折强度测定示意图

② 抗压强度

每个试件的抗压强度R_c按下式计算（精确至0.1MPa）：

$$R_c = \frac{F}{A} = 0.000625F$$

式中 R_c——试件的抗压强度，MPa；

F——试件破坏时的最大抗压荷载，N；

A——受压部分面积，mm^2（40mm×40mm=1600mm^2）。

以一组三个棱柱体上得到的六个抗压强度测定值的算术平均值作为实验结果。如六个测定值中有一个超出六个平均值的±10%，就应剔除这个结果，而以剩下五个的平均值作为结果。如果五个测定值中再有超过它们平均值±10%的，则此组结果作废。实验结果精确至0.1MPa。

对于其他品种的水泥，由于其性能指标的差别，除了基本的检测方法外，对特殊要求的指标要对应不同的检测方法，具体参见胶凝材料各种相关标准。

项目3　混凝土组成材料及性能检测

3.1　概述

混凝土是当代最主要的土木工程材料之一。它是由胶凝材料、颗粒状集料（也称为骨料）、水，以及必要时加入的外加剂和掺合料按一定比例配制，经均匀搅拌，密实成型，养护硬化而成的一种人工石材。混凝土具有原料丰富，价格低廉，生产工艺简单的特点，因而使其用量越来越大。同时混凝土还具有抗压强度高，耐久性好，强度等级范围宽等特点。这些特点使其使用范围十分广泛，不仅在各种土木工程中使用，就是造船业、机械工业、海洋的开发、地热工程等，混凝土也是重要的材料。

砂、石在混凝土中起骨架作用，并抑制水泥的收缩；水泥和水形成水泥浆，包裹在粗细集料表面并填充集料间的空隙。水泥浆体在硬化前起润滑作用，使混凝土拌合物具有良好工作性能，硬化后将集料胶结在一起，形成坚强的整体。按预定性能设计和制作混凝土，研制轻质、高强度、多功能的混凝土新品种；利用现代新技术，大力发展新工艺、新设备；广泛利用工业废渣作原材料等，都是今后需要不断解决的课题。

商品（预拌）混凝土是以集中搅拌、远距离运输的方式向施工工地提供现浇混凝土。商品混凝土是现代混凝土与现代化施工工艺的结合的高科技建材产品，它应包括：大流动性混凝土、流态混凝土、泵送混凝土、自密实混凝土、防渗抗裂大体积混凝土、高强混凝土和高性能混凝土等。为了使商品混凝土性能稳定、经济、性价比高，必须严格选择所需的原材料和优化混凝土的配合比。实践证明，现代混凝土配合比全计算法设计为此提供了简单快捷和可靠的技术途径。

混凝土可按以下几个方面进行分类：

1. 按胶凝材料分类

① 无机胶凝材料混凝土，如水泥混凝土、石膏混凝土、硅酸盐混凝土、水玻璃混凝土等。

② 有机胶结料混凝土，如沥青混凝土、聚合物混凝土等。

2. 按表观密度分类

混凝土按照表观密度的大小可分为：重混凝土、普通混凝土、轻质混凝土。这三种混凝土不同之处就是集料的不同。

重混凝土是表观密度大于2500kg/m^3，用特别密实和特别重的集料制成的。如重晶石混凝土、钢屑混凝土等，它们具有不透X射线和γ射线的性能。

普通混凝土即是我们在建筑中常用的混凝土，表观密度为1950～2500kg/m^3，集料为砂、石。

轻质混凝土是表观密度小于1950kg/m^{3}的混凝土。它又可以分为三类：

① 轻集料混凝土，其表观密度在800～1950kg/m^3，轻集料包括浮石、火山渣、陶粒、膨胀珍珠岩、膨胀矿渣、矿渣等。

② 多孔混凝土（泡沫混凝土、加气混凝土），其表观密度为 300～1000kg/m³。泡沫混凝土是由水泥浆或水泥砂浆与稳定的泡沫制成的。加气混凝土是由水泥、水与发气剂制成的。

③ 大孔混凝土（普通大孔混凝土、轻集料大孔混凝土），其组成中无细集料。普通大孔混凝土的表观密度范围为 1500～1900kg/m³，是用碎石、软石、重矿渣作集料配制的。轻集料大孔混凝土的表观密度为 500～1500kg/m³，是用陶粒、浮石、碎砖、矿渣等作为集料配制的。

3. 按使用功能分类

结构混凝土、保温混凝土、装饰混凝土、防水混凝土、耐火混凝土、水工混凝土、海工混凝土、道路混凝土、防辐射混凝土等。

4. 按施工工艺分类

离心混凝土、真空混凝土、灌浆混凝土、喷射混凝土、碾压混凝土、挤压混凝土、泵送混凝土等。按配筋方式分有：素（即无筋）混凝土、钢筋混凝土、钢丝网水泥、纤维混凝土、预应力混凝土等。

5. 按拌合物的和易性分类

干硬性混凝土、半干硬性混凝土、塑性混凝土、流动性混凝土、高流动性混凝土、流态混凝土等。

3.2 常用标准

GB/T 14684 《建设用砂》
GB/T 14685 《建设用卵石、碎石》
JGJ 52 《普通混凝土用砂、石质量及检验方法标准》

3.3 混凝土组成中砂石主要质量指标及检测

3.3.1 砂石检测一般规定

① 使用单位应按砂或石的同产地同规格分批验收。采用大型工具（如火车、货船、汽车）运输的，以 400m³ 或 600t 为一验收批。采用小型工具（如拖拉机等）运输的，应以 200m³ 或 300t 为一验收批。不足上述数量者，应按一验收批进行验收。每验收批砂石至少应进行颗粒级配、含泥量、泥块含量检验。对于碎石或卵石，还应检验针片状颗粒含量；对于海砂或有氯离子污染的砂，还应检验其氯离子含量；对于海砂，还应检验贝壳含量；对于人工砂及混合砂，还应检验石粉含量。对于重要工程或特殊工程，应根据工程要求，增加检测项目。对其他指标的合格性有怀疑时，应予以检验。

② 当砂或石的质量比较稳定、进料量又较大时，可以 1000t 为一验收批。

③ 当使用新产源的砂或石时，供货单位应按 JGJ 52—2006 标准第 3 章的质量要求进行全面的检验。

④ 每验收批取样方法应按以下所列的规定执行。

⑤ 在料堆上取样时，取样部位应均匀分布。取样前先将取样部位表层铲除。然后由各部位抽取大致相等的砂共 8 份，石子为 16 份，组成各自一组样品。

⑥ 从皮带运输机上取样时，应在皮带运输机机尾的出料处用接料器定时抽取砂 4 份、石 8 份组成各自一组样品。

⑦ 从火车、汽车、货船上取样时，应从不同部位和深度抽取大致相等的砂 8 份、石 16 份组成各自 1 组样品。

⑧ 除筛分析处，当其余检验项目存在不合格项时，应加倍进行复验。当复验仍有一项不满足标准要求时，应按不合格品处理。

注：如经观察，认为各节车皮间（汽车、货船间）所载的砂、石质量相差甚为悬殊时，应对质量有怀疑的每节列车（汽车、货船）分别取样和验收。

⑨ 对于每一项检验项目，砂、石的每组样品取样数量应分别满足表 3-1 和表 3-2 的规定。当需要做多项检验时，可在确保样品经一项实验后不致影响其他实验结果的前提下，用同组样品进行多项不同的实验，见表 3-3。

⑩ 每组样品应妥善包装，避免细料散失及防污染，并附样品卡片，标明样品的编号、取样时间、代表数量、产地、样品量、要求检验项目及取样方式等。

表 3-1　每一单项检验项目所需砂的最少取样质量

检验项目	最少取样数量（g）
筛分析	4400
表观密度	2600
吸水率	4000
紧密密度和堆积密度	5000
含水率	1000
含泥量	4400
泥块含量	20000
石粉含量	1600
人工砂压碎值指标	分成公称粒级 5.00～2.50mm，2.5～1.25mm，1.25mm～630μm，630～315μm，315～160μm；每个粒级各需 1000g
有机质含量	2000
云母含量	600
轻物质含量	3200
坚固性	分成公称粒级 5.00～2.50mm，2.50～1.25mm，1.25mm～630μm，630～315μm，315～160μm；每个粒级各需 1000g
硫化物及硫酸盐含量	50
氯离子含量	2000
贝壳含量	10000
碱活性	20000

表 3-2　每一单项检验项目所需碎石或卵石的最少取样数量（kg）

实验项目	最大粒径（mm）							
	10	16	20	25	31.5	40	63	80
筛分析	8	15	16	20	25	32	50	64
表观密度	8	8	8	8	12	16	24	24
含水率	2	2	2	2	3	3	4	6
吸水率	8	8	16	16	16	24	24	32
堆积密度、紧密密度	40	40	40	40	80	80	120	120
含泥量	8	8	24	24	40	40	80	80
泥块含量	8	8	24	24	40	40	80	80
针、片状含量	1.2	4	8	12	20	40	—	—

注：有机物含量、坚固性、压碎值指标及碱-集料反应检验，应按实验要求的粒级及质量取样。

表 3-3　每一单项检验项目所需砂的最少取样质量

<table>
<tr><th>序　号</th><th colspan="2">实验项目</th><th>最少取样数量（kg）</th></tr>
<tr><td>1</td><td colspan="2">颗粒级配</td><td>4.4</td></tr>
<tr><td>2</td><td colspan="2">含泥量</td><td>4.4</td></tr>
<tr><td>3</td><td colspan="2">泥块含量</td><td>20.0</td></tr>
<tr><td>4</td><td colspan="2">石粉含量</td><td>6.0</td></tr>
<tr><td>5</td><td colspan="2">云母含量</td><td>0.6</td></tr>
<tr><td>6</td><td colspan="2">轻物质含量</td><td>3.2</td></tr>
<tr><td>7</td><td colspan="2">有机物含量</td><td>2.0</td></tr>
<tr><td>8</td><td colspan="2">硫化物与硫酸盐含量</td><td>0.6</td></tr>
<tr><td>9</td><td colspan="2">氯化物含量</td><td>4.4</td></tr>
<tr><td>10</td><td colspan="2">贝壳含量</td><td>9.6</td></tr>
<tr><td rowspan="2">11</td><td rowspan="2">坚固性</td><td>天然砂</td><td>8.0</td></tr>
<tr><td>机制砂</td><td>20.0</td></tr>
<tr><td>12</td><td colspan="2">表观密度</td><td>2.6</td></tr>
<tr><td>13</td><td colspan="2">松散堆积密度与空隙率</td><td>5.0</td></tr>
<tr><td>14</td><td colspan="2">碱集料反应</td><td>20.0</td></tr>
<tr><td>15</td><td colspan="2">放射性</td><td>6.0</td></tr>
<tr><td>16</td><td colspan="2">饱和面干吸水率</td><td>4.4</td></tr>
</table>

3.3.2　砂石的样品缩分方法

砂石的样品缩分方法可选择下列两种方法之一。

① 用分料器分：将样品在潮湿状态下拌合均匀，然后将其通过分料器，留下两个接料斗中的1份，并将另一份再次通过分料器，重复上述过程，直至把样品缩分到实验所需量为止。

② 人工四分法缩分：将样品置于平板上，在潮湿状态下拌合均匀，并堆成厚度约为20mm的“圆饼”。然后沿互相垂直的两条直径把“圆饼”分成大致相等的四份，取其对角的两份重新拌匀，再堆成“圆饼”状。重复上述过程，直至把样品缩分后的材料量略多于进行实验所需的量为止。

碎石或卵石缩分时，应将样品置于平板上，在自然状态下拌均匀，并堆成锥体，然后沿互相垂直的两条直径把锥体分成大致相等的四份，取其对角的两份重新拌匀，再堆成锥体，重复上述过程，直至把样品缩分至实验所必需的量为止。

砂、碎石或卵石的含水率、堆积密度、紧密密度检验所用的试样，可不经缩分，拌匀后直接进行实验。

3.3.3　实验条件

① 实验环境：实验室温度应保持在（20±5）℃。

② 实验用筛：应满足GB/T 6003.1、GB/T 6003.2中方孔筛的规定，筛孔大于4.00mm的实验筛采用穿孔板实验筛。具体见表3-4。

表 3-4　每一单项检验项目所需砂的最少取样质量

序号	实验项目	最大粒径（mm）							
		9.5	16.0	19.0	26.5	31.5	37.5	63.0	75.0
		最少取样数量（kg）							
1	颗粒级配	9.5	16.0	19.0	25.0	31.5	37.5	63.0	80.0
2	含泥量	8.0	8.0	24.0	24.0	40.0	40.0	80.0	80.0
3	泥块含量	8.0	8.0	24.0	24.0	40.0	40.0	80.0	80.0
4	针、片状颗粒含量	1.2	4.0	8.0	12.0	20.0	40.0	40.0	40.0
5	有机物含量	按实验要求的粒级和数量取样							
6	硫酸盐和碳化物含量								
7	坚固性								
8	炭石抗压强度	随机选取完整石块锯切或钻取成实验用样品							
9	压碎指标	按实验要求的粒级和数量取样							
10	表观密度	8.0	8.0	8.0	8.0	12.0	16.0	24.0	24.0
11	堆积密度与空隙率	40.0	40.0	40.0	40.0	80.0	80.0	120.0	120.0
12	吸水率	2.0	4.0	8.0	12.0	20.0	40.0	40.0	40.0
13	碱集料反应	20.0	20.0	20.0	20.0	20.0	20.0	20.0	20.0
14	放射性	6.0							
15	含水率	按实验要求的粒级和数量取样							

3.4 砂石常规项目检测

3.4.1 颗粒级配

3.4.1.1 仪器设备

① 方孔砂筛：孔径为 0.075mm、0.15mm、0.3mm、0.6mm、1.18mm、2.36 mm、4.75 mm、9.50mm 的筛各一只，并附有筛底和筛盖。

② 方孔石筛：孔径为 2.36mm、4.75mm、9.50mm、16.0mm、19.0mm、26.5mm、31.5mm、37.5mm、53.0mm、63.0mm、75.0mm 的筛各一只，并附有筛底和筛盖。

③ 电热鼓风干燥箱：能使温度控制在（105±5）℃。

④ 天平：称量 1000g，感量 1g；称量 10kg，感量 1g，各一台。

⑤ 振筛机。

⑥ 浅盘和硬、软毛刷等。

3.4.1.2 实验步骤

（1）天然砂或人工砂颗粒级配实验步骤

① 按规定取样，筛除大于 9.50 mm 的颗粒（并算出其筛余百分率），并将试样缩分至约 1100 g，放在烘箱中于（105±5）℃下烘干至恒量，待冷却至室温后，分为大致相等的两份备用。

注：恒量系指相邻两次称量间隔时间不大于 3 h 的情况下，前后两次称量之差小于该项实验所要求的称量精度。

② 称取试样 500 g，精确至 1 g。将试样倒入按孔径大小从上到下组合的套筛（附筛底）上，然后进行筛分。

③ 将套筛置于摇筛机上，摇 10 min；取下套筛，按筛孔大小顺序再逐个用手筛，筛至每分钟通过量小于试样总量 0.1 %为止。通过的颗粒进入下一号筛，并和下一号筛中试样一起过筛，按这样顺序进行，直至每个筛全部筛完为止。

注：当试样含泥量超过 5 %时，应将试样水洗然后烘干至恒量再进行筛分。

称出各号筛的筛余量，精确至 1 g，试样在各筛上的筛余量不得超过按下式计算出的量，超过时应按下列方法之一处理。

$$G = (A \times d^{\frac{1}{2}})/200$$

式中 G——在一个筛上的筛余量，g；

A——筛孔面积，mm^2；

d——筛孔尺寸，mm。

超过时应按下列方法之一处理：

a. 将该粒级试样分成少于按上式计算出的量，分别筛分，并以筛余量之和作为该号筛的筛余量。

b. 将该粒级及以下各粒级的筛余混合均匀，称出其质量，精确至 1g。再用四分法缩分为大致相等的两份，取其中一份，称出其质量，精确至 1g，继续筛分。

计算该粒级及以下各粒级的分计筛余量时应根据缩分比例进行修正。

（2）碎石或卵石颗粒级配实验步骤

① 按规定取样，并将试样缩分至略大于表 3-5 所规定的数量，烘干或风干后备用。

表 3-5　颗粒级配实验所需试样数量

最大粒径（mm）	9.5	16.0	19.0	26.5	31.5	37.5	63.0	75.0
最少试样质量（kg）	1.9	3.2	3.8	5.0	6.3	7.5	12.6	16.0

② 根据试样的最大粒径，称取按表 3-5 的规定数量的试样一份，精确到 1 g。将试样倒入按孔径大小从上到下组合的套筛（附筛底）上，然后进行筛分。

③ 将套筛置于摇筛机上，摇 10 min；取下套筛，按筛孔大小顺序再逐个用手筛，筛至每分钟通过量小于试样总量 0.1 %为止。通过的颗粒并入下一号筛中，并和下一号筛中的试样一起过筛，这样顺序进行，直至各号筛全部筛完为止。当筛余颗粒的粒径大于 19.0 mm 时，在筛分过程中，允许用手指拨动颗粒。

④ 称出各号筛的筛余量，精确至 1g。

3.4.1.3　结果计算与评定

① 计算分计筛余百分率：各号筛的筛余量与试样总量之比，计算精确至 0.1%。

② 计算累计筛余百分率：该号筛的筛余百分率加上该号筛以上各筛余百分率之和，计算精确至 1g。筛分后，如每号筛的筛余量与筛底的剩余量之和同原试样质量之差超过 1% 时，应重新实验。

③ 根据各号筛的累计筛余百分率，采用修约值比较法评定该试样的颗粒级配。

④ 砂的细度模数按下式计算，精确至 0.01。

$$M_x = [(A_2 + A_3 + A_4 + A_5 + A_6) - 5A_1] / (100 - A_1)$$

式中　M_x——细度模数；

A_1、A_2、A_3

A_4、A_5、A_6——分别为 4.75mm、2.36mm、1.18mm、600μm、300μm、150μm 筛的累计筛余百分率。

⑤ 累计筛余百分率取两次实验结果的算术平均值，精确至 1 %。砂的细度模数取两次实验结果的算术平均值，精确至 0.1；若两次实验的细度模数之差超过 0.20 时，应重新实验。

3.4.2　表观密度

3.4.2.1　环境条件

实验时，各项称量可在 15～25℃范围内进行，但从试样加水静止的 2 h 起至实验结束，其温度变化不应超过 2℃。

3.4.2.2　仪器设备

① 电热鼓风干燥箱：能使温度控制在（105±5)℃。

② 天平：称量 1000g，感量 0.1g；称量 2kg，感量 1g，各一台。

③ 容量瓶：500mL、1000mL，磨口。

④ 方孔筛：孔径为 4.75mm 的筛一只。

⑤ 玻璃片（尺寸约 100mm×100mm）、温度计、干燥器、浅盘、滴管、毛刷等。

3.4.2.3 实验步骤

天然砂或人工砂表观密度实验步骤：

① 按规定取样，并将试样缩分至约660g，放在烘箱中于（105±5）℃下烘干至恒量，待冷却至室温后，分为大致相等两份备用。

② 称取试样300g（G_0），精确至0.1g。将试样倒入容量瓶，注入冷开水至接近500mL的刻度处，用手旋转摇动容量瓶，使砂样充分摇动，排除气泡，塞紧瓶盖，静置24h。然后用滴管小心加水至容量瓶500mL刻度处，塞紧瓶塞，擦干瓶外水分，称出其质量（G_1），精确至0.1g。

③ 倒出瓶内水和试样，洗净容量瓶，再向容量瓶内注入水，至500mL刻度处，塞紧瓶塞，擦干瓶外水分，称出其质量（G_2），精确至0.1g。

3.4.2.4 碎石或卵石表观密度实验步骤（广口瓶法）

① 按规定取样，并缩分至略大于表3-6所规定的数量，风干后筛除小于4.75 mm的颗粒，然后洗刷干净，分为大致相等的两份备用。

表3-6 表观密度实验所需试样数量

最大粒径（mm）	<26.5	31.5	37.5	63.0	75.0
最少试样质量（kg）	2.0	3.0	4.0	6.0	6.0

② 按表3-6称取试样所需质量（G_0），精确至1g。

③ 将试样浸水饱和，然后装入广口瓶中。装试样时，广口瓶应倾斜放置，注入饮用水，用玻璃片覆盖瓶口。以上下左右摇晃的方法排除气泡。

④ 气泡排尽后，向瓶中添加饮用水，直至水面凸出瓶口边缘。然后用玻璃片沿瓶口迅速滑行，使其紧贴瓶口水面。擦干瓶外水分后，称出试样、水、瓶和玻璃片总质量（G_1），精确至1g。

⑤ 将瓶洗净并重新注入饮用水，用玻璃片紧贴瓶口水面，擦干瓶外水分后，称出水、瓶和玻璃片总质量（G_2），精确至1 g。

3.4.2.5 结果计算与评定

① 砂、石的表观密度值应按下式计算：

$$\rho_0 = \left(\frac{G_0}{G_0 + G_2 - G_1} - \alpha_t\right)\rho_{水}$$

式中 ρ_0——表观密度，kg/m³；

$\rho_{水}$——1000，kg/m³；

G_0——试样的烘干质量，g；

G_1——试样、水及容量瓶总质量，g；

G_2——水及容量瓶总重，g；

α_t——考虑称量时的水温对水相对密度影响的修正系数，见表3-7。

表3-7 不同水温对砂、石的表观密度影响的修正系数

水温（℃）	15	16	17	18	19	20	21	22	23	24	25
α_t	0.002	0.003	0.003	0.004	0.004	0.005	0.005	0.006	0.006	0.007	0.008

② 表观密度取两次实验结果的算术平均值，精确至 $10kg/m^3$；若两次实验结果之差大于 $20kg/m^3$，须重新实验。在碎石或卵石表观密度实验中，对颗粒材质不均匀的试样，如两次实验结果之差超过 $20kg/m^3$，可取四次实验结果的算术平均值。

3.4.3　松散堆积密度或紧密密度

3.4.3.1　仪器设备

① 电热鼓风烘箱：能使温度控制在（105±5）℃。

② 天平：称量10kg，感量1g；称量10kg，感量10g；称量50kg或100kg，感量50g各一台。

③ 容量筒：圆柱形金属筒，内径108 mm，净高109 mm，壁厚2 mm，筒底厚约5mm，容积为1L；容量筒规格见表3-8。

④ 方孔筛：孔径为4.75mm的筛一只。

⑤ 垫棒：直径10mm，长500mm的圆钢。

⑥ 直尺、漏斗或料勺、浅盘、毛刷等。

表3-8　容量筒的规格要求

最大粒径（mm）	容量筒容积（L）	容量筒规格		
		内径（mm）	净高（mm）	壁厚（mm）
9.5，16.0，19.0，26.5	10	208	294	2
31.5，37.5	20	294	294	3
53.0，63.0，75.0	30	360	294	4

3.4.3.2　实验步骤

（1）天然砂或人工砂松散堆积密度或紧密密度实验步骤

① 按规定取样，用浅盘装取试样约3L，放在烘箱中于（105±5）℃下烘干至恒量，待冷却至室温后，筛除大于4.75mm的颗粒，分为大致相等的两份备用。

② 经松散堆积密度：取试样一份，用漏斗或料勺将试样从容量筒中心上方50 mm处徐徐倒入，让试样以自由落体落下，当容量筒上部试样呈锥体，且容量筒四周溢满时，即停止加料。然后用直尺沿筒口中心线向两边刮平（实验过程应防止触动容量筒），称出试样和容量筒总质量 G_1(g)，精确至1g。

③ 紧密堆积密度：取试样一份分两次装入容量筒。装完第一层后（约计稍高于1/2），在筒底垫放一根直径为10 mm的圆钢，将筒按住，左右交替颠击地面各25次。然后装入第二层，第二层装满后用同样方法颠实（但筒底所垫钢筋的方向与第一层时的方向垂直）后，再加试样直至超过筒口，然后用直尺沿筒口中心线向两边刮平，称出试样和容量筒总质量 G_1（g），精确至1g。

（2）碎石或卵石松散堆积密度或紧密密度实验步骤

① 按规定取样，烘干或风干后，拌匀并把试样分为大致相等两份备用。

② 松散堆积密度：取试样一份，用小铲将试样从容量筒口中心上方50mm处徐徐倒入，让试样以自由落体落下，当容量筒上部试样呈锥体，且容量筒四周溢满时，即停止加料。除去凸出容量口表面的颗粒，并以合适的颗粒填入凹陷部分，使表面稍凸起部分和凹陷部分的体积大致相等（实验过程应防止触动容量筒），称出试样和容量筒总质量。

③ 紧密堆积密度：取试样一份分为三次装入容量筒。装完第一层后，在筒底垫放一根直径为 16 mm 的圆钢，将筒按住，左右交替颠击地面各 25 次，再装入第二层，第二层装满后用同样方法颠实（但筒底所垫钢筋的方向与第一层时的方向垂直），然后装入第三层，如法颠实。试样装填完毕，再加试样直至超过筒口，用钢尺沿筒口边缘刮去高出的试样，并用适合的颗粒填平凹处，使表面稍凸起部分与凹陷部分的体积大致相等。称取试样和容量筒的总质量，精确至 10g。

3.4.3.3 结果计算与评定

① 砂、石的松散或紧密堆积密度应按下式计算，精确至 $10kg/m^3$：

$$\rho_1 = (G_1 - G_2) / V$$

式中 ρ_1——松散堆积密度或紧密堆积密度，kg/m^3；

G_1——容量筒和试样总质量，g；

G_2——容量筒质量，g；

V——容量筒的容积，L。

② 砂、石的空隙率按下式计算，精确至 1%：

$$V_0 = \left(1 - \frac{\rho_l}{\rho_0}\right) \times 100\%$$

式中 V_0——空隙率，%；

ρ_l——试样的松散（或紧密）堆积密度，kg/m^3；

ρ_0——试样的表观密度，kg/m^3。

③ 堆积密度取两次实验结果的算术平均值，精确至 $10kg/m^3$。空隙率取两次实验结果的算术平均值，精确至 1%。

3.4.4 含泥量

3.4.4.1 仪器设备

① 方孔筛：孔径为 0.075mm 及 1.18mm 各 1 个。

② 电热鼓风干燥箱：能使温度控制在（105±5)℃。

③ 天平：称量 1000g，感量 1g。

④ 容器：要求淘洗试样时，保持试样不溅出（深度大于 250mm）。

⑤ 虹吸管：玻璃管的直径不大于 5mm，后接胶皮弯管。

⑥ 浅盘、毛刷等。

3.4.4.2 实验步骤

（1）天然砂或人工砂的含泥量检测（标准法）

本方法适用于测定粗砂、中砂和细砂的含泥量，特细砂的含泥量应采用虹吸管法测定。

① 按规定取样，并将试样缩分至约 1100g，放在烘箱中于(105±5)℃下烘干至恒量，待冷却至室温后，分为大致相等的两份备用。

② 称取试样 400g（G_0），精确至 0.1g。将试样倒入淘洗容器中，注入清水，使水面高于试样面约 150mm，充分搅拌均匀后，浸泡 2 h，然后用手在水中淘洗试样，使尘屑、淤泥和黏土与砂粒分离，把浑水缓缓倒入 1.18mm 及 75μm 的套筛上（1.18mm 筛放在 75μm 筛上面），滤去小于 75μm 的颗粒。实验前筛子的两面应先用水润湿，在整个过程中应小心防止砂粒流失。

③ 再向容器中注入清水，重复上述操作，直至容器内的水目测清澈为止。

④ 用水淋洗剩余在筛上的细粒，并将75μm筛放在水中（使水面略高出筛中砂粒的上表面）来回摇动，以充分洗掉小于75μm的颗粒，然后将两只筛的筛余颗粒和清洗容器中已经洗净的试样一并倒入搪瓷盘，放在烘箱中于（105±5)℃下烘干至恒量，待冷却至室温后，称出其质量（G_1），精确至0.1g。

（2）天然砂或人工砂的含泥量检测（虹吸管法）

本方法适用于测定砂中含泥量。

① 称取烘干的试样500g（G_0），置于容器中，并注入饮用水，使水面高出砂面约150mm，浸泡2 h，浸泡过程中每隔一段时间搅拌一次，确保尘屑、淤泥和黏土与砂分离。

② 用搅拌棒均匀搅拌1min（单方向旋转），以适当宽度和高度的闸板闸水，使水停止旋转。经20～25s后取出闸板，然后，从上到下用虹吸管细心地将浑浊液吸出，虹吸管吸口的最低位置应距离砂面不小于30mm。

③ 再倒入清水，重复上述过程，直到吸出的水与清水的颜色基本一致为止。

④ 最后将容器中的清水吸出，把洗净的试样倒入浅盘并在（105±5)℃下烘干至恒量，待冷却至室温后，称出其质量（G_1），精确至0.1g。

（3）碎石或卵石的含泥量检测

① 按规定取样，并将试样缩分至略大于表3-9规定的两倍数量，放在干燥箱中于(105±5)℃下烘干至恒量，待冷却至室温后，分为大致相等的两份备用。

注：恒量系指试样在烘干3 h以上，其前后质量之差不大于该项实验所要求的称量精度。

表3-9　含泥量实验所需试样数量

最大粒径（mm）	9.5	16.0	19.0	26.5	31.5	37.5	63.0	75.0
最少试样质量（kg）	2.0	2.0	6.0	6.0	10.0	10.0	20.0	20.0

② 根据试样的最大粒径，称取按表3-9规定数量的试样一份（G_0），精确到1g。将试样放入淘洗容器中，注入清水，使水面高于试样上表面150mm，充分搅拌均匀后，浸泡2h，然后用手在水中淘洗试样，使尘屑、淤泥和黏土与石子颗粒分离，把浑水缓缓倒入1.18mm及75μm的套筛上（1.18mm筛放在75μm筛上面），滤去小于75μm的颗粒。实验前筛子的两面应先用水润湿，在整个过程中应小心防止大于75μm的颗粒流失。

③ 再向容器中注入清水，重复上述操作，直至容器内的水目测清澈为止。

④ 用水淋洗剩余在筛上的细粒，并将75μm筛放在水中（使水面略高出筛中砂粒的上表面）来回摇动，以充分洗掉小于75μm的颗粒，然后将两只筛的筛余颗粒和清洗容器中已经洗净的试样一并倒入搪瓷盘，放在烘箱中于（105±5)℃下烘干至恒量，待冷却至室温后，称出其质量（G_1），精确至1g。

3.4.4.3　结果计算与评定

① 含泥量按下式计算，精确至0.1％：

$$Q_a=[(G_0-G_1)/G_0]\times 100\%$$

式中　Q_a——含泥量，%；

G_0——实验前烘干试样质量，g；

G_1——实验后烘干试样质量，g。

② 含泥量取两次实验结果的算术平均值作为测定值。砂两次之差大于0.5%时，应重新取样测量；石两次之差大于0.2%时，应重新取样测量。

3.4.5 泥块含量

3.4.5.1 仪器设备

① 电热鼓风干燥箱：能使温度控制在（105±5)℃。

② 天平：称量1000g，感量1g；称量5kg，感量5g，各一个。

③ 方孔筛：孔径为600μm、1.18mm、2.36mm及4.75mm的筛各一只。

④ 容器：要求淘洗试样时，保持试样不溅出（深度大于250mm)。

⑤ 浅盘，毛刷等。

3.4.5.2 实验步骤

（1）天然砂或人工砂泥块含量实验步骤

① 按规定取样，并将试样缩分至约5000g，放在干燥箱中于(105±5)℃下烘干至恒量，待冷却至室温后，筛除小于1.18mm的颗粒，分为大致相等的两份备用。

② 称取试样200g，精确至0.1g。将试样倒入淘洗容器中，注入清水，使水面高于试样面约150mm，充分搅拌均匀后，浸泡24h。然后用手在水中碾碎泥块，再把试样放在600μm筛上，用水淘洗，直至容器内的水目测清澈为止。

③ 保留下来的试样小心地从筛中取出，装入浅盘后，放在干燥箱中于（105±5)℃下烘干至恒量，待冷却到室温后，称出其质量，精确至0.1g。

（2）碎石或卵石泥块含量实验步骤

① 按规定取样，并将试样缩分至略大于表3-9规定的2倍数量，放在干燥箱中于(105±5)℃下烘干至恒量，待冷却至室温后，筛除小于4.75mm的颗粒，分为大致相等的两份备用。

② 根据试样的最大粒径，称取按表3-9的规定数量试样一份，精确到1g。将试样倒入淘洗容器中，注入清水，使水面高于试样上表面。充分搅拌均匀后，浸泡24h。然后用手在水中碾碎泥块，再把试样放在2.36mm筛上，用水淘洗，直至容器内的水目测清澈为止。

③ 保留下来的试样小心地从筛中取出，装入浅盘后，放在干燥箱中于（105±5)℃下烘干至恒量，待冷却至室温后，称出其质量，精确到1g。

3.4.5.3 结果计算与评定

① 泥块含量按下式计算，精确至0.1%：

$$Q_b = [(G_1 - G_2)/G_1] \times 100\%$$

式中 Q_b——泥块含量，%；

G_1——在天然砂或人工砂泥块含量实验中，G_1表示1.18mm筛筛余试样的质量，g；在碎石或卵石泥块含量实验中，G_1表示4.75mm筛筛余试样的质量，g；

G_2——实验后烘干试样质量，g。

② 泥块含量取两次实验结果的算术平均值，精确至0.1%。

③ 采用修约值比较法进行评定。

3.4.6　人工砂及混合砂的石粉含量与亚甲蓝 *MB* 值

3.4.6.1　试剂和材料

本实验用试剂和材料如下：

① 亚甲蓝：($C_{16}H_{18}ClN_3S\cdot 3H_2O$) 含量≥95%。

② 亚甲蓝溶液：

a. 亚甲蓝粉末含水率测定：称量亚甲蓝粉末约 5g，精确到 0. 01 g，记为 M_h。将该粉末在（100±5)℃烘至恒量。置于干燥器中冷却。从干燥器中取出后立即称重，精确到 0.01g，记为 M_g。按下式计算含水率，精确到小数点后一位，记为 W。

$$W = 100\% \times [(M_h - M_g)/M_g]$$

式中　W——含水率，%；

M_h——烘干前亚甲蓝粉末质量，g；

M_g——烘干后亚甲蓝粉末质量，g。

每次染料溶液制备均应进行亚甲蓝含水率测定。

b. 亚甲蓝溶液制备：称量亚甲蓝粉末 $\left(\frac{100+W}{10}\pm 0.01\right)$g（相当于干粉 10 g)，精确至 0. 01g。倒入盛有约 600mL 蒸馏水（水温加热至 35～40℃）的烧杯中，用玻璃棒持续搅拌 40min，直至亚甲蓝粉末完全溶解，冷却至 20℃。将溶液倒入 1L 容量瓶中，用蒸馏水淋洗烧杯等，使所有亚甲蓝溶液全部移入容量瓶，容量瓶和溶液的温度应保持在（20±1)℃，加蒸馏水至容量瓶 1L 刻度。振荡容量瓶以保证亚甲蓝粉末完全溶解。将容量瓶中溶液移入深色储藏瓶中，标明制备日期、失效日期（亚甲蓝溶液保质期应不超过 28d)，并置于阴暗处保存。

③ 定量滤纸（快速)。

3.4.6.2　仪器设备

本实验用仪器设备如下：

① 电热鼓风干燥箱：能使温度控制在（105±5)℃。

② 天平：称量 1000g、感量 1g 及称量 100g、感量 0.1g 各一台。

③ 方孔筛：孔径为 75μm、1.18mm 和 2.36mm 的筛各一只。

④ 容器：要求淘洗试样时，保持试样不溅出（深度大于 250mm)。

⑤ 移液管：5mL、2mL 移液管各一个。

⑥ 三片或四片式叶轮搅拌器：转速可调[最高达(600±60) r/min]，直径(75±10) mm。

⑦ 定时装置：精度 1s。

⑧ 玻璃容量瓶：1L。

⑨ 温度计：精度 1℃。

⑩ 玻璃棒：2 支（直径 8mm，长 300mm)。

⑪ 搪瓷盘、毛刷、1000mL 烧杯等。

3.4.6.3　实验步骤

（1）石粉含量的测定

按第 3.4.4.2 中进行。

（2）亚甲蓝 *MB* 值的测定

① 按规定取样，并将试样缩分至约 400g，放在干燥箱中于（105±5）℃下烘干至恒量，待冷却至室温后，筛除大于 5.0mm 的颗粒备用。

② 称取试样 200 g，精确至 0.1g。将试样倒入盛有（500±5）mL 蒸馏水的烧杯中，用叶轮搅拌机以（600±60）r/min 转速搅拌 5min，使成悬浮液，然后持续以（400±40）r/min转速搅拌，直至实验结束。

③ 悬浮液中加入 5mL 亚甲蓝溶液，以（400±40）r/min 转速搅拌至少 1min 后，用玻璃棒沾取一滴悬浮液（所取悬浮液滴应使沉淀物直径在 8mm～12mm 内），滴于滤纸（置于空烧杯或其他合适的支撑物上，以使滤纸表面不与任何固体或液体接触）上。若沉淀物周围未出现色晕，再加入 5mL 亚甲蓝溶液，继续搅拌 1min，再用玻璃棒沾取一滴悬浮液，滴于滤纸上，若沉淀物周围仍未出现色晕。重复上述步骤，直至沉淀物周围出现约 1mm 的稳定浅蓝色色晕。此时，应继续搅拌，不加亚甲蓝溶液，每 1min 进行一次沾染实验。若色晕在 4min 内消失，再加入 5mL 亚甲蓝溶液；若色晕在第 5min 消失，再加入 2mL 亚甲蓝溶液。两种情况下，均应继续进行搅拌和沾染实验，直至色晕可持续 5min。

④ 记录色晕持续 5min 时所加入的亚甲蓝溶液总体积，精确至 1mL。

（3）亚甲蓝的快速实验

① 按规定取样，并将试样缩分至约 400g，放在干燥箱中于（105±5）℃下烘干至恒量，待冷却至室温后，筛除大于 2. 36mm 的颗粒备用。

② 称取试样 200g，精确至 0.1g。将试样倒人盛有(500±5)mL 蒸馏水的烧杯中，用叶轮搅拌机以(600±60)r/min 转速搅拌 5min，使成悬浮液，然后持续以(400±40) r/min转速搅拌，直至实验结束。

③ 一次性向烧杯中加入 30mL 亚甲蓝溶液，在（400±40）r/min 转速持续搅拌 8min，然后用玻璃棒沾取一滴悬浮液，滴于滤纸上，观察沉淀物周围足否出现明显色晕。

3.4.6.4 结果计算与评定

（1）石粉含量的计算

按 3.4.4.3 进行。

（2）亚甲蓝 *MB* 值的计算

按下式，精确至 0.1：

$$MB = 10 \times (V/G)$$

式中 MB ——亚甲蓝值，g/kg，表示每千克 0～2.36mm 粒级试样所消耗的亚甲蓝质量；

G ——试样质量，g；

V ——所加入的亚甲蓝溶液的总量，mL；

10 ——用于每千克试样消耗的亚甲蓝溶液体积换算成亚甲蓝质量。

（3）亚甲蓝快速实验结果评定

若沉淀物周围出现明显色晕，则判定亚甲蓝快速实验为合格，若沉淀物周围未出现明显色晕，则判定亚甲蓝快速实验为不合格。

（4）采用修约值比较法进行评定

3.4.7　含水率

3.4.7.1　仪器设备

① 电热鼓风干燥箱：能使温度控制在（105±5)℃。

② 天平：称量1000 g，感量1g。

③ 饱和面干试模及重约340g的捣棒。

④ 小铲、小勺、吸管、浅盘、毛刷、毛巾等。

3.4.7.2　实验步骤

天然砂或人工砂（或石）含水率实验的实验步骤

① 将自然潮湿状态下的试样用四分法缩分至约1100g（石取4.0Kg），拌匀后分为大致相等的两份备用。

② 称取试样一份，精确至1g，放在干燥箱中于（105±5)℃下烘干至恒量，待冷却至室温后，称出其质量，精确至1g。

3.4.7.3　结果计算与评定

① 含水率按下式计算，精确至0.1%：

$$Z=[(G_1-G_2)/G_1]\times 100\%$$

式中　Z——含水率,%；

G_1——烘干前的试样质量，g；

G_2——烘干后的试样质量，g。

② 含水率取两次实验结果的算术平均值，精确至0.1%。

3.4.8　碎石或卵石的吸水率

3.4.8.1　仪器设备

① 电热鼓风干燥箱：能使温度控制在（105±5)℃。

② 天平：称量20kg，感量20g。

③ 方孔筛：孔径为4.75mm的筛一只。

④ 容器、浅盘、毛巾、刷子等。

3.4.8.2　实验步骤

① 按规定取样，并将试样缩分至略大于表3-10所规定的数量。洗刷干净后分为大致相等的两份备用。

表3-10　吸水率实验所需试样数量

石子最大粒径（mm）	9.5	16.0	19.0	26.5	31.5	37.5	63.0	75.0
最少试样质量（kg）	2.0	2.0	4.0	4.0	4.0	6.0	6.0	6.0

② 取试样一份置于盛水的容器中，水面应高出试样表面约5 mm，浸泡24 h后，从水中取出，用湿毛巾将颗粒表面的水分擦干，即成为饱和面干试样，立即称出其质量，精确至1g。

③ 将饱和面干试样放在干燥箱中于（105±5)℃下烘干至恒量，待冷却至室温后，称出其质量，精确至1g。

3.4.8.3　结果计算与评定

① 吸水率按下式计算，精确至0.1%：

$$W = [(G_1 - G_2) / G_1] \times 100\%$$

式中　W——吸水率,%；

G_1——饱和面干试样的质量，g；

G_2——烘干后试样的质量，g。

② 吸水率取两次实验结果的算术平均值，精确至0.1 %。

③ 采用修约值比较法评定。

3.4.9　碎石或卵石的压碎指标值

3.4.9.1　仪器设备

① 压力实验机：量程300kN，示值相对误差2%。

② 天平：称量10kg，感量1g。

③ 受压试模（压碎值测定仪）。

④ 方孔筛：孔径分别为2. 36mm、9. 50mm及19. 0mm的筛各一只。

⑤ 垫棒：直径10mm，长度500mm圆钢。

3.4.9.2　实验步骤

① 按规定取样，风干后筛除大于19.0mm及小于9.50mm的颗粒，并去除去针片状颗粒，分为大致相等的三份备用。

② 称取试样3000g，精确至1g。将试样分两层装入圆模（置于底盘上）内，每装完一层试样后，在底盘下面垫放一直径为10mm的圆钢，将筒按住，左右交替颠击地面各25次，两层颠实后，平整模内试样表面，盖上压头。当圆模装不下3000g试样时，以装至距圆模上口10mm为准。

③ 把装有试样的圆模置于压力机上，开动压力实验机，按lkN/s速度均匀加荷至200kN并稳荷5s，然后卸荷。取下加压头，倒出试样，用孔径2.36mm的筛筛除被压碎的细粒，称出留在筛上的试样质量，精确至1g。

3.4.9.3　结果计算与评定

① 压碎指标按下式计算，精确至0.1%：

$$Q_e = [(G_1 - G_2)/G_1] \times 100\%$$

式中　Q_e——压碎指标,%；

G_1——试样的质量，g；

G_2——压碎实验后筛余的试样质量，g。

② 压碎指标取三次实验结果的算术平均值，精确至1 %。

③ 采用修约值比较法进行评定。

3.4.10　碎石或卵石的针、片状颗粒含量

3.4.10.1　仪器设备

① 针状规准仪与片状规准仪。

② 天平：称量10kg，感量1g。

③ 方孔筛：孔径为 4.75mm、9.50mm、16.0mm、19.0mm、26.5mm、31.5mm 及 37.5mm 的筛各一个。

3.4.10.2　实验步骤

① 按规定取样，并将试样缩分至略大于表 3-11 所规定的数量，烘干或风干后备用。

表 3-11　针、片状颗粒含量实验所需试样数量

最大粒径（mm）	9.5	16.0	19.0	26.5	31.5	37.5	63.0	75.0
最少试样质量（kg）	0.3	1.0	2.0	3.0	5.0	10.0	10.0	10.0

② 根据试样的最大粒径，称取按上表所规定的数量试样一份，精确到 1g。然后按表 3-12规定的粒级按规定进行筛分。

表 3-12　针、片状颗粒含量实验的粒级划分及其相应的规准仪孔宽或间距

石子粒级	4.75～9.50	9.50～16.0	16.0～19.0	19.0～26.5	26.5～31.5	31.5～37.5
片状规准仪相对应孔宽	2.8	5.1	70	9.1	11.6	13.8
针状规准仪相对应间距	17.1	30.6	42.0	54.6	69.6	82.8

③ 按上表所规定的粒级分别用规准仪逐粒检验，凡颗粒长度大于针状规准仪上相应间距者，为针状颗粒；颗粒厚度小于片状规准仪上相应孔宽者，为片状颗粒。称出其总质量，精确至 1 g。

④ 石子粒径大于 37.5 mm 的碎石或卵石可用卡尺检验针、片状颗粒，卡尺卡口的设定宽度应符合表 3-13 的规定。

表 3-13　大于 37.5mm 颗粒针、片状颗粒含量实验的粒级划分及其相应的卡尺卡口设定宽度

石子粒级	37.5～53.0	53.0～63.0	63.0～75.0	75.0～90
检验片状颗粒的卡尺卡口设定宽度	18.1	23.2	27.6	33.0
检验针状颗粒的卡尺卡口设定宽度	108.6	139.2	165.6	198.0

3.4.10.3　结果计算与评定

① 针、片状颗粒含量按下式计算，精确至 1 %：

$$Q_c = \frac{G_2}{G_1} \times 100\%$$

式中　Q_c——针、片状颗粒含量，%；

G_1——试样的总质量，g；

G_2——试样中所含针、片状颗粒的总质量，g。

② 采用修约值比较法进行评定。

项目 4　外加剂及性能检测

4.1　概述

混凝土外加剂是在拌制混凝土过程中加入，用以改善混凝土性能的物质。掺量一般不大于水泥质量的5%（特殊情况除外），包括化学外加剂与矿物外加剂。

4.1.1　混凝土外加剂的分类

1. 按功能分

① 改善混凝土拌合物流变性的外加剂：减水剂、引气剂、泵送剂等。

② 调节混凝土凝结、硬化性能的外加剂：缓凝剂、早强剂、速凝剂等。

③ 改善混凝土耐久性的外加剂：引气剂、防水剂、抗渗剂等。

④ 改善混凝土其他性能的外加剂：膨胀剂、加气剂、泡沫剂等。

2. 按化学成分和性质分

① 无机盐类外加剂：早强剂（氯化钙、硫酸钠等）、缓凝剂（石膏、酒石酸钾钠等）、防冻剂（氯化钠、氨水等）、速凝剂（氯酸钠、水玻璃溶液等）、膨胀剂（氧化钙、石膏等）、防水剂（松香、硅藻土等）等。

② 有机物类外加剂：大部分为表面活性剂类物质，减水剂（木质素磺酸盐、蜜糖类普通减水剂；萘系、氨基磺酸盐类高效减水剂；聚羧酸类高性能减水剂等）、引气剂（烷基磺酸钠、脂肪醇等）等。

4.1.2　混凝土外加剂的作用

混凝土外加剂主要用于改善拌合物工作性及硬化混凝土物理力学性，提高混凝土的强度、耐久性，节约水泥用量，调节凝结时间等。现就GB 8076—2008中涉及到的外加剂（减水剂、引气减水剂、泵送剂、早强剂、缓凝剂、引气剂）以及速凝剂、膨胀剂等做一简单介绍。

（1）减水剂

在混凝土坍落度基本相同的条件下，能减少拌合用水量的外加剂。

作用：改善混凝土拌合物工作性，提高混凝土强度和耐久性等。

常见品种：木质素类减水剂，萘系减水剂，聚羧酸类减水剂等。

（2）引气剂

在混凝土搅拌过程中能引入大量均匀分布、稳定而封闭的微小气泡，且能保留在硬化混凝土中的外加剂。

作用：改善混凝土抗冻耐久性能。

常见品种：松香类引气剂、脂肪类引气剂、烷基磺酸盐类引气剂等。

(3) 引气减水剂

兼有引气和减水功能的外加剂。

作用：改善混凝土拌合物工作性和抗冻耐久性。

常见品种：木钙、木钠等普通减水剂，萘系、氨基磺酸盐系高效减水剂等。

(4) 泵送剂

能改善混凝土拌合物泵送性能的外加剂。

作用：改善混凝土流动性、凝结时间等。

常见品种：常由减水剂、引气剂、缓凝剂等组合而得。

(5) 早强剂

加速混凝土早期强度发展的外加剂。

作用：提高混凝土早期强度。

常见品种：无机盐类（氯化钙、硫酸钠等），有机物类（甲醇、乙醇等），复合类。

(6) 缓凝剂

延长混凝土凝结时间的外加剂。

作用：延缓水泥水化速率，使新拌混凝土较长时间保持可塑性。

常见品种：无机盐类（磷酸盐、硼酸类），有机物类（羟基羧酸盐、多元醇类），复合类。

(7) 速凝剂

能使混凝土迅速凝结硬化的外加剂。

作用：使水泥浆迅速凝结硬化。

常见品种：钙矾石类、水玻璃类、铝氧熟料类速凝剂。

(8) 膨胀剂

在混凝土硬化过程中因化学作用能使混凝土产生一定体积膨胀的外加剂。

作用：使混凝土产生微膨胀，补偿混凝土自身体积收缩。

常见品种：硫铝酸盐类、氧化镁类膨胀剂。

4.2 常见标准

GB/T 8075　《混凝土外加剂定义、分类、命名与术语》
GB 8076　《混凝土外加剂》
GB/T 8077　《混凝土外加剂匀质性试验方法》
GB 23439　《混凝土膨胀剂》
JC 477　《喷射混凝土用速凝剂》
JG/T 223　《聚羧酸系高性能减水剂》
JC 474　《砂浆、混凝土防水剂》
JC 475　《混凝土防冻剂》
GB 50119　《混凝土外加剂应用技术规范》
GB 18588　《混凝土外加剂中释放氨的限量》等规范。

4.3 外加剂的选用

外加剂的选用按照 GB 50119 规定，外加剂应符合国家现行有关标准的规定。外加剂品种的选择应经实验确定，选用的外加剂品种应满足混凝土工作性能、力学性能、长期性能、耐久性能、安全性及低碳节能等设计和施工要求。

严禁使用对人体产生危害、对环境产生污染的外加剂。

含有六价铬盐、亚硝酸盐、硫氰酸盐等成分的混凝土外加剂严禁用于饮水工程。

当不同供方、不同品种的外加剂同时使用时，应经实验验证，确保混凝土性能满足设计和施工要求，方可使用。

需方根据外加剂的主要作用，应科学合理地选择外加剂。

4.3.1 普通减水剂（标准型、早强型与缓凝型）

普通减水剂宜用于日最低气温 5℃以上的中低强度等级混凝土。

普通减水剂不宜单独用于蒸养混凝土。

早强型普通减水剂可用于常温、低温和最低温度不低于－5℃环境中施工的、有早强要求的混凝土工程。炎热环境条件下不宜使用早强型普通减水剂。

缓凝型普通减水剂可用于大体积混凝土、碾压混凝土、炎热气候条件下施工的混凝土、大面积浇筑的混凝土、避免冷缝产生的混凝土、需长时间停放或长距离运输的混凝土、滑模施工或拉模施工的混凝土及其他需要延缓凝结时间的混凝土，不宜用于有早强要求的混凝土。

4.3.2 高效减水剂（标准型与缓凝型）

混凝土工程中可采用下列高效减水剂：

① 多环芳香族磺酸盐类：萘和萘的同系磺化物与甲醛缩合的盐类、氨基磺酸盐等。

② 水溶性树脂磺酸盐类：磺化三聚氰胺树脂、磺化古马隆树脂等。

③ 脂肪族类：脂肪族羟烷基磺酸盐高缩聚物等。

混凝土工程中可采用由缓凝剂与高效减水剂复合而成的缓凝型高效减水剂。

高效减水剂可用于素混凝土、钢筋混凝土、预应力混凝土，并可制备高强高性能混凝土。缓凝型高效减水剂可用于大体积混凝土、碾压混凝土、炎热气候条件下施工的混凝土、大面积浇筑的混凝土、避免冷缝产生的混凝土、需较长时间停放或长距离运输的混凝土、自流平免振混凝土、滑模施工或拉模施工的混凝土及其他需要延缓凝结时间、又有较高减水率要求的混凝土。

标准型高效减水剂宜用于 0℃以上混凝土的施工，可用于蒸养混凝土。

缓凝型高效减水剂宜用于日最低气温 5℃以上混凝土的施工，不宜单独用于有早强要求的混凝土及蒸养混凝土。

4.3.3 聚羧酸系高性能减水剂（标准型、早强型与缓凝型）

混凝土工程中可使用标准型、早强型和缓凝型聚羧酸系高性能减水剂。根据工程要求，也可使用有其他特殊功能的聚羧酸系高性能减水剂，如减缩型聚羧酸系高性能减水剂。

4.3.3.1　适用范围

聚羧酸系高性能减水剂可用于各种混凝土工程。

聚羧酸系高性能减水剂宜用于高性能混凝土、高强混凝土、自密实混凝土、泵送混凝土、清水混凝土、预制构件混凝土、大体积混凝土和钢管混凝土。

聚羧酸系高性能减水剂宜用于具有高耐久性和/或高工作性要求的混凝土。

聚羧酸系高性能减水剂宜用于对抗裂性要求高的混凝土结构工程。

缓凝型聚羧酸系高性能减水剂不宜用于日最低气温5℃以下混凝土施工。

早强型聚羧酸系高性能减水剂宜用于低温季节混凝土施工，但不宜用于日最低气温－5℃以下混凝土施工。

4.3.3.2　技术要求

① 掺减缩型聚羧酸系高性能减水剂的混凝土28d收缩率比不大于90％。

② 聚羧酸系高性能减水剂用于自密实混凝土和高强混凝土时，其减水率不宜低于25％。

③ 聚羧酸系高性能减水剂用于抗冻要求的混凝土时，混凝土抗冻融循环次数不小于200次。

4.3.4　引气剂及引气减水剂

4.3.4.1　品种

① 松香树脂类：松香热聚物、松香皂及改性松香等。

② 烷基和烷基芳烃磺酸盐类：十二烷基磺酸盐、烷基苯磺酸盐、石油磺酸盐等。

③ 脂肪醇磺酸盐类：脂肪醇聚氧乙烯磺酸钠、脂肪醇硫酸钠等。

④ 非离子聚醚类：脂肪醇聚氧乙烯醚、烷基苯酚聚氧乙烯醚等。

⑤ 皂甙类：三萜皂甙等。

⑥ 复合型：各种不同种类引气剂的复合物。

⑦ 混凝土工程中可采用由引气剂与减水剂复合而成的引气减水剂。

4.3.4.2　适用范围

① 引气剂及引气减水剂宜用于有抗冻融要求的混凝土、泵送混凝土和易产生泌水的混凝土。

② 引气剂及引气减水剂可用于抗渗混凝土、抗硫酸盐混凝土、贫混凝土、轻集料混凝土、人工砂混凝土和有饰面要求的混凝土。

③ 引气剂及引气减水剂不宜用于蒸养混凝土及预应力混凝土，必要时，应经实验确定。

4.3.4.3　技术要求

① 抗冻融要求高的混凝土，外加剂宜掺用引气剂或引气减水剂。混凝土的含气量应根据混凝土抗冻等级和集料最大粒径等通过实验确定，但不宜超过表4-1规定的含气量。同时混凝土施工现场含气量和设计要求的含气量允许偏差为±1.5％。

② 用于改善新拌混凝土工作性时，新拌混凝土含气量宜控制在3％～5％。

表 4-1 引气型减水剂混凝土含气量限值

粗集料最大公称粒径（mm）	混凝土含气量限值（%）
10	7.0
15	6.0
20	5.5
25	5.0
40	4.5

注：① 含气量从运至施工现场的新拌混凝土中取样用含气量测定仪（气压法）测定，允许绝对误差为±1.0%，测定方法应符合现行国家标准《普通混凝土拌合物性能实验方法标准》（GB/T 50080）的规定；

② 表中含气量：C50 混凝土可降低 0.5%，C60 混凝土可降低 1%，但不应低于 3.5%。

4.3.5 早强剂

4.3.5.1 混凝土工程可采用下列早强剂

① 无机盐类：硫酸盐、硫酸复盐、硝酸盐、亚硝酸盐、氯盐、硫氰酸盐等。

② 有机化合物类：三乙醇胺、甲酸盐、乙酸盐、丙酸盐等。

③ 复合类：两种或两种以上有机化合物或无机盐的复合物。

4.3.5.2 适用范围

① 早强剂宜用于蒸养、常温、低温和最低温度不低于−5℃环境中施工的有早强要求的混凝土工程。炎热条件以及温度低于−5℃环境下不宜使用早强剂。

② 早强剂不宜用于大体积混凝土结构；三乙醇胺等有机胺类早强剂不宜用于蒸养混凝土。

③ 含尿素及硝铵类等可释放氨气的早强剂严禁用于办公、居住、地铁等建筑工程。其他有害物质限制应符合 GB 50119—2013 相关条款的规定。

④ 含有无机盐的早强剂严禁用于在下列混凝土结构：

a. 与镀锌钢材或铝铁相接触部位的混凝土结构，有外露钢筋预埋铁件而无防护措施的混凝土结构。

b. 使用直流电源的混凝土结构，距高压直流电源 100m 以内的混凝土结构。

⑤ 含有氯盐的早强剂严禁用于钢筋混凝土结构、预应力混凝土结构、钢纤维混凝土结构、使用冷拉钢筋或冷拔低碳钢丝的混凝土结构。

⑥ 无机盐类早强剂不宜用于处于水位变化的结构，露天结构及经常受水淋、受水流冲刷的结构，相对湿度大于 80%环境中使用的结构，直接接触酸、碱或其他侵蚀性介质的结构，有装饰要求的混凝土，特别是要求色彩一致或表面有金属装饰的混凝土。

⑦ 含硝酸盐、亚硝酸盐、碳酸盐的早强剂不宜用于预应力混凝土结构。

4.3.6 缓凝剂

4.3.6.1 混凝土工程中可采用下列缓凝剂

① 糖类化合物：葡萄糖、蔗糖、糖蜜、糖钙等。

② 羟基羧酸及其盐类：柠檬酸（钠）、酒石酸（钾、钠）、葡萄糖酸（钠）、水杨酸及其盐类等。

③ 多元醇及其衍生物：山梨醇、甘露醇等。

④ 无机盐类：磷酸盐、锌盐、硼酸及其盐类、氟硅酸盐等。

⑤ 有机磷酸及其盐类：氨基三甲叉膦酸（ATMP）及其盐类、乙二胺四甲叉膦酸（EDTMP）及其盐类、羟基乙叉二膦酸（HEDP）及其盐类、2-膦酸丁烷-1，2，4-三羧酸（PBTC）及其盐类、二乙烯三胺五甲叉膦酸（DTPMP）及其盐类、多元醇磷酸酯（PAPE）等。

⑥ 复合型：各种不同种类缓凝组分的复合物。

4.3.6.2　适用范围

① 缓凝剂宜用于延缓凝结时间，避免冷缝产生的碾压混凝土，大面积浇注的混凝土和滑模施工或拉模施工的混凝土。

② 缓凝剂宜用于对坍落度保持能力有要求的炎热气候条件下施工的混凝土、需较长时间停放或长距离运输的混凝土、自流平免振混凝土。

③ 缓凝剂可用于大体积混凝土。

④ 缓凝剂宜用于日最低气温5℃以上施工的混凝土，不宜单独用于有早强要求的混凝土及蒸养混凝土。

⑤ 柠檬酸（钠）及酒石酸（钾钠）等缓凝剂不宜单独用于贫混凝土。

4.3.7　泵送剂

工程中可采用由减水组分、引气组分、缓凝组分、保水组分和黏度调节组分等复合而成的泵送剂。

4.3.7.1　适用范围

① 泵送剂宜用于以泵送施工的混凝土。非泵送施工的混凝土使用泵送剂时，应通过实验验证其适用性。

② 泵送剂可用于工业与民用建筑结构工程混凝土，桥梁混凝土，水下灌注桩混凝土，大坝混凝土，隧道混凝土，道路混凝土，清水混凝土等。

③ 泵送剂可用于泵送施工工艺，滑模施工工艺，免振自密实工艺，顶升施工工艺，高抛施工工艺等。

④ 含有木质素磺酸盐和（或）糖类物质的泵送剂，不宜应用于以天然硬石膏、氟石膏和其他工业副产品石膏作为调凝剂的水泥所配制的混凝土。

⑤ 泵送剂应用于日平均气温5℃以上施工的环境。

⑥ 泵送剂不宜用于蒸汽养护混凝土和蒸压养护的预制混凝土。

4.3.7.2　技术要求

① 工程中宜按照表4-2规定选择泵送剂的减水率。

② 自密实混凝土所采用的泵送剂，其减水率不宜小于20%。

③ 工程中可按照表4-3的规定，根据混凝土泵送浇筑前的运输时间和等候时间选择泵送剂的坍落度1h经时变化值。

表 4-2　泵送剂减水率的选择

序号	混凝土强度等级	泵送剂减水率（%）
1	C30 及 C30 以下	12～20
2	C35～C55	16～28
3	C60 及 C60 以上	≥25

表 4-3　泵送剂的坍落度 1h 经时变化值选择

序号	运输和等候时间（min）	坍落度 1h 经时变化值（mm）
1	<60	≤80
2	60～120	≤40
3	>150	≤20

4.3.8　防冻剂

4.3.8.1　混凝土工程中可采用下列防冻剂

（1）无机盐类防冻剂

① 氯盐类防冻剂：以氯盐（氯化钠、氯化钙等）为防冻组分的外加剂。

② 氯盐阻锈类防冻剂：含有阻锈组分，并以氯盐为防冻组分的外加剂。

③ 无氯盐类防冻剂：以亚硝酸盐、硝酸盐等无机盐为防冻组分的外加剂。

（2）有机化合物类防冻剂

以有某些醇类、尿素等有机化合物为防冻组分的外加剂。

（3）复合型防冻剂

以防冻组分复合早强、引气和减水组分的外加剂。

4.3.8.2　适用范围

① 防冻剂可用于采取负温养护法冬期施工的各种混凝土工程。

② 亚硝酸钠防冻剂或亚硝酸钠与碳酸锂复合防冻剂可用于硫铝酸盐水泥砼冬期施工。

③ 含硝酸盐、碳酸盐的防冻剂严禁用于预应力钢筋混凝土结构，含氯盐的防冻剂严禁用于钢筋混凝土、预应力钢筋混凝土和钢纤维混凝土。

4.3.8.3　技术要求

① 水工、桥梁及有抗冻融性要求的混凝土工程，应选用含有引气组分的防冻剂，并应符合规范的相关规定。

② 含有硝铵、尿素等释放氨气的防冻剂用于办公、居住等建筑工程时，其氨含量必须符合现行国家标准《混凝土外加剂中释放氨的限量》（GB 18588）中相关规定。

③ 含有无机盐的防冻剂严禁用于在下列混凝土结构：

a. 与镀锌钢材或铝铁相接触部位的混凝土结构，有外露钢筋预埋铁件而无防护措施的混凝土结构。

b. 使用直流电源的混凝土结构，距高压直流电源 100m 以内的混凝土结构。

④ 含有钾、钠离子的防冻剂用于具有碱活性集料的混凝土结构时，应符合相关的规定。

4.3.9 速凝剂

4.3.9.1 在喷射混凝土工程中可采用下列速凝剂

（1）粉状速凝剂

以铝酸盐、碳酸盐等为主要成分的无机盐混合粉状物等。

（2）液体速凝剂

① 普通液体速凝剂：以铝酸盐、硅酸盐为主要成分，与其他无机盐、有机物复合而成的液体复合物。

② 无碱液体速凝剂：以硫酸铝、氢氧化铝等为主要成分与其他无机盐、有机物复合而形成的当量 Na_2O 含量小于 1%的液体复合物。

4.3.9.2 适用范围

① 速凝剂可用于采用喷射法施工的砂浆或混凝土，亦可用于需要速凝的其他混凝土。其中粉状速凝剂宜用于干法施工的喷射混凝土中，液体速凝剂宜用于湿法施工的喷射混凝土。

② 对碱含量有特殊要求的喷射混凝土工程宜选用无碱液体速凝剂。

③ 对环保及人体安全要求高的喷射混凝土工程宜采用无碱液体速凝剂。

④ 永久性支护或衬砌施工所使用的喷射混凝土宜选用无碱液体速凝剂。

4.3.9.3 技术要求

① 采用工程实际使用原材料及配合比进行喷射混凝土施工，干喷法施工的回弹率宜控制在 25%以内，湿喷法施工的回弹率宜控制在 10%以内。

② 使用粉状速凝剂或普通液体速凝剂的喷射混凝土 28d 抗压强度比应不小于 70%，使用无碱速凝剂的喷射混凝土 28d 抗压强度比应大于 90%。

4.3.10 膨胀剂

4.3.10.1 混凝土工程可采用下列膨胀剂

① 硫铝酸钙类。

② 硫铝酸钙—氧化钙类。

③ 氧化钙类。

4.3.10.2 适用范围

① 用膨胀剂配制的补偿收缩混凝土宜用于混凝土结构自防水、工程接缝、填充灌浆，采取连续施工的超长混凝土结构，大体积混凝土工程等；用膨胀剂配制的自应力混凝土宜用于自应力混凝土输水管、灌注桩等。

② 含硫铝酸钙类、硫铝酸钙一氧化钙类膨胀剂配制的混凝土（砂浆）不得用于长期环境温度为 80℃以上的工程。

③ 掺膨胀剂的混凝土只适用于钢筋混凝土工程和填充性混凝土工程。

4.3.10.3 技术要求

① 掺膨胀剂的补偿收缩混凝土，其限制膨胀率应符合表 4-4 的规定。

表 4-4 补偿收缩混凝土的限制膨胀率

用　途	限制膨胀率（%）	
	水中 14d	水中 14d 转空气中 28d
用于补偿混凝土收缩	≥0.015	≥-0.030
用于后浇带、膨胀加强带和工程接缝填充	≥0.025	≥-0.020

② 补偿收缩混凝土限制膨胀率的实验和检验应按照附录 B 方法进行。

③ 补偿收缩混凝土的抗压强度应满足下列要求：

a. 对大体积混凝土工程或地下工程，补偿收缩混凝土的抗压强度可以标准养护 60d 或 90d 的强度为准。

b. 除对大体积混凝土工程或地下工程外，补偿收缩混凝土的抗压强度应以标准养护 28d 的强度为准。

④ 补偿收缩混凝土设计强度不宜低于 C25；用于填充的补偿收缩混凝土设计强度不宜低于 C30。

⑤ 补偿收缩混凝土的强度试件制作和检验应按照现行国家标准《普通混凝土力学性能实验方法标准》（GB/T 50081）进行。用于填充的补偿收缩混凝土的抗压强度试件制作和检测，应按照现行行业标准《补偿收缩混凝土应用技术规程》（JGJ/T 178）的附录 A 进行。

⑥ 灌浆用膨胀砂浆，其性能应符合表 4-5 的要求。

表 4-5 灌浆用膨胀砂浆性能

扩展度（mm）	竖向限制膨胀率（%）		抗压强度（MPa）		
	3d	7d	1d	3d	28d
≥250	≥0.10	≥0.20	≥20	≥30	≥60

抗压强度采用 40mm×40mm×160mm 试模，无振动成型，拆模、养护、强度检验按照《水泥胶砂强度检验方法（ISO 法）》（GB/T 17671）规定的方法进行，竖向膨胀率的测定应按照附录 C 方法进行。

⑦ 用于自应力混凝土时，掺膨胀剂制成的自应力水泥，其性能应符合现行行业标准《自应力硅酸盐水泥》JC/T 218 的有关规定。

4.3.11 防水剂

4.3.11.1 品种

① 无机化合物类防水剂可包括：氯化铁、硅灰粉末、锆化合物、无机铝盐防水剂、硅酸钠防水剂等。

② 有机化合物类防水剂可包括：脂肪酸及其盐类、有机硅类防水剂（甲基硅醇钠、乙基硅醇钠、聚乙基羟基硅氧烷等）、聚合物乳液防水剂（石蜡、地沥青、橡胶及水溶性树脂乳液等）。

③ 混合物类防水剂可分为：无机类混合物、有机类混合物、无机类与有机类混合物。

④ 复合类防水剂可包括：上述各类与引气剂、减水剂、调凝剂等外加剂复合而成的复合型防水剂。

4.3.11.2　适用范围

① 防水剂可用于工业与民用建筑的屋面、地下室、隧道、巷道、给排水池、水泵站等有防水抗渗要求的混凝土工程。

② 含氯盐的防水剂可用于素混凝土、钢筋混凝土工程，严禁用于预应力混凝土工程，并应符合相应标准。

4.3.12　阻锈剂

4.3.12.1　品种

① 阻锈剂按化学成分可分为：无机型阻锈剂，有机型阻锈剂，无机有机复合型阻锈剂。

② 阻锈剂按作用机理可分为：阳极型阻锈剂，阴极型阻锈剂，阴极阳极复合型阻锈剂。

4.3.12.2　适用范围

① 阻锈剂宜用于氯盐侵蚀环境中的钢筋混凝土和钢纤维混凝土工程。

② 阻锈剂宜用于新建钢筋混凝土和钢纤维混凝土工程，也可用于修复工程。

4.3.12.3　技术要求

① 钢筋混凝土所处环境的分类及环境作用等级的确定符合现行行业标准《钢筋阻锈剂应用技术规程》（JGJ/T 192）的规定。

② 不同环境类别下，阻锈剂技术指标符合现行行业标准《钢筋阻锈剂应用技术规程》（JGJ/T 192）的规定。

4.4　外加剂的检测

外加剂检验分为匀质性检验和混凝土性能检验。外加剂进场检验相关规定如下：

4.4.1　外加剂进场检验相关规定

4.4.1.1　高效减水剂进场检测

① 高效减水剂每 50t 为一验收批，不足 50t 的也应按一个批量计。每一批号取样量不少于 0.2t 胶凝材料所需用的外加剂量（折固）。每一批号取样应充分混匀，分为两等份：其中一份按 5.3.2 和 5.3.3 规定的项目进行检验，每批次检验不得少于 2 次；另一份密封保存，以备后续有疑问时，进行对比检验。

② 高效减水剂进场检验项目应包括 pH 值、密度（或细度）、含水率（粉状）、含固量（液体）、减水率。缓凝型高效减水剂还需要检验凝结时间之差。合格后，方可入库、使用。

③ 高效减水剂进场时，减水率应按进场批次采用现场所用材料与上批留样进行平行对比检验，减水率允许偏差为±1.0％。

4.4.1.2　聚羧酸系高性能减水剂进场检测

① 聚羧酸系高性能减水剂每 50t 为一验收批，不足 50t 的也应按一个批量计。

② 每一批号取样量不少于 0.2t 胶凝材料所需用的外加剂量（折固）。每一批号取样应

充分混匀，分为两等份：其中一份按规定的项目进行检验，每批次检验不得少于2次；另一份密封保存，以备后续有疑问时，进行对比检验。

③ 聚羧酸系高性能减水剂进场检验项目应包括pH值、密度（或细度）、含水率（粉状）、固含量（液体）、减水率。缓凝型聚羧酸系高性能减水剂还需要检验凝结时间之差。合格后，方可入库、使用。

④ 聚羧酸系高性能减水剂与混凝土其他原材料的相容性按附录A进行快速检验。

4.4.1.3 引气剂进场检测

① 引气剂每一批次为10t，引气减水剂每一批次为50t，不足10t或50t的也应按一个批量计，同一批号的产品必须混合均匀，并留样。每一批次取样量不少于0.2t胶凝材料所需用的外加剂量（折固）。每一批号取样应充分混匀，分为两等份：其中一份用于规定的项目进行检验，每批次检验不得少于1次；另一份密封保存，以备后续有疑问时，进行对比检验。

② 引气剂及引气减水剂进场时，检验项目包括固含量、pH值、密度（或细度）、含气量、含气量经时损失，引气减水剂还应测减水率。

③ 引气剂及引气减水剂进场时，含气量应按进场批次采用工程实际使用材料与上批留样进行平行对比，初始含气量允许偏差为±1.0%。

4.4.1.4 早强剂进场检测

① 早强剂每一批次为50t，不足50t的应按一个批量计。每一批次取样量不少于0.2t胶凝材料所需用的外加剂量。每一批次取样应充分混匀，分为两等份：其中一份按规定的项目进行检验，每批次检验不得少于2次；另一份密封保存，以备有疑问时，进行对比检验。

② 早强剂在使用之前的检测项目应包括密度（或细度）、碱含量、1d、3d抗压强度比及氯离子含量，符合要求方可使用。

③ 早强剂进场时，应按进场批次采用工程现场材料与上批留样进行平行对比，以验证早强剂的质量稳定性。

④ 含有硫氰酸盐、甲酸盐等早强剂在检测氯离子含量时，应采用离子色谱法。早强剂的匀质性按照《混凝土外加剂匀质性实验方法》（GB/T 8077）进行检测。

4.4.1.5 缓凝剂进场检测

① 缓凝剂每一批次为20t，不足20t的也应按一个批量计，同一批号的产品必须混合均匀，并留样。每一批次取样量不少于0.2t胶凝材料所需用的外加剂量（折固）。每一批号取样应充分混匀，分为两等份：其中一份用于规定的项目进行检验，每批次检验不得少于1次；另一份密封保存，以备后续有疑问时，进行对比检验。

② 缓凝剂进场时检验项目应包括pH值、密度（或细度）、混凝土凝结时间差，合格后方可入库、使用。

③ 缓凝剂进场时，凝结时间按进场批次采用工程实际使用原材料与上批留样进行平行对比，初、终凝时间允许偏差为±1h。

4.4.1.6 泵送剂进场检测

① 泵送剂连续供应时每50t为一验收批，不足50t的也应按一个批量计。不连续供应时，每一批号为一验收批。

② 每一验收批取样量不少于0.2t胶凝材料所需用的外加剂量。每一验收批取样应充

分混匀，分为两等份：其中一份按规定的项目进行检验，每批次检验不得少于 1 次；另一份密封保存，以备后续有疑问时，进行对比检验，或提交国家指定的检验机关进行复验和仲裁。

③ 泵送剂进场检验项目应包括 pH 值、密度（或细度）、含水率（粉状）、固含量（液体）、减水率、坍落度 1h 经时变化值，合格后方可入库、使用。

④ 泵送剂与混凝土其他原材料的相容性按附录 A 进行快速检验。

4.4.1.7　防冻剂进场检测

① 防冻剂每 100t 为一验收批，不足 100t 的也应按一个批量计。

② 每一批号取样量不少于 0.2t 胶凝材料所需用的防冻剂量（折固）。每一批号取样应充分混匀，分为两等份：其中一份按规定的项目进行检验，每批次检验不得少于 2 次；另一份密封保存，以备后续有疑问时，进行对比检验。

③ 防冻剂进场检验项目应包括 pH 值、密度（或细度）、含水率（粉状）、固含量（液体）、氯离子含量、碱含量和减水率，合格后方可入库、使用。

④ 含减水组分的防冻剂与混凝土的其他原材料相容性可按附录 A 方法进行。

4.4.1.8　速凝剂进场检测

① 速凝剂每一批次为 50t，不足 50t 的也应按一个批量计，同一批号的产品必须混合均匀，并留样。每一批次取样量不少于 0.2t 胶凝材料所需用的外加剂量（折固）。每一批号取样应充分混匀，分为两等份：其中一份用于规定的项目进行检验，每批次检验不得少于 1 次；另一份密封保存半年，以备后续有疑问时，进行对比检验。

② 速凝剂进场时检验项目应包括密度（细度）、凝结时间、1d 抗压强度，无碱液体速凝剂应增测碱含量。

③ 速凝剂进场时，凝结时间应按进场批次采用工程实际使用材料与上批留样进行平行对比，水泥净浆初、终凝时间允许偏差为±1min。

4.4.1.9　防水剂进场检测

① 防水剂每 50t 为一验收批，不足 50t 的也应按一个批量计。每一批号取样量不少于 0.2t 胶凝材料所需用的外加剂量。每一批号取样应充分混匀，分为两等份：其中一份应按规定的项目进行检验，每批次检验不得少于 2 次；另一份密封保存，以备后续有疑问时，进行对比检验。

② 防水剂进场检验项目应包括 pH 值、密度（或细度）、含水率（粉状）、含固量（液体），合格后方可入库、使用。

4.4.1.10　阻锈剂进场检测

① 同批同型号的阻锈剂产品，每 50t 应作为一个检验批，不足 50t 的也应作为一个检验批，同一批次的产品必须混合均匀并留样，每批次检验不得少于 2 次。

② 阻锈剂进场时，应根据所处环境类别对其产品性能按现行行业标准《钢筋阻锈剂应用技术规程》（JGJ/T 192）中规定的检验项目进行检验。

4.4.2　匀质性检验

检验项目：一般由供需双方协商决定。

《混凝土外加剂匀质性试验方法》（GB/T 8077—2012）中包括匀质性检验指标有：固体

含量、含水率、密度、细度、pH 值、表面张力、氯离子含量、硫酸钠含量、水泥净浆流动度、水泥砂浆工作性、碱含量等 11 项；《混凝土外加剂》（GB 8076—2008）中要求的匀质性指标有氯离子含量、总碱量、含固量、含水率、密度、细度、pH 值、硫酸钠含量等 8 项。

4.4.2.1 固含量测定

主要用于测定混凝土外加剂的固体物质的百分含量。

1. 仪器设备

① 分析天平：称量 200g，感量 0.1mg。

② 恒温干燥箱：能控温在 0～200℃范围内。

③ 带盖称量瓶：容积 25mm×65mm。

④ 干燥器：内盛变色硅胶等干燥剂。

2. 实验步骤

① 将洁净的带塞称量瓶在（105±5)℃的烘箱中烘干至恒量，称其质量，m_0。

② 称量液体试样 3～5g，装入已经恒量的称量瓶内，盖好盖子称出试样及称量瓶的总质量，m_1。

③ 将盛有试样的称量瓶打开盖子，放入（105±5)℃的烘箱中烘干至恒量，在干燥器内冷却至室温后，称量其质量，m_2。

3. 结果计算

固体物含量下式计算：

$$X_{固} = \frac{m_2 - m_0}{m_1 - m_0} \times 100\%$$

式中 $X_{固}$——固体物含量，%；

m_0——称量瓶的质量，g；

m_1——称量瓶和试样的质量，g；

m_2——称量瓶和试样烘干至恒量后的质量，g。

固体含量实验结果取两个试样测定值的算术平均值作为测试值，结果精确至 0.01%。

4. 允许差

室内允许差为 0.30%；室间允许差为 0.50%。

4.4.2.2 含水率的测定

1. 仪器设备

① 分析天平：称量 200g，感量 0.1mg。

② 恒温干燥箱：能控温在 0～200℃范围内。

③ 带盖称量瓶：容积 25mm×65mm。

④ 干燥器：内盛变色硅胶等干燥剂。

2. 实验步骤

① 将洁净的带塞称量瓶在（105±5)℃的烘箱中烘干至恒量，称其质量，m_0；

② 称量粉状试样 1.000～2.000g，装入已经恒量的称量瓶内，盖好盖子称出试样及称量瓶的总质量，m_1；

③ 将盛有试样的称量瓶打开盖子，放入（105±5)℃的烘箱中烘干至恒量，在干燥器内冷至室温后，称量其质量，m_2。

3. 结果计算

含水率按下式计算：

$$X_{水} = \frac{m_2 - m_0}{m_1 - m_0} \times 100\%$$

式中 $X_{水}$——固体物含量,%；

m_0——称量瓶的质量，g；

m_1——称量瓶和试样的质量，g；

m_2——称量瓶和试样烘干至恒量后的质量，g。

固体含量实验结果取两个试样测定值的算术平均值作为测试值，结果精确至0.01%。

4. 允许差

室内允许差为0.30%；室间允许差为0.50%。

4.4.2.3 外加剂密度测定

1. 仪器设备

① 比重瓶：25ml或50ml。

② 天平：分度值0.0001g。

③ 干燥器：内盛变色硅胶等干燥剂。

④ 超级恒温器或同等条件的恒温设备。

2. 实验步骤

① 容器校正：比重瓶依次用水、乙醇、丙酮、乙醚洗涤并吹干，塞子连瓶一同放入干燥器内，称量比重瓶质量为m_0，直至恒量。然后将煮沸并经冷却的水装满瓶子，塞上塞子，使多余的水分从塞子的毛细管流出，用吸水纸吸干瓶子周围的水分，但是不能吸毛细管里的水，使水与毛细管口相平，立即用天平称出水和瓶的质量m_1，比重瓶在20℃时容积为：

$$V = \frac{m_1 - m_0}{0.9982}$$

② 将已经校正好的容量瓶洗净、干燥、灌满被测溶液，放在（20±1)℃的超级恒温容器中，恒温20min，然后取出，擦干净，称量质量为m_2。

3. 结果表示

外加剂溶液的密度如下计算：

$$\rho = \frac{m_2 - m_0}{V} = \frac{m_2 - m_0}{m_1 - m_0} \times 0.9982$$

4. 允许差

室内允许差为0.001g/mL；室间允许差为0.002g/mL。

4.4.2.4 pH值测定

1. 测试原理

pH值根据奈斯特(Nernst)方程$E = E_0 + 0.05915 \times \log[H+]$，$E = E_0 - 0.05915\text{pH}$，利

用一对电极在不同pH值溶液中能产生不同的电位差，这一对电极由测试电极（玻璃电极）和参比电极（饱和甘汞电极）组成。在25℃时每相差一个单位pH值时产生59.15mV的电位差，pH值可在仪器的刻度表上直接读出。

2. 仪器设备

酸度计；

甘汞电极；

天平：分度值0.0001g；

复合电极；

玻璃电极。

3. 实验步骤

① 直接用原液测定。

② 电极安装：把电极夹子夹在电极杆上，将已在蒸馏水中浸泡24h的玻璃电极和甘汞电极夹在电极夹上，并适当的调整两支电极的高度和距离，将两支电极的插头引出线分别正确地全部插入插孔，以便紧固在接线上。

③ 校正：将适量的标准缓冲液注入试杯，将两支电极浸入溶液；将温度补偿器调至在被测缓冲溶液的实际温度位置上；按下读数开关，调节读数校正器，使电表指针指在标准溶液的pH值位置；复按读数开关，使其处在开放位置，电表指针应退回pH＝7处；校正至此结束，用蒸馏水冲洗电极，校正后不要再旋转校正器，否则要重新校正。

④ 测量：手执滤纸片的一端，用另一端轻轻把附在电极上的剩余溶液吸干，或用被测溶液洗涤电极，然后将电极浸入被测溶液中，轻轻摇动试杯，使溶液均匀；把温度器拨在被测溶液的温度（20±3)℃位置上，按下读数开关。电表指针所指示的值即为溶液的pH值；测量完毕后，复按读数开关，使电表指针退回pH＝7的位置，用蒸馏水冲洗电极，以待下次测量。

⑤ 测试结果：测试结果取两个试样测定数据的算术平均值作为测试值，精确至0.1。

4. 允许差

室内允许差为0.2；室间允许差为0.5。

4.4.2.5 氯离子含量测定

1. 测定原理

用电位滴定法，以银电极为指示电极，其电势随Ag＋浓度而变化。以甘汞电极为参比电极，用电位计测定两电极在溶液中组成原电池的电势，银离子下氯离子反应生成溶解度很小的氯化银白色沉淀。在等当点前滴入硝酸银生成氯化银沉淀，两电极间电势变化缓慢，等当点时氯离子全部生成氯化银沉淀，这时滴入少量硝酸银即引起电势急剧变化，指示出滴定终点。

2. 仪器设备

电位测定仪或酸度计；

银电极；

甘汞电极；

电磁搅拌器；

滴定管，25mL；

移液管，10mL；

硝酸（1+1）。

3. 试剂

① 称取 10g 分析纯氯化钠置入称量瓶中，放在 130～150℃烘干 2h，在干燥器内冷却后精确称取 5.8443g，用蒸馏水溶解并稀释至 1L，摇匀。

② 0.1mol/L 硝酸银溶液：称取 17g 分析纯固体 $AgNO_3$，用蒸馏水溶解，放入 1L 棕色容量瓶中稀释至刻度，摇匀，用 0.1000mol/L 氯化钠标准溶液对硝酸银溶液进行标定。

③ 标定 0.1mol/L 硝酸银溶液：用移液管吸取 10mL 0.1000mol/L 氯化钠标准溶液于烧杯中，加蒸馏水稀释至 200mL，加 4mL（1+1）硝酸，在电磁搅拌下，用硝酸银溶液以电滴定法测定终点，过等当点后，在同一溶液中再加入 0.1000mol/L 氯化钠标准溶液 10mL，继续用硝酸银溶液滴定至第二个终点，用二次微商法计算出硝酸银消耗的体积 V_{01}，V_{02}。V_0为 10mL 0.1000mol/L 氯化钠标准溶液消耗硝酸银的体积，按下式计算：

$$V_0 = V_{02} - V_{01}$$

硝酸银溶液的浓度按下式计算：

$$C = \frac{C'V'}{V_0}$$

式中　C——硝酸银溶液的当量浓度，mol/L；

C'——氯化钠标准溶液当量浓度，mol/L；

V'——氯化钠标准溶液的体积，mL；

V_0——消耗硝酸银溶液的体积，mL。

4. 实验步骤

① 准确称取外加剂试样 0.5000～5.0000g，放入烧杯中，加 200mL 蒸馏水和硝酸(1+1)4mL，使溶液呈酸性，搅拌至完全溶解，如不能完全溶解，可用快速定性滤纸过滤，并用蒸馏水洗涤残渣至无氯离子为止。

② 用移液管加 10mL 0.1000mol/L 的氯化钠标准溶液入烧杯内，并放在电磁搅拌器上，开动搅拌器并插入银电极及甘汞电极，两电极与电位计或酸度计相连，用 0.1mol/L 硝酸银溶液缓慢滴定，记录电势和对应的滴定管读数。由于接近等当点时，电势增加很快，此时要缓慢滴加硝酸银溶液，直至电势趋向变化平缓，得到第一个终点时硝酸银溶液消耗体积 V_1。

③ 在同一溶液中，用移液管再加入 10mL 0.1000mol/L 氯化钠标准溶液（此时溶液电势降低），继续用硝酸银溶液滴定，直至第二个等当点出现，记录电势和对应的 0.1mol/L 硝银溶液消耗的毫升数 V_2。

④ 空白实验：在干净的烧杯中加入 200mL 蒸馏水和 4mL（1+1）硝酸。用移液管加入 10mL 0.1000mol/L 氯化钠标准溶液，在不加入试样的情况下，在电磁搅拌器搅拌下，缓慢滴加硝酸银溶液，记录电势和对应的滴定管读数，直至第一个终点出现。过等当点后，在同一溶液中，再用移液管加入 0.1000mol/L 氯化钠标准溶液 10mL，继续用 0.1mol/L 硝酸银溶液滴定至第二个终点，用二次微商法计算出硝酸银消耗的体积 V_{01} 及 V_{02}。

5. 结果计算

外加剂中氯离子所消耗的硝酸银体积 V 按式计算：

$$V=\frac{(V_1-V_{01})+(V_2-V_{02})}{2}$$

外加剂中氯离子百分含量按式计算：

$$Cl^-(\%)=\frac{C\cdot V\times 35.45}{m\times 1000}\times 100\%$$

式中 Cl^-（%）——外加剂氯离子百分含量，精确到0.01%；

C——硝酸银溶液浓度，mol/L；

V——外加剂中氯离子所消耗硝酸银溶液体积，mL；

m——外加剂样品质量，g；

V_{01}——空白实验中200mL蒸馏水，加4mL（1+1）硝酸加10mL 0.1000mol/L氯化钠标溶液所消耗的0.1mol/L硝酸银溶液的体积，mL；

V_{02}——空白实验中200mL蒸馏水，加4mL（1+1）硝酸加20mL 0.1000mol/L氯化钠标准溶液所消耗的0.1mol/L硝酸银溶液的体积，mL；

V_1——试样溶液加10mL 0.1000mol/L氯化钠标准溶液所消耗的硝酸银溶液体积，mL；

V_2——试样溶液加20mL 0.1000mol/L氯化钠标准溶液所消耗的硝酸银溶液体积，mL。

试样数量不应少于两个，结果取平均值。

6. 允许差

室内允许差为0.05%；室间允许差为0.08%。

4.4.2.6 硫酸钠含量实验（重量法）

1. 方法提要

氯化钡溶液与外加剂中的硫酸盐生成溶解度极小的硫酸钡的沉淀，称量经高温灼烧后的沉淀来计算硫酸钠的含量。

2. 仪器设备

① 电阻高温炉：最高温度不低于900℃。

② 分析天平：称量200g，感量0.1mg。

③ 坩埚：18～30mL。

④ 烧杯：400mL。

⑤ 慢速定量滤纸、快速定性滤纸；

⑥ 长颈漏斗。

⑦ 电磁电热式搅拌器。

3. 试剂

氯化铵溶液，50g/L；

氯化钡溶液，100g/L；

硝酸银溶液，1g/L；

盐酸（1+1）。

4. 实验步骤

① 称取试样 0.5g 置于 400mL 烧杯中，加入 200mL 蒸馏水搅拌溶解，再加入氯化铵溶液 50mL，加热煮沸后，用快速定性滤纸过滤，用蒸馏水洗涤数次后，将滤液浓缩至 200mL 左右，滴加盐酸（1+1）至浓缩滤液显示酸性，再多加 5～10 滴盐酸，煮沸后在不断搅拌下趁热滴加氯化钡溶液 10mL，继续煮沸 15min，取下烧杯，置于电热板上，保持 50～60℃静置 2～4h 或常温静置 8h。

② 用两张慢速定量滤纸过滤，烧杯中的沉淀用 70℃蒸馏水洗净，使沉淀全部转移到滤纸上，用温热蒸馏水洗涤沉淀至无氯根为止（用硝酸银溶液检验）。

③ 将沉淀与滤纸移入预先灼烧恒量的坩埚中，小火烘干、灰化。

④ 在 800℃电阻高温炉中灼烧 30min，然后在干燥器里冷却到室温（约 30min），取出称量，再将坩埚放回高温炉，灼烧 20min，取出冷却至室温称量，如此反复至恒量（两次相邻称量之差小于±0.0005g）。

5. 结果计算

外加剂中硫酸钠含量按下式计算：

$$X_{Na_2SO_4}(\%)=\frac{(m_2-m_1)\times 0.6086}{m}\times 100\%$$

式中　m——试样质量，g；

m_1——空恒量坩埚质量，g；

m_2——灼烧后滤渣加坩埚质量，g；

0.6086——硫酸钡换算成硫酸钠系数。

6. 允许差

室内允许差为 0.50%；室间允许差为 0.80%。

4.4.3　混凝土性能检测

检验项目一般由供需双方协商决定。见表 4-6～表 4-8。

《混凝土外加剂》（GB 8076—2008）中所列 8 种外加剂：高性能减水剂（早强型、标准型、缓凝型），高效减水剂（标准型、缓凝型），普通减水剂（早强型、标准型、缓凝型），引气减水剂，泵送剂，引气剂，早强剂，缓凝剂。受检混凝土性能指标包括：减水率、泌水率比、含气量、凝结时间差、坍落度 1h 经时变化量、含气量 1h 经时变化量、抗压强度比、收缩率比、相对耐久性等 9 项。

表 4-6　受检混凝土性能指标表

项目		外加剂品种												
		高性能减水剂 HPWR			高效减水剂 HWR		普通减水剂 WR			引气减水剂 AEWR	泵送剂 PA	早强剂 Ac	缓凝剂 Re	引气剂 AE
		早强型 HPWR—A	标准型 HPWR—S	缓凝型 HPWR—R	标准型 HWR—S	缓凝型 HWR—R	早强型 WR—A	标准型 WR—S	缓凝型 WR—R					
减水率（%），不小于		25	25	25	14	14	8	8	8	10	12	—	—	6
泌水率比（%），不大于		50	60	70	90	100	95	100	100	70	70	100	100	70
含气量（%）		≤6.0	≤6.0	≤6.0	≤3.0	≤4.5	≤4.0	≤4.0	≤5.5	≥3.0	≤5.5	—	—	≥3.0
凝结时间之差（min）	初凝	−90～+90	−90～+120	>+90	−90～+1200	>+90	−90～+90	−90～+120	>+90	−90～+120	—	−90～+90	>+90	−90～+120
	终凝			—		—			—			—	—	
1h 经时变化量	坍落度（mm）	—	≤80	≤60	—	—	—	—	—	—	≤80	—	—	—
	含气量（%）	—	—	—						−1.5～+1.5	—			−1.5～+1.5
抗压强度比（%），不小于	1d	180	170	—	140	—	135	—	—	—	—	135	—	—
	3d	170	160	—	130	—	130	115	—	115	—	130	—	95
	7d	145	150	140	125	125	110	115	110	110	115	110	100	95
	28d	130	140	130	120	120	100	110	110	100	110	100	100	90
收缩率比（%），不大于	28d	110	110	110	135	135	135	135	135	135	135	135	135	135
相对耐久性（200 次）（%），不小于		—	—	—	—	—	—	—	—	80	—	—	—	80

注：① 表 1 中抗压强度比、收缩率比、相对耐久性为强制性指标，其余为推荐性指标；

② 除含气量和相对耐久性外，表中所列数据为掺外加剂混凝土与基准混凝土的差值或比值；

③ 凝结时间之差性能指标中的“—”号表示提前，“+”号表示延缓；

④ 相对耐久性（200 次）性能指标中的“≥80”表示将 28d 龄期的受检混凝土试件快速冻融循环 200 次后，动弹性模量保留值≥80%；

⑤ 1h 含气量经时变化量指标中的“—”号表示含气量增加，“+”号表示含气量减少；

⑥ 其他品种的外加剂是否需要测定相对耐久性指标，由供、需双方协商确定；

⑦ 当用户对泵送剂等产品有特殊要求时，需要进行的补充试验项目、试验方法及指标，由供需双方协商决定。

表 4-7　匀质性指标

项　　目	指　　标
氯离子含量（%）	不超过生产厂控制值
总碱量（%）	不超过生产厂控制值
含固量（%）	$S>25\%$时，应控制在 $0.95S\sim1.05S$； $S\leqslant25\%$时，应控制在 $0.90S\sim1.10S$
含水率（%）	$W>5\%$时，应控制在 $0.90W\sim1.10W$； $W\leqslant5\%$时，应控制在 $0.80W\sim1.20W$
密度（g/cm^3）	$D>1.1$ 时，应控制在 $D\pm0.03$； $D\leqslant1.1$ 时，应控制在 $D\pm0.02$
细度	应在生产厂控制范围内
pH 值	应在生产厂控制范围内
硫酸钠含量（%）	不超过生产厂控制值

注：① 生产厂应在相关的技术资料中明示产品匀质性指标的控制值；

② 对相同和不同批次之间的匀质性和等效性的其他要求，可由供需双方商定；

③ 表中的 S、W 和 D 分别为含固量、含水率和密度的生产厂控制值。

表 4-8　实验项目及所需数量

实验项目		外加剂类别	实验类别	实验所需数量			
				混凝土拌合批数	每批取样数目	基准混凝土总取样数目	受检混凝土总取样数目
减水率		除早强剂、缓凝剂外的各种外加剂	混凝土拌合物	3	1 次	3 次	3 次
泌水率化		各种外加剂		3	1 个	3 个	3 个
含气量				3	1 个	3 个	3 个
凝结时间差				3	1 个	3 个	3 个
1h 经过变化量	坍落度	高性能减水剂、泵送剂		3	1 个	3 个	3 个
	含气量	引气剂、引气减水剂		3	1 个	3 个	3 个
抗压强度比		各种外加剂	硬化混凝土	3	6、9 或 12 块	18、27 或 36 块	18、27 或 36 块
收缩率比				3	1 条	3 条	3 条
相对耐久性		引气减水剂、引气剂	硬化混凝土	3	1 条	3 条	3 条

注：① 实验时，检验同一种外加剂的 3 批混凝土的制作宜在开始实验一周内的不同日期完成。对比的基准混凝土和受检混凝土应同时成型；

② 实验龄期参考表 1 实验项日栏；

③ 实验前后应仔细观察试样，对有明显缺陷的试样和实验结果都应舍除。

具体实验方法参考 GB 8076。

项目5　混凝土及砂浆性能检测

5.1　混凝土性能检测取样

混凝土性能检测包括混凝土拌合物性能检测和硬化后的混凝土性能检测。

5.1.1　现场搅拌混凝土

根据《混凝土结构工程施工质量验收规范》（GB 50204）规定，混凝土试样应在混凝土浇筑地点随机抽取，取样频率应符合下列规定：

① 用于检查结构构件混凝土强度的试件，应在混凝土的浇筑地点随机抽取。

② 每拌制100盘且不超过100m^3的同配合比的混凝土，取样不得少于一次。

③ 每工作班拌制的同一配合比的混凝土不足100盘时，取样不得少于一次。

④ 当一次连续浇筑超过1000m^3时，同一配合比的混凝土每200m^3取样不得少于一次。

⑤ 每一楼层、同一配合比的混凝土，取样不得少于一次。

⑥ 每次取样应至少留置一组（一组为3个立方体试件）标准养护试件，同条件养护的留置组数，应根据实际需要确定，并符合下列要求：

a. 同条件养护试件所对应的结构构件或结构部位，应由监理（建设）、施工等各方共同选定。

b. 对混凝土结构工程中的各混凝土强度等级，均应留置同条件养护试件。

c. 同一强度等级的同条件养护试件，其留置数量应根据混凝土工程量和重要性确定，不宜少于10组，且不应少于3组。

d. 同条件养护试件拆模后，应放置在靠近相应结构构件或结构部位的适当位置，并应采取同样的养护方法。

⑦ 对有抗渗要求的混凝土结构，其混凝土试件应在浇筑地点随机取样。同一工程、同一配合比的混凝土，取样不应少于一次，留置组数可根据实际需要确定。

5.1.2　预拌（商品）混凝土

预拌混凝土（商品混凝土），除应在预拌混凝土厂内按规定留置试块外，（商品）混凝土运至施工现场，还应根据《预拌混凝土》（GB/T 14902－2012）规定取样：

① 用于交货检验的混凝土试样应在交货地点采取。交货检验的混凝土试样的采取应在混凝土运送到交货地点后按《普通混凝土拌合物性能试验方法标准》（GB/T 50080）规定在20min内完成，强度试件的制作应在40min内完成。

② 交货检验的试样应随机从同一运输车中抽取，混凝土试样应在卸料量的1/4～3/4之间采取。

③ 每个试样量应满足混凝土质量检验项目所需用量1.5倍，且不宜少于0.02m^3。

④ 用于交货检验的混凝土强度检验试样，其取样频率应符合 GB/T 50107 进行。

⑤ 混凝土拌合物坍落度检验试样的取样频率应与混凝土强度检验的取样频率一致。

⑥ 混凝土耐久性能取样和检验频率应符合 JGJ/T 193 的规定。

⑦ 预拌混凝土的含气量、扩展度及其他特殊要求项目的取样检验频率应符合国家现行有关标准和合同的规定。

5.1.3　防水混凝土

根据《地下防水工程质量验收规范》（GB 50208—2011），混凝土抗渗试块取样即试块留置按下列规定：

① 试件应在混凝土的浇筑地点制作。

② 连续浇筑混凝土每 500m^3 应留置一组标准养护抗渗试件（一组为 6 个抗渗试件），且每项工程不得少于两组。采用预拌混凝土的抗渗试件，留置组数应视结构的规模和要求而定。

③ 混凝土在浇筑地点的坍落度，每工作班至少检查两次。

5.1.4　建筑地面工程水泥混凝土

根据《建筑地面工程施工质量验收规范》（GB 50209—2002），建筑地面工程水泥混凝土试块取样按下列规定：

① 检验水泥混凝土试块的组数，每一层（或检验批）建筑地面工程不应小于 1 组。当每一层（或检验批）建筑地面工程面积大于 1000m^2 时，每增加 1000m^2 应增做 1 组试块；小于 1000m^2 按 1000m^2 计算。

② 当改变配合比时，应相应地制作试块组数。

5.1.5　粉煤灰混凝土

粉煤灰混凝土的质量，应以坍落度、抗压强度进行检验。现场施工粉煤灰混凝土的坍落度的检验，每班至少应测定两次，其测定值允许偏差应为±20mm。

对于非大体积粉煤灰混凝土每拌制 100m^3，至少成型一组试块；大体积粉煤灰混凝土每拌制 500m^3，至少成型一组试块。不足上列规定数量时，每班至少成型一组试块。

5.2　相关标准

GB/T 50080	《普通混凝土拌合物性能试验方法标准》
GB/T 50081	《普通混凝土力学性能试验方法标准》
GB/T 50082	《普通混凝土长期性能和耐久性能试验方法标准》
GB/T 50107	《混凝土强度检验评定标准》
GB/T 50164	《混凝土质量控制标准》
GB/T 50204	《混凝土结构工程施工质量验收规范》
JGJ/T 193	《混凝土耐久性检验评定标准》
GB/T 9142	《混凝土搅拌机》

JG/T 245　　《混凝土试验用振动台》
JG/T 248　　《混凝土坍落度仪》

5.3 普通混凝土性能测试

5.3.1 稠度实验

1. 坍落度与坍落扩展度法

适用于集料最大粒径不大于40mm、坍落度不小于10mm的混凝土拌合物稠度测定。

坍落度与坍落扩展度实验所用的混凝土坍落度仪应符合《混凝土坍落度仪》(JG/T 248)中有关技术要求的规定。坍落度与坍落扩展度实验应按下列步骤进行：

① 湿润坍落度筒及底板，在坍落度筒内壁和底板上应无明水。底板应放置在坚实水平面上，并把筒放在底板中心，然后用脚踩住两边的踏板，坍落度筒在装料时应保持固定的位置。

② 把按要求取得的混凝土试样用小铲分三层均匀地装入筒内，使捣实后每层高度为筒高的1/3左右。每层用捣棒插捣25次。插捣应沿螺旋方向由外向中心进行，各次插捣应在截面上均匀分布。插捣筒边混凝土时，捣棒可以稍稍倾斜。插捣底层时，捣棒应贯穿整个深度，插捣第二层和顶层时，捣棒应插透本层至下一层的表面；浇灌顶层时，混凝土应灌到高出筒口。插捣过程中，如混凝土沉落到低于筒口，则应随时添加。顶层插捣完后，刮去多余的混凝土，并用抹刀抹平。

③ 清除筒边底板上的混凝土后，垂直平稳地提起坍落度筒。坍落度筒的提离过程应在5～10s内完成；从开始装料到提坍落度筒的整个过程应不间断地进行，并应在150s内完成。

④ 提起坍落度筒后，测量筒高与坍落后混凝土试体最高点之间的高度差，即为该混凝土拌合物的坍落度值；坍落度筒提离后，如混凝土发生崩坍或一边剪坏现象，则应重新取样另行测定；如第二次实验仍出现上述现象，则表示该混凝土和易性不好，应予记录备查。

⑤ 观察坍落后的混凝土试体的粘聚性及保水性。粘聚性的检查方法是用捣棒在已坍落的混凝土锥体侧面轻轻敲打，此时如果锥体逐渐下沉，则表示粘聚性良好，如果锥体倒塌、部分崩裂或出现离析现象，则表示粘聚性不好。保水性以混凝土拌合物稀浆析出的程度来评定，坍落度筒提起后如有较多的稀浆从底部析出，锥体部分的混凝土也因失浆而集料外露，则表明此混凝土拌合物的保水性能不好；如坍落度筒提起后无稀浆或仅有少量稀浆自底部析出，则表示此混凝土拌合物保水性良好。

⑥ 当混凝土拌合物的坍落度大于220mm时，用钢尺测量混凝土扩展后最终的最大直径和最小直径，在这两个直径之差小于50mm的条件下，用其算术平均值作为坍落度扩展度值；否则，此次实验无效。

⑦ 混凝土拌合物坍落度和坍落度扩展度值以毫米为单位，测量精确至1mm，结果表达修约至5mm。

2. 维勃稠度法

① 本方法适用于集料最大粒径不大于40mm，维勃稠度在5～30s之间的混凝土拌合物稠度测定。坍落度不大于50mm或干硬性混凝土和维勃稠度大于30s的特干硬性混凝土拌合

物的稠度可采用标准 GB/T 50080 中的附录 A 增实因数法来测定。

② 维勃稠度实验所用维勃稠度仪应符合《维勃稠度仪》（JG/T 250）中技术要求的规定。

③ 维勃稠度实验应按下列步骤进行：

a. 维勃稠度仪应放置在坚实水平面上，用湿布把容器、坍落度筒、喂料斗内壁及其他用具润湿。

b. 将喂料斗提到坍落度筒上方扣紧，校正容器位置，使其中心与喂料中心重合，然后拧紧固定螺钉。

c. 把按要求取样或制作的混凝土拌合物试样用小铲分三层经喂料斗均匀地装入筒内，装料及插捣的方法与上面坍落度测定中相同。

d. 把喂料斗转离，垂直地提起坍落度筒，此时应注意不使混凝土试体产生横向的扭动。

e. 把透明圆盘转到混凝土圆台体顶面，放松侧杆螺钉，降下圆盘，使其轻轻接触到混凝土顶面。

f. 拧紧定位螺钉，并检查测杆螺钉是否已经完全放松。

g. 在开启振动台的同时用秒表计时，当振动到透明圆盘的底面被水泥浆布满的瞬间停止计时，并关闭振动台。

④ 由秒表读出时间即为该混凝土拌合物的维勃稠度值，精确至 1s。

5.3.2　凝结时间实验

本方法适用于从混凝土拌合物中筛出的砂浆用贯入阻力法来确定坍落度值不为零的混凝土拌合物凝结时间的测定。

贯入阻力仪应由加荷装置、测针、砂浆试样筒和标准筛组成，可以是手动的，也可以是自动的。

（1）贯入阻力仪应符合下列要求

① 加荷装置：最大测量值应不小于 1000N，精度为±10N。

② 测针：长为 100mm，承压面积为 $100mm^2$、$50mm^2$ 和 $20mm^2$ 三种测针；在距贯入端 25mm 处刻有一圈标记。

③ 砂浆试样筒：上口径为 160mm，下口径为 150mm，净高为 150mm 刚性不透水的金属圆筒，并配有盖子。

④ 标准筛：筛孔为 5mm 的符合现行国家标准《试验筛　金属丝编织网、穿孔板和电成型薄板　筛孔的基本尺寸》（GB/T 6005）规定的金属圆孔筛。

（2）凝结时间实验应按下列步骤进行

① 应从制备或现场取样的混凝土拌合物试样中，用 5mm 标准筛筛出砂浆，每次应筛净，然后将其拌合均匀。将砂浆一次分别装入三个试样筒中，做三个实验。取样混凝土坍落度不大于 70mm 的混凝土宜用振动台振实砂浆；取样混凝土坍落度大于 70mm 的宜用捣棒人工捣实。用振动台振实砂浆时，振动应持续到表面出浆为止，不得过振；用捣棒人工捣实时，应沿螺旋方向由外向中心均匀插捣 25 次，然后用橡皮锤轻轻敲打筒壁，直至插捣孔消失为止。振实或插捣后，砂浆表面应低于砂浆试样筒口约 10mm；砂浆试样筒应立即加盖。

② 将试样编号后置于（20±2)℃的环境中或现场同条件下待试。在整个测试过程中，

环境温度始终保持在（20±2)℃。现场测试时，应与现场条件一致。除在吸取泌水或进行贯入实验外，试样筒应始终加盖。

③ 凝结时间测定从水泥与水接触瞬间开始计时。根据拌合物的性能确定测针实验时间，以后每隔0.5h测试一次，在临近初、终凝时可增加测定次数。每次测试前2min，将筒倾斜，用吸管吸去表面泌水，吸水后平稳地复原。

④ 测试时将砂浆试样筒置于贯入阻力仪上测针端部与砂浆表面接触，然后在（10±2）s内均匀地使测针贯入砂浆（25±2）mm深度，记录贯入压力，精确至10N；记录测试时间，精确至1min；记录环境温度，精确至0.5℃。各测点的间距应大于测针直径的2倍且不小于15mm，测点与实验筒的距离不应小于25mm。

⑤ 贯入阻力测试在0.2～28MPa之间至少进行6次，直至贯入阻力大于28MPa为止。测试过程中应根据砂浆凝结状况，适时更换测针，宜按表5-1选用。

表5-1　贯入阻力和测针面积选用表

贯入阻力（MPa）	0.2～3.5	3.5～20	20～28
测针面积（mm^2）	100	50	20

⑥ 结果整理计算：

a. 贯入阻力（MPa）

$$f_{pR}=P/A$$

式中　P——贯入压力，N；

A——测针面积，mm^2，计算精确至0.1MPa。

b. 以单位面积贯入阻力为纵坐标，测试时间为横坐标，绘制单位面积贯入阻力与测试时间的关系曲线。经3.5MPa及28MPa画两条与横坐标平行的直线，则该直线与关系曲线交点对应的横坐标分别为混凝土的初凝和终凝时间。

⑦ 其结果取三个实验结果的初凝和终凝时间的算术平均值作为此次实验的初凝和终凝时间。如三个测值的最大值或最小值与中间值之差超过中间值的10%，则以中间值为实验结果；如果最大值和最小值与中间值之差均超过中间值的10%，则此次实验无效。凝结时间用h：min表示，并修约至5min.

5.3.3　泌水与压力泌水实验

1. 泌水实验

本法方法适用于集料最大粒径不大于40mm的混凝土拌合物泌水测定。

（1）泌水实验所用的仪器设备应符合下列条件

① 试样筒：容积为5L的容量筒并配有盖子。

② 台秤：称量为50kg、感量为50g。

③ 量筒：容量为10mL、50mL、100mL的量筒及吸管。

④ 振动台：应符合《混凝土试验用振动台》（JG/T 245）中技术要求的规定。

⑤ 捣棒。

（2）泌水实验应按下列步骤进行

① 应用湿布湿润试样筒内壁后立即称量，记录试样筒的质量。再将混凝土试样装入试

样筒。混凝土的装料及捣实方法有两种。

方法A：用振动台振实。将试样一次装入试样筒内，开启振动台，振动应持续到表面出浆为止，且应避免过振；并使混凝土拌合物表面低于试样筒筒口（30±3）mm，用抹刀抹平。抹平后立即计时并称量，记录试样筒与试样的总质量。

方法B：用捣棒捣实。采用捣棒捣实时，混凝土拌合物应分两层装入，每层的插捣次数应为25次；捣棒由边缘向中心均匀地插捣，插捣底层时捣棒应贯穿整个深度，插捣第二层时，捣棒应插透本层至下一层的表面；每一层捣完后用橡皮锤轻轻沿容量外壁敲打5～10次，进行振实，直至拌合物表面插捣孔消失并不见大气泡为止；并使混凝土拌合物表面低于试样筒筒口（30±3）mm，用抹刀抹平。抹平后立即计时并称量，记录试样筒与试样的总质量。

② 在以下吸取混凝土拌合物表面泌水的整个过程中，应使试样筒保持水平、不受振动；除了吸水操作外，应始终盖好盖子；室温应保持在（20±2）℃。

③ 从计时开始后60min内，每隔10min吸取1次试样表面渗出的水。60min后，每隔30min吸1次水，直至认为不再泌水为止。为了便于吸水，每次吸水前2min，将一片35mm厚的垫块垫入筒底一侧使其倾斜，吸水后平稳地复原。吸出的水放入量筒中，记录每次吸水的水量并计算累计水量，精确至1mL。

（3）泌水量和泌水率的结果计算及其确定应按下列方法进行

① 泌水量应按下式计算：

$$B_a = V/A$$

式中　B_a——泌水量，mL/mm²；

V——最后一次吸水后累计的泌水量，mL；

A——试样外露的表面面积，mm²。

计算应精确至0.01mL/mm²。泌水量取三个试样测值的平均值。三个测值中的最大值或最小值，如果有一个与中间值之差超过中间值的15%，则以中间值为实验结果；如果最大值和最小值与中间值之差均超过中间值的15%时，则此次实验无效。

② 泌水率应按下式计算：

$$B = \frac{V_w}{(W/G)G_w} \times 100\%$$

$$G_w = G_1 - G_0$$

式中　B——泌水率，%；

V_w——泌水总量，mL；

G_w——试样质量，g；

W——混凝土拌合物总用水量，mL；

G——混凝土拌合物总质量，g；

G_1——试样筒及试样总质量，g；

G_0——试样筒质量，g。

计算应精确至1%。泌水率取三个试样测值的平均值。三个测值中的最大值或最小值，如果有一个与中间值之差超过中间值的15%，则以中间值为实验结果；如果最大值和最小值与中间值之差均超过中间值的15%时，则此次实验无效。

2. 压力泌水实验

本方法适用于集料最大粒径不大于 40mm 的混凝土拌合物压力泌水测定。

（1）压力泌水实验所用的仪器设备应符合的条件

① 压力泌水仪：其主要部件包括压力表、缸体、工作活塞、筛网等。压力表最大量程 6MPa，最小分度值不大于 0.1MPa；缸体内径（125±0.02）mm，内高（200±0.2）mm；工作活塞压强为 3.2MPa，公称直径为 125mm；筛网孔径为 0.315mm。

② 捣棒。

③ 量筒：200mL 量筒。

（2）压力泌水实验的步骤

① 混凝土拌合物应分两层装入压力泌水仪的缸体容器内，每层的插捣次数应为 20 次。捣棒由边缘向中心均匀地插捣，插捣底层时捣棒应贯穿整个深度，插捣第二层时，捣棒应插透本层至下一层的表面；每一层捣完后用橡皮锤轻轻沿容器外壁敲打 5～10 次，进行振实，直至拌合物表面插捣孔消失并不见大气泡为止；并使拌合物表面低于容器口以下约 30mm 处，用抹刀将表面抹平。

② 将容器外表擦干净，压力泌水仪按规定安装完毕后应立即给混凝土试样施加压力至 3.2MPa，并打开泌水阀门同时开始计时，保持恒压，泌出的水接入 200mL 量筒里；加压至 10s 时读取泌水量 V_{10}，加压至 140s 时读取泌水量 V_{140}。

（3）压力泌水率应按下式计算

$$B_v=(V_{10}/V_{140})\times 100\%$$

式中 B_v——压力泌水率，%；

V_{10}——加压至 10s 时的泌水量，mL；

V_{140}——加压至 140s 时的泌水量，mL。

压力泌水率的计算应精确至 1%。

5.3.4 表观密度实验

本方法适用于测定混凝土拌合物捣实后的单位体积质量（即表观密度）。

（1）混凝土拌合物表观密度实验所用的仪器设备应符合的规定

① 容量筒：金属制成的圆筒，两旁装有提手。对集料粒径不大于 40mm 的混合物采用容积为 5L 的容量筒，其内径与内高均为（186±2）mm，筒壁厚为 3mm；集料粒径最大为 40mm 时，容量筒的内径和内高均大于集料最大粒径的 4 倍。容量筒上缘和内壁应光滑平整，顶面与底面应平行并与圆柱体的轴垂直。

容量筒内应给予标定，标定方法可采用一块能覆盖住容量筒顶面的玻璃板，先称出玻璃板和空桶的质量，然后向容量筒中贯入清水，当水接近上口时，一边不断加水，一边把玻璃板徐徐推入盖严，应注意使玻璃板下不带入任何气泡；然后擦净玻璃板面及筒壁外的水分，将容量筒连玻璃板放在台秤上称其质量；两次质量之差（kg）即为容量筒的容积 L。

② 台秤：称量 50kg，感量 50g。

③ 振动台。

④ 捣棒。

（2）混凝土拌合物表观密度实验的步骤

① 用湿布把容量筒内外擦干净，称出容量筒质量，精确至 50g。

② 混凝土的装料及捣实方法应根据拌合物的稠度而定。坍落度不大于 70mm 的混凝土，用振动台振实为宜；大于 70mm 的用捣棒捣实为宜。采用捣棒捣实时，应根据容量筒的大小决定分层与插捣次数：用 5L 容量筒时，混凝土拌合物应分两层装入，每层的插捣次数应为 25 次；用大于 5L 的容量筒时，每层混凝土的高度不应大于 100mm，每层插捣次数应按每 10000mm² 截面不小于 12 次计算。各次插捣应由边缘向中心均匀地插捣，插捣底层时捣棒应贯穿整个深度，插捣第二层时，捣棒应插透本层至下一层的表面；每一层捣完后用橡皮锤轻轻沿容器外壁敲打 5～10 次，进行振实，直至拌合物表面插捣孔消失不见大气泡为止。

采用振动台振实时，应一次将混凝土拌合物灌到高出容量筒口。装料时可用捣棒稍加插捣，振动过程中如混凝土低于筒口，应随时添加混凝土，振动直至表面出浆为止。

③ 用刮尺将筒口多余的混凝土拌合物刮去，表面如有凹陷应填平；将容量筒外壁擦净，称出混凝土试样与容量筒总质量，精确至 50g。

（3）混凝土拌合物表观密度的计算应按下式计算

$$\gamma_h = [(W_2 - W_1)/V] \times 1000$$

式中　γ_h——表观密度，kg/m³；

W_1——容量筒质量，kg；

W_2——容量筒和试样总质量，kg；

V——容量筒容积，L。

实验结果的计算精确至 10kg/m³。

5.3.5　含气量实验

本方法适用于集料最大粒径不大于 40mm 的混凝土拌合物含气量测定。

（1）含气量实验所用设备应符合下列规定

① 含气量测定仪：由容器及盖体两部分组成。容器：应由硬质、不易被水泥浆腐蚀的金属制成，其内表面粗糙度不应大于 3.2μm，内径应与深度相等，容积为 7L。盖体：应用与容器相同的材料制成。盖体部分应包括有气室、水找平室、加水阀、排水阀、操作阀、进气阀、排气阀及压力表。压力表的量程为 0～0.25MPa，精度为 0.01MPa。容器及盖体之间应设置密封垫圈，用螺栓连接，连接处不得有空气存留，并保证密闭。见图 5-1。

图 5-1　混合式气压法含气量测定仪

② 捣棒。

③ 振动台：应符合《混凝土试验用振动台》(JG/T 245) 中技术要求的规定。

④ 台秤：称量 50kg，感量 50g。

⑤ 橡皮锤：应带有质量约 250g 的橡皮锤头。

(2) 在进行拌合物含气量测定之前，应先按下列步骤测定拌合物所用集料的含气量

① 应按下式计算每个试样中粗、细集料的质量：

$$m_g = (V/1000) \times m'_g$$

$$m_s = (V/1000) \times m'_s$$

式中 m_g、m_s——分别为每个试样中的粗、细集料质量，kg；

m'_g、m'_s——分别为每立方米混凝土拌合物中粗、细集料质量，kg；

V——含气量测定仪容器容积，L。

② 在容器中先注入 1/3 高度的水，然后把通过 40mm 网筛的质量为 m_g、m_s的粗、细集料称好、拌匀，慢慢倒入容器。水面每升高 25mm 左右，轻轻插捣 10 次，并略予搅动，以排除夹杂进去的空气，加料过程中应始终保持水面高出集料的顶面；集料全部加入后，应浸泡约 5min，再用橡皮锤轻敲容器外壁，排净气泡，除去水面泡沫，加水至满，擦净容器上口边缘；装好密封圈，加盖拧紧螺栓。

③ 关闭操作阀和排气阀，打开排水阀和加水阀，通过加水阀，向容器内注入水；当排水阀流出的水流不含气泡时，在注水的状态下，同时关闭加水阀和排水阀。

④ 开启进气阀，用气泵向气室内注入空气，使气室内的压力略大于 0.1MPa，待压力表显示值稳定；微开排气阀，调整压力至 0.1MPa，然后关紧排气阀。

⑤ 开启操作阀，使气室里的压缩空气进入容器，待压力表显示值稳定后记录示值 P_{g1}，然后开启排气阀，压力仪表示值应回零。

⑥ 重复以上第④、⑤条的实验，对容器内的试样再检测一次记录表值 P_{g2}。

⑦ 若 P_{g1} 和 P_{g2} 的相对误差小于 0.2%时，则取 P_{g1} 和 P_{g2} 的算术平均值，按压力与含气量关系曲线查得集料的含气量（精确 0.1%）；若不满足，则应进行第三次实验，测得压力值 P_{g3}（MPa）。当 P_{g3} 与 P_{g1}、P_{g2} 中较接近一个值的相对误差不大于 0.2%时，则取此二值的算术平均值。当仍大于 0.2%时，则此次实验无效，应重做。

(3) 混凝土拌合物含气量实验应按下列步骤进行

① 用湿布擦净容器和盖的内表面，装入混凝土拌合物试样。

② 捣实可采用手工或机械方法。当拌合物坍落度大于 70mm 时，宜采用手工插捣，当拌合物坍落度不大于 70mm 时，宜采用机械振捣，如振动台或插入或振捣器等；用捣棒捣实时，应将混凝土拌合物分 3 层装入，每层捣实后高度约为 1/3 容器高度；每层装料后由边缘向中心均匀地插捣 25 次，捣棒应插透本层高度，再用木锤沿容器外壁重击 10～15 次，使插捣留下的插孔填满；最后一层装料应避免过满。采用机械捣实时，一次装入捣实后体积为容器容量的混凝土拌合物，装料时可用捣棒稍加插捣，振实过程中如拌合物低于容器口，应随时添加；振动至混凝土表面平整、表面出浆即止，不得过度振捣。若使用插入式振动器捣实，应避免振动器触及容器内壁和底面；在施工现场测定混凝土拌合物含气量时，应采用与施工振动频率相同的机械方法捣实。

③ 捣实完毕后立即用刮尺刮平，表面如有凹陷应予填平抹光；如需同时测定拌合物表

观密度时，可在此时称量和计算；然后在正对操作阀孔的混凝土拌合物表面贴一小片塑料薄膜，擦净容器上口边缘，装好密封垫圈，加盖并拧紧螺栓。

④ 关闭操作阀和排气阀，打开排水阀和加水阀，通过加水阀，向容器内注入水；当排水阀流出的水流不含气泡时，在注水的状态下，同时关闭加水阀和排水阀。

⑤ 然后开启进气阀，用气泵注入空气至气室内压力略大于0.1MPa，待压力示值仪表示值稳定后，微微开启排气阀，调整压力至0.1MPa，关闭排气阀。

⑥ 开启操作阀，待压力示值仪稳定后，测得压力值 P_{01}（MPa）。

⑦ 开启排气阀，压力仪示值回零；重复上述⑤和⑥的步骤，对容器内试样再测一次压力值 P_{02}（MPa）。

⑧ 若 P_{01} 和 P_{02} 的相对误差小于0.2%时，则取 P_{01}、P_{02} 的算术平均值，按压力与含气量关系曲线查得含气量（精确至0.1%）；若不满足，则应进行第三次实验，测得压力值 P_{03}（MPa）。当 P_{03} 与 P_{01}、P_{02} 中较接近一个值的相对误差不大于0.2%时，则取此二值的算术平均值查得 A_0；当仍大于0.2%，此次实验无效。

⑨ 混凝土拌合物含气量应按下式计算：

$$A=A_0-A_g$$

式中　A——混凝土拌合物含气量，%；

A_0——两次含气量测定的平均值，%；

A_g——集料含气量，%。

计算精确至0.1%。

（4）含气测定仪容器容积的标定及率定应按下列规定进行

1）容器容积的标定应按下列步骤进行

① 擦净容器，并将含气量仪全部安装好，测定含气量仪的总质量，测量精确至50g。

② 往容器内注水至上缘，然后将盖体安装好，关闭操作阀和排气阀，打开排水阀和加水阀，通过加水阀，向容器内注入水；当排水阀流出的水流不含气泡时，在注水的状态下，同时关闭加水阀和排水阀，再测定其总质量；测量精确至50g。

③ 容器的容积应按下式计算：

$$V=[(m_2-m_1)/\rho_w]\times 1000$$

式中　V——含气量仪的容积，L；

m_1——干燥含气量仪的总质量，kg；

m_2——水、含气量仪的总质量，kg；

ρ_w——容器内水的密度，kg/m^3。

计算应精确至0.01L。

2）含气量测定仪的率定按下列步骤进行

① 按上面第（3）条中第⑤～⑧项的操作步骤测得含气量为0时的压力值。

② 开启排气阀，压力示值器示值回零；关闭操作阀和排气阀，打开排水阀，在排水阀口用量筒接水；用气泵缓缓地向气室内打气，当排出的水恰好是含气量仪体积的1%时。按上述步骤测得含气量为1%时的压力值。

③ 如此继续测取含气量分别为2%、3%、4%、5%、6%、7%、8%时的压力值。

④ 以上实验均应进行两次，各次所测压力值均应精确至0.01MPa。

⑤ 对以上的各次实验均应进行检验，其相对误差均应小于0.2%；否则应重新率定。

⑥ 据此检验以上含气量0，1%，…，8%共9次的测量结果，绘制含气量与气体压力之间的关系曲线。

5.3.6 普通混凝土力学性能实验

5.3.6.1 试件尺寸形状、制作及养护

混凝土的取样应符合《普通混凝土拌合物性能试验方法标准》(GB/T 50080) 中的有关规定。

普通混凝土力学性能实验应以三个试件为一组，每组试件所用的拌合物应从同一盘混凝土或同一车混凝土中取样。

(1) 抗压强度和劈裂抗拉强度试件应符合下列规定

① 边长为150mm的立方体试件是标准试件。

② 边长为100mm和200mm的立方体试件是非标准试件。

③ 在特殊情况下，可采用直径150mm×300mm的圆柱体标准试件或直径100mm×200mm和直径200mm×400mm的圆柱体非标准试件。

(2) 轴心抗压强度和静力受压弹性模量试件应符合下列规定

① 边长为150mm×150mm×300mm的棱柱体试件是标准试件。

② 边长为100mm×100mm×300mm和200mm×200mm×400mm的棱柱体试件是非标准试件。

③ 在特殊情况下，可采用直径150mm×300mm的圆柱体标准试件或直径100mm×200mm和直径200mm×400mm的圆柱体非标准试件。

(3) 抗折强度试件应符合下列规定

① 边长为150mm×150mm×600mm（或550mm）的棱柱体试件是标准试件。

② 边长为100mm×100mm×400mm的棱柱体试件是非标准试件。

(4) 尺寸公差

① 试件的承压面的平面度公差不得超过0.0005d（d为边长）。

② 试件的相邻面间的夹角应为90°，其公差不得超过0.5°。试件各边长、直径和高的尺寸的公差不得超过1mm。

(5) 实验设备

① 试模：试模应符合《混凝土试模》(JG 237) 中技术要求的规定。应定期对试模进行自检，自检周期宜为三个月。

② 振动台：振动台应符合《混凝土试验用振动台》(JG/T 245) 中技术要求的规定。应具有有效期内的计量检定证书。

③ 压力实验机：压力实验机除应符合《液压式万能试验机》(GB/T 3159) 及《试验机通用技术要求》(GB/T 2611) 中技术要求外，其测量精度为±1%，试件破坏荷载应大于压力机全量程的20%且小于压力机全量程的80%。应具有加荷速度指示装置或加荷速度控制装置，并应能均匀、连续地加荷。应具有有效期内的计量检定证书。

④ 微变形测量仪：微变形测量仪的测量精度不得低于0.001mm，微变形测量固定架的标距应为150mm。应具有有效期内的计量检定证书。

⑤ 垫块、垫条与支架：劈裂抗拉强度实验应采用半径为75mm的钢制弧形垫块，其横截面尺寸见图5-2，垫块的长度与试件相同。垫条为三层胶合板制成，宽度为20mm，厚度为3～4mm，长度不小于试件长度，垫条不得重复使用。支架为钢支架，见图5-3。

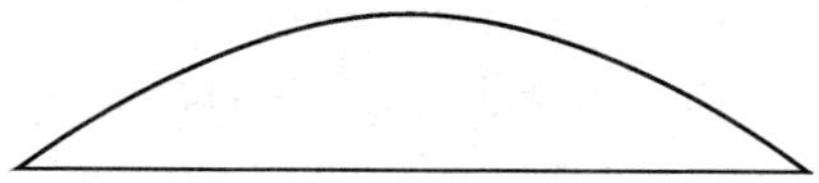

图5-2　弧形垫块

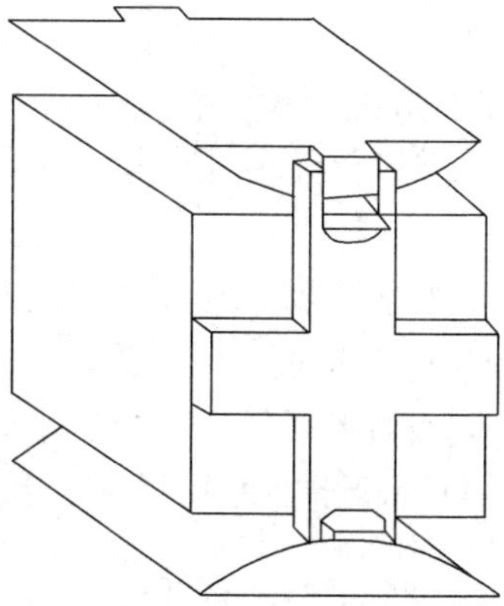

图5-3　支架示意图

⑥ 钢垫板：钢垫板的平面尺寸应不小于试件的承压面积，厚度应不小于25mm。钢垫板应机械加工，承压面的平面度公差为0.04mm；表面硬度不小于55HRC；硬化层厚度约为5mm。

⑦ 其他量具及器具：量程大于600mm分度值为1mm的钢板尺。量程大于200mm分度值为0.02mm的卡尺。符合《混凝土坍落度仪》(JG/T 248)中规定。

(6) 试件的制作与养护

混凝土试件的制作应符合下列规定：

① 成型前，应检查试模尺寸并符合本标准第中的有关规定；试模内表面应涂一薄层矿物油或其他不与混凝土发生反应的脱模剂。

② 在实验室拌制混凝土时，其材料用量应以质量计，称量的精度：水泥、掺合料、水和外加剂为±0.5%；集料为±1%。

③ 取样或实验室拌制的混凝土应在拌制后尽可能短的时间内成型，一般不宜超过15min。

④ 根据混凝土拌合物的稠度确定混凝土成型方法，坍落度不大于70mm的混凝土宜用振动振实；大于70mm的宜用捣棒人工捣实；检验现浇混凝土或预制构件的混凝土，试件成型方法宜与实际采用的方法相同。

⑤ 混凝土试件制作应按下列步骤进行。

a. 用振动台振实制作试件应按下述方法进行：

取样或拌制好的混凝土拌合物应至少用铁锹再来回拌合三次。将混凝土拌合物一次装入试模，装料时应用抹刀沿各试模壁插捣，并使混凝土拌合物高出试模口；

试模应附着或固定在振动台上，振动时试模不得有任何跳动，振动应持续到表面出浆为止；不得过振。

b. 用人工插捣制作试件应按下述方法进行：

混凝土拌合物应分两层装入模内，每层的装料厚度大致相等；

插捣应按螺旋方向从边缘向中心均匀进行。在插捣底层混凝土时，捣棒应达到试模底部；插捣上层时，捣棒应贯穿上层后插入下层 20～30mm；插捣时捣棒应保持垂直，不得倾斜，然后应用抹刀沿试模内壁插拔数次；

每层插捣次数按在 10000mm^2 截面积内不得少于 12 次；

插捣后应用橡皮锤轻轻敲击试模四周，直至插捣棒留下的空洞消失为止。

c. 用插入式振捣棒振实制作试件应按下述方法进行：

将混凝土拌合物一次装入试模，装料时应用抹刀沿各试模壁插捣，并使混凝土拌合物高出试模口；

宜用直径为直径 25mm 的插入式振捣棒，插入试模振捣时，振捣棒距试模底板 10～20mm 且不得触及试模底板，振动应持续到表面出浆为止，且应避免过振，以防止混凝土离析；一般振捣时间为 20s，振捣棒拔出时要缓慢，拔出后不得留有孔洞；

刮除试模上口多余的混凝土，待混凝土临近初凝时，用抹刀抹平。

（7）试件的养护

① 试件成型后应立即用不透水的薄膜覆盖表面。

② 采用标准养护的试件，应在温度为（20±5）℃的环境中静置 1～2 昼夜，然后编号、拆模。拆模后应立即放入温度为（20±2）℃，相对湿度为 95%以上的标准养护室中养护，或在温度为（20±2）℃的不流动的饱和氢氧化钙溶液中养护。标准养护室内的试件应放在支架上，彼此间隔 10～20mm，试件表面应保持潮湿，并不得被水直接冲淋。

③ 同条件养护试件的拆模时间可与实际构件的拆模时间相同，拆模后，试件仍需保持同条件养护。

④ 标准养护龄期为 28d（从搅拌加水开始计时）。

5.3.6.2　立方体抗压强度

① 试件从养护地点取出后应及时进行实验，将试件表面与上下承压板面擦干净。

② 将试件安放在实验机的下压板或垫板上，试件的承压面应与成型时的顶面垂直。试件的中心应与实验机下压板中心对准，开动实验机，当上压板与试件或钢垫板接近时，调整球座，使接触均衡。

③ 在实验过程中应连续均匀地加荷，混凝土强度等级＜C30 时，加荷速度取 0.3～0.5MPa/s；混凝土强度等级≥C30 且＜C60 时，取 0.5～0.8MPa/s；混凝土强度等级≥C60 时，取 0.8～1.0MPa/s。

④ 当试件接近破坏开始急剧变形时，应停止调整实验机油门，直至破坏，然后记录破坏荷载。

⑤ 混凝土立方体抗压强度 f_{cu}按下式计算（MPa，精确至 0.01MPa）：

$$f_{cu} = \frac{P}{A}$$

式中　f_{cu}——混凝土立方体试件抗压强度，MPa；

P——破坏荷载，N；

A——试件受压面积，mm^2。

取标准试件 150mm×150mm×150mm 的抗压强度值为标准，对于 100mm×100mm×100mm 和 200mm×200mm×200mm 的非标准试件，须将计算结果乘以相应的换算系数换算为标准强度。换算系数见表 5-2。

表 5-2　混凝土试件的尺寸

粗集料最大粒径（mm）	试件尺寸（mm）	结果乘以换算系数
31.5	100×100×100	0.95
40	150×150×150	1.00
60	200×200×200	1.05

以三个试件强度值的算术平均值作为该组试件的抗压强度代表值（精确至 0.1MPa）。三个测值中的最大值或最小值与中间值之差超过中间值的 15%时，取中间值作为该组试件的抗压强度代表值；如最大值和最小值与中间值之差均超过中间值的 15%时，则该组试件的实验结果无效。

5.3.6.3　轴心抗压强度实验

本实验方法适用于测定棱柱体混凝土试件的轴心抗压强度。

测定混凝土轴心抗压强度实验的试件应符合本标准中的有关规定。

（1）实验采用的实验设备应符合的规定

① 轴心抗压强度实验所采用压力实验机的精度应符合相应的要求。

② 混凝土强度等级≥C60 时，试件周围应设防崩裂网罩。

（2）轴心抗压强度实验步骤的方法

① 试件从取出后应及时进行实验，用干毛巾将试件表面与上下承压板面擦干净。

② 将试件直立放置在实验机的下压板或钢垫板上，并使试件轴心与下压板中心对准。

③ 开动实验机，当上压板与试件或钢垫板接近时，调整球座，使接触均衡。

④ 应连续均匀地加荷，不得有冲击。所用加荷速度应与 5.3.6.1 中相一致。

⑤ 试件接近破坏而开始急剧变形时，应停止调整实验机油门，直至破坏。记录破坏荷载。

⑥ 混凝土试件轴心抗压强度应按下式计算，精确至 0.1MPa：

$$f_{cp}=\frac{P}{A}$$

式中　f_{cp}——混凝土立方体试件抗压强度，MPa；

P——破坏荷载，N；

A——试件受压面积，mm^2。

混凝土强度等级<C60 时，用非标准试件测得的强度值均应乘以尺寸换算系数，其值为对 200mm×200mm×400mm 试件为 1.05；对 100mm×100mm×300mm 试件为 0.95。当混凝土强度等级≥C60 时，宜采用标准试件；使用非标准试件时，尺寸换算系数应由实验确定。

5.3.6.4 静力受压弹性模量实验

① 试件从养护地点取出后先将试件表面与上下承压板面擦干净。

② 取3个试件按标准的规定，测定混凝土的轴心抗压强度（f_{cp}）。另3个试件用于测定混凝土的弹性模量。

③ 在测混凝土弹性模量时，变形测量仪应安装试件两侧的中线上并对称于试件的两端。

④ 应仔细调整试件在压力实验机上的位置，使其轴心与下压板的中心线对准。开动压力实验机，当上压板与试件接近时调整球座，使其接触匀衡。

⑤ 加荷至基准应力为0.5MPa的初始荷载值 F_0，保持恒载60s并在以后的30s内记录每测点的变形读数 ε_0。应立即连续均匀加荷至应力轴心抗压强度 f_{cp} 的1/3的荷载值 F_a，保持恒载60s并在以后的30s内记录每一次的变形读数 ε_n。加荷速度与抗压强度加载速度一致。

⑥ 当以上这些变形值之差与它们平均值之比大于20%时，应重新对中试件后重复第⑤条的实验。如果无法使其减少到低于20%时，则此次实验无效。

⑦ 在确认试件对中符合第⑥条规定后，以与加荷速度相同的速度卸荷至基准应力0.5MPa，恒载60s；然后用同样的加荷和卸荷速度以及60s的保持恒载（F_0及 F_a）至少进行2次反复预压。在最后一次预压完成后，在基准应力为持荷60s并在以后的30s内记录每一测点的变形读数 ε_0 再用同样的加荷速度加荷至 F_a，持荷60s并在以后的30s内记录每一测点的变形读数 ε_n。

⑧ 卸除变形测量仪，以同样的速度加荷至破坏，记录破坏荷载；如果抗压强度与 f_{cp} 之差，超过 f_{cp} 的20%时，则应该在报告中注明。

⑨ 混凝土弹性模量实验结果计算按下式计算：

$$E_c = \frac{F_a - F_0}{A} \times \frac{L}{\Delta n}$$

式中 E_c——混凝土弹性模量，MPa；

F_0——应力为0.5MPa时的初始荷载，N；

F_a——应力为1/3轴心抗压强度时的荷载，N；

A——试件的承压面积，mm；

L——测量标距，mm。

$$\Delta n = \varepsilon_a - \varepsilon_0$$

式中 ε_a——F_a 时试件两侧变形的平均值，mm；

ε_0——F_0 时试件两侧变形的平均值，mm。

⑩ 弹性模量按3个试件测值的算术平均值计算。如果其中有一个试件的轴心抗压强度值与用以确定检验控制荷载的轴心抗压强度值相差超过后者的20%时，则弹性模量值按另两个试件测值的算术平均值计算；如有两个试件超过上述规定时，则此次实验无效。

5.3.6.5 劈裂抗拉强度实验

劈裂抗拉强度实验步骤应按下列方法进行：

① 试件从养护地点取出后应及时进行实验，将试件表面与上下承压板面擦干净。

② 将试件放在实验机下压板的中心位置，劈裂承压面和劈裂面应与试件成型时的顶面垂直；在上、下压板与试件之间垫以圆弧形垫块及垫条各一条，垫块与垫条应与试件上、下

面的中心线对准并与成型时的顶面垂直。宜把垫条及试件安装在定位架上使用。

③ 开动实验机，当上压板与圆弧形垫块接近时，调整球座，使接触均衡。加荷应连续均匀，当混凝土强度等级＜C30 时，加荷速度取 0.02～0.05MPa/s；当混凝土强度等级≥C30且＜C60 时，取 0.05～0.08MPa/s；当混凝土强度等级≥C60 时，取 0.08～0.10MPa/s，至试件接近破坏时，应停止调整实验机油门，直至试件破坏，然后记录破坏荷载。

④ 混凝土劈裂抗拉强度实验结果计算及确定按下列方法进行：

$$f_{ts} = 0.637\frac{2F}{\pi A}$$

式中　f_{ts}——混凝土劈裂抗拉强度；

F——破坏荷载，N；

A——试件劈裂面面积，mm^2。

a. 强度值的确定应符合下列规定：三个试件测值的算术平均值作为该组试件的强度值（精确至 0.01MPa）；三个测值中的最大值或最小值中如有一个与中间值的差值超过中间值的 15%时，则把最大及最小值一并舍除，取中间值作为该组试件的抗压强度值；如最大值与最小值与中间值的差均超过中间值的 15%，则该组试件的实验结果无效。

b. 采用 100mm×100mm×100mm 非标准试件测得的劈裂抗拉强度值，应乘以尺寸换算系数 0.85；当混凝土强度等级≥C60 时，宜采用标准试件；使用非标准试件时，尺寸换算系数应由实验确定。

5.3.6.6　抗折强度实验

抗折强度实验步骤应按下列方法进行：

① 试件从养护地取出后应及时进行实验，将试件表面擦干净。

② 装置试件，安装尺寸偏差不得大于 1mm。试件的承压面应为试件成型时的侧面。支座及承压面与圆柱的接触面应平稳、均匀，否则应垫平。

③ 施加荷载应保持均匀、连续。当混凝土强度等级＜C30 时，加荷速度取 0.02～0.05MPa/s；当混凝土强度等级≥C30 且＜C60 时，取 0.05～0.08MPa/s；当混凝土强度等级≥C60 时，取 0.08～0.10MPa/s，至试件接近破坏时，应停止调整实验机油门，直至试件破坏，然后记录破坏荷载。

④ 抗折强度实验结果计算及确定按下列方法进行：

a. 若试件下边缘断裂位置处于两个集中荷载作用线之间，则试件的抗折强度 f_f（MPa）按下式计算：

$$f_f = \frac{FL}{bh^2}$$

式中　f_f——混凝土抗折强度，MPa；

L——支座间跨距，mm；

F——试件的破坏荷载，N；

h——试件截面高度，mm；

b——试件截面宽度，mm。

b. 三个试件中若有一个折断面位于两个集中荷载之外，则混凝土抗折强度值按另两个试件的实验结果计算。若这两个测值的差值不大于这两个测值较小值的 15%时，则该组试件的抗折强度值按这两个测值的平均值计算，否则该组试件的实验无效。若有两个试件的下边缘断裂位置位于两个集中荷载作用线之外，则该组试件实验无效。

c. 当试件尺寸为100mm×100mm×400mm非标准试件时，应乘以尺寸换算系数0.85；当混凝土强度等级≥C60时，宜采用标准试件；非标准试件时，尺寸换算系数应由实验确定。

5.3.7 普通混凝土耐久性实验

1. 试件的制作和养护

① 试件的制作和养护应符合现行国家标准《普通混凝土力学性能试验方法标准》(GB/T 50081)中的规定。

② 在制作混凝土长期性能和耐久性能实验用试件时，不应采用憎水性脱模剂。

③ 在制作混凝土长期性能和耐久性能实验用试件时，宜同时制作与相应耐久性能实验龄期对应的混凝土立方体抗压强度用试件。

④ 制作混凝土长期性能和耐久性能实验用试件时，所采用的振动台和搅拌机应分别符合现行行业标准《混凝土试验用振动台》（JG/T 245）和《混凝土试验用搅拌机》（JG 244）的规定。

2. 仪器设备的选用和检查

① 根据样品种类、规格等级和测量精度、分度值要求，选用合适的仪器设备和量程，使预估测量值处于仪器设备量程的20%～80%或在测量范围内。

② 检查仪器设备上的设备标签和合格证标签，确认仪器设备的编号和是否在检定或自校有效期内；在使用前后均应检查仪器设备性能及各部件是否正常，并记录到该仪器设备使用记录和检测原始记录上。有异常立即申报，查找原因并消除后再进行后续检测程序。

③ 校零（调零、清零）：所选用的仪器设备在使用前均应进行校零（调零或清零）。

5.3.7.1 混凝土冻融循环（慢冻实验步骤）

① 在标准养护室内或同条件养护的冻融实验的试件应在养护龄期为24d时，提前将试件从养护地点取出，随后应将试件放在（20±2)℃水中浸泡，浸泡时水面应高出试件顶面20～30mm，在水中浸泡时间应为4d，试件应在28d龄期时开始进行冻融实验。始终在水中养护的冻融实验的试件，当试件养护龄期到达28d时，可直接进行后续实验，对此种情况，应在实验报告中予以说明。

② 当试件养护龄期到达28d时应及时取出冻融实验的试件，用湿布擦除表面水分后应对外观尺寸进行测量，试件的外观尺寸应满足要求，并应分别编号、称重。然后按编号置入试件架内，且试件架与试件的接触面积不宜超过试件底面的1/5。试件与箱体内壁之间应至少留有20mm的空隙。试件架中各试件之间应至少保留30mm的空隙。

③ 冷冻时间应在冻融箱内温度降至－18℃时开始计算。每次从装完试件到温度降到－18℃所需的时间应在1.5～2.0h内，冻融箱内的温度在冷冻时应保持在－20～－18℃。

④ 每次循环中试件的冻结时间应按其尺寸而定，对100mm×100mm×100mm及150mm×150mm×150mm试件的冻结时间不应小于4h，对200mm×200mm×200mm试件不应小于6h。如果在冷冻箱（室）内同时进行不同规格尺寸试件的冻结实验，其冻结时间应按最大尺寸试件计。

⑤ 冷冻结束后，应立即加水温度为18～20℃的水，使试件转入融化状态，加水时间不应超过10min。控制系统应确保在30min内，水温不低于10℃，且在30min后水温能保持在18～20℃。冻融实验箱内的水面应至少高出试件表面20mm。融化时间不应小于4h。融化完毕视为该次冻融循环结束，可进入下次冻融循环。

⑥ 每25次循环宜对冻融试件进行一次外观检查，当出现严重破坏时，应立即进行称重。当一组试件的平均质量损失超过5%，可停止其冻融循环实验。

⑦ 试件在达到GB/T 50082规定的冻融循环次数后，试件应称重并进行外观检查，应详细记录表面破损，裂缝及边角缺损情况。当试件表面破损严重时，应用高强石膏找平，然后进行抗压强度实验。抗压强度应符合现行国家标准GB/T 50081的相关规定。

⑧ 当冻融循环因故中断且试件处于冷冻状态时，试件应继续保持冷冻状态，直至恢复冻融实验为止，并应将故障原因及暂停时间在实验结果中注明。当试件在融化状态下因故中断时，中断时间不应超过两个冻融循环时间。在整个实验过程中，超过两个冻融循环时间的中断故障次数不得超过两次。

⑨ 当部分试件由于失效破坏或者停止实验被取出时，应用空白试件填补空位。

⑩ 对比试件应继续保持原有的养护条件，直到完成冻融循环后，与冻融实验的试件同时进行抗压强度实验。当冻融循环出现下列三种情况之一时，可停止实验：

a. 已达到规定的循环次数；

b. 抗压强度损失率已达到25%；

c. 质量损失率已达到5%。

⑪ 实验结果计算及处理应符合下列规定。

a. 强度损失率应按下式计算：

$$\Delta f_c = \left(\frac{f_{c0} - f_{cn}}{f_{c0}}\right) \times 100\%$$

式中　Δf_c——N次冻融循环后混凝土抗压强度损失率，%，精确至0.1；

f_{c0}——对比用的一组混凝土试件的抗压强度测定值，MPa，精确至0.1MPa；

f_{cn}——经N次冻融循环后的一组混凝土试件抗压强度测定值，MPa，精确至0.1MPa。

b. f_{c0}和f_{cn}应以三个试件抗压强度实验结果的算术平均值作为测定值；当最大值和最小值均超过中间值的15%，应剔除此值，再取其余两值的算术平均值作为测定值；当最大值和最小值均超过中间值的15%时，应取中间值作为测定值。

c. 单个试件的质量损失率应按下式计算：

$$质量损失率 = \frac{冻融前试件质量平均值 - 冻融后试件质量平均值}{冻融前试件质量平均值} \times 100\%$$

d. 每组试件的平均质量损失率应以三个试件的质量损失率实验结果的算术平均值作为测定值。当某个实验结果出现负值，应取0，再取三个试件的算术平均值。当三个值中最大值或最小值与中间值之差超过1%时，应剔除此值，再取其余两值的算术平均值作为测定值；当最大值和最小值与中间值只差均超过1%，应取中间值作为测定值。

e. 抗冻标号应以抗压强度损失率不超过25%，或者质量损失率不超过5%时的最大冻融循环次数按表5-3确定。

表 5-3　慢冻法实验所需要的试件组数

设计抗冻标号	D25	D50	D100	D150	D200	D250	D300	D300 以上
检查强度所需冻融次数	25	50	50 及 100	100 及 150	150 及 200	200 及 250	250 及 300	300 及设计次数
鉴定 28d 强度所需试件组数	1	1	1	1	1	1	1	1
冻融试件组数	1	1	2	2	2	2	2	2
对比试件组数	1	1	2	2	2	2	2	2
总计试件组数	3	3	5	5	5	5	5	5

5.3.7.2　混凝土抗渗性能实验

混凝土抗渗性能实验有渗水高度法和逐级加压法。下面介绍逐级加压法，渗水高度法参看标准 GB/T 50082。

逐级加压法：

(1) 实验目的

通过实验测定硬化后混凝土的抗渗等级，以确定混凝土是否达到抗渗设计要求。

(2) 主要仪器及参数

① 混凝土抗渗仪，应能使水压按规定的制度稳定地作用在试件上的装置。

② 其他设备：抗渗试模、烘箱、电炉、加热器、压力实验机等。

(3) 试件的制作和养护

抗渗性能实验应采用顶面直径为 175mm，底面直径为 185mm，高度为 150mm 的圆台体试件。抗渗试件以 6 个为一组。

试件成型后 24h 拆模，用钢丝刷刷去两端面水泥浆膜，然后送入标准养护室养护，试件一般养护至 28d 令期进行实验，如有特殊要求可在其他令期进行。

(4) 实验步骤

① 试件养护至实验前 1d 取出，将表面晾干，然后在其侧面涂一层熔化的密封材料，也可用黄油，水泥配出密封材料，随即在螺旋或其他加压装置上，将试件压入经烘箱预热过的试件套中，稍冷却后，解除其压力，并装到抗渗仪上进行实验。

② 实验从水压为 0.1MPa 开始，以后每隔 8h 增加水压 0.1MPa，并且要随时注意观察试件端面的渗水情况，应进行跟踪观察。

③ 当 6 个试件中有 3 个试件端面呈有渗水现象时，即立即停止实验，记下当时的水压 H。

④ 在实验过程中，如发现水从试件周边渗出，则应停止实验，重新密封，然后再上机进行实验。

(5) 数据处理和结果评定

混凝土的抗渗等级以每组 6 个试件中 4 个试件未出现渗水时的最大压力 P 计算，其计算式为：

$$P = 10H - 1$$

式中　P——抗渗等级；

H——6 个试件中 3 个渗水时的水压力，MPa。

（6）实验中注意事项

① 实验开始至结束，应及时记录情况，观察试件渗水情况，注意水箱变化，及时加水，实验结束后应及时卸模，清理余物、密封材料的残料，用抹布擦清抗渗仪的台面，关闭各阀门。

② 试件预热可放在烘箱中，控制温度 80～90℃，恒温 1h。

③ 如按规定加至抗渗等级相应的水压，尚未有一个试件渗水，可停止实验，结果合格。

（7）在实验过程中发生异常情况的处理方法

试件在加压时，发生停电或仪器发生故障，保管好试件，待恢复正常后，继续实验，并在记录单上注明中断情况。

关于混凝土使用的一些性能指标这里不一一介绍，请参看具体标准。

5.4　砂浆性能检测取样

5.4.1　砂浆概述及取样

由无机胶凝材料、细集料、掺合料、水以及根据性能确定的各种组分按适当比例配合、拌制并经硬化而成的工程材料。分为施工现场拌制的砂浆和由专业生产厂生产的商品砂浆。砂浆现在主要是指由专业生产厂生产的湿拌砂浆或干混砂浆。

1. 湿拌砂浆

水泥、细集料、保水增稠材料、外加剂和水以及根据需要掺入的矿物掺合料等组分按一定比例，在搅拌站经计量、拌制后，采用搅拌运输车运送至使用地点，放入专用容器储存，并在规定时间内使用完毕的砂浆拌合物。

经干燥筛分处理的细集料与水泥、保水增稠材料以及根据需要掺入的外加剂、矿物掺合料等组分按一定比例在专业生产厂混合而成的固态混合物，在使用地点按规定比例加水或配套液体拌合使用。

湿拌砂浆试样应在搅拌地点随机采取，取样频率和组批应符合下列规定：

稠度、保水率、凝结时间、抗压强度和拉伸粘结强度检验试样，每 $50m^3$ 相同配合比的湿拌砂浆取样不应少于一次。每工作班相同配合比的湿拌砂浆不足 $50m^3$ 时取样不少于一次。抗渗压力检验试样，每 $100m^3$ 相同配合比的砂浆取样不少于一次，每一工作班相同配合比的湿拌砂浆不足 $100m^3$ 时取样不应少于一次。

交货检验的湿拌砂浆应在交货地点随机采样。当从运输车中取样时，砂浆试样应在卸料过程汇总卸料量的 1/4 和 3/4 之间采样，且在同一运输车中采取。采样及稠度、保水率实验应在砂浆运到交货地点时开始算起 20min 内完成，试件的制作应在 30min 内完成。取样量应不少于实验所需量的 4 倍。

2. 干混砂浆

根据生产量和生产设备条件，按品种和规格型号划分：

年产量在 10×10^4t 以上，不超过 800t 或 1d 的产量为一个批号；

年产量在 $4\times10^4\sim10\times10^4$t，不超过 600t 或 1d 的产量为一个批号；

年产量在 $1\times10^4\sim4\times10^4$t，不超过 400t 或 1d 的产量为一个批号；

年产量在 1×10^4t 以下，不超过 200t 或 1d 的产量为一个批号。

出厂检验应在出料口随机抽取，试样混合均匀，取样量应不少于实验所需量的 4 倍。

交货检验以抽取实物检验为依据时，供需双方应在交货地点共同取样和签封，每批随机抽取，试样不应小于实验用量的 8 倍，分为两等份，一份由供方封存 40d，一份由需方按标准进行检验。

在 40d 内，需方经检验认为产品质量有问题而供方又有异议时，双方应将供方保存的试样送省级或省级以上的国家认可的质量监督检验机构进行仲裁实验。

当以生产厂同批干混砂浆的检验报告为验收依据时，交货时需方应在同批干混砂浆中随机抽取试样，试样不应少于实验用量的 4 倍，双方共同签封后，由需方保存 3 个月。三个月内，对干混砂浆质量有疑问时，供需双方应将签封的试样送省级或省级以上的国家认可的质量监督检验机构进行仲裁检验。

施工中取样进行砂浆实验时，其取样方法和原则应按相应的施工验收规范执行。一般在使用地点的砂浆槽、砂浆运送车或搅拌机出料口，至少从三个不同部位取样。现场取来的试样，实验前应人工搅拌均匀。

从取样完毕到开始进行各项性能实验不宜超过 15min。

在实验室制备砂浆拌合物时，所用材料应提前 24h 运入室内。拌合时实验室的温度应保持在（20±5)℃。

注：需要模拟施工条件下所用的砂浆时，所用原材料的温度宜与施工现场保持一致。

实验所用原材料应与现场使用材料一致，砂应通过公称粒径 5mm 筛。

实验室拌制砂浆时，材料用量应以质量计。称量精度：水泥、外加剂、掺合料等为±0.5%，砂为±1%。

在实验室搅拌砂浆时应采用机械搅拌，搅拌机应符合《试验用砂浆搅拌机》（JG/T 3033）的规定，搅拌的用量宜为搅拌机容量的 30%～70%，搅拌时间不应少于 120s。掺有掺合料和外加剂的砂浆，其搅拌时间不应少于 180s。

5.4.2 稠度实验

5.4.2.1 实验仪器

① 砂浆稠度仪：应由试锥、容器和支座三部分组成。试锥应由钢材或铜材制成，试锥连同滑杆的质量为（300±2）g；盛浆容器应由钢板制成，筒高应为 180mm，锥底内径应为 150mm；支座应包括底座、支架及刻度显示三部分，应由铸铁、钢或其他金属制成。

② 钢制捣棒：直径为 10mm，长度为 350mm，端部磨圆。

③ 秒表。

5.4.2.2 稠度实验应按下列步骤进行

① 应先采用少量润滑油轻擦润杆，再将润杆上多余的油用吸油纸擦净，使润杆能自由滑动。

② 应先采用湿布擦净盛浆容器和试锥表面，再将砂浆拌合物一次装入容器；砂浆表面宜低于容器口 10mm，用捣棒自容器中心向边缘均匀地插捣 25 次，然后轻轻地将容器摇动

或敲击 5～6 下，使砂浆表面平整，随后将容器置于稠度测定仪的底座上。

③ 拧开制动螺钉，向下移动滑杆，当试锥尖端与砂浆表面刚接触时，应拧紧制动螺丝，使齿条试杆下端刚接触滑杆上端并将指针对准零点上。

④ 拧开制动螺钉，同时计时间，10s 时立即拧紧螺钉将齿条测杆下端接触滑杆上端，从刻度盘上读出下沉深度（精确至 1mm），即为砂浆的稠度值。

⑤ 盛浆容器内的砂浆，只允许测定一次稠度，重复测定时，应重新取样测定。

5.4.2.3　稠度实验结果应按下列要求确定

① 同一编号砂浆应取两次实验结果的算术平均值作为测定值，并应精确至 1mm。

② 当两次实验值之差大于 10mm 时，应重新取样测定。

5.4.3　分层度实验

5.4.3.1　分层度实验所用仪器应符合下列规定

① 砂浆分层度筒内径为 150mm，上节高度为 200mm，下节带底净高为 100mm，用金属板制成，上、下层连接处需加宽到 3～5mm，并设有橡胶热圈。

② 振动台：振幅（0.5±0.05）mm，频率（50±3）Hz。

③ 稠度仪、木锤等。

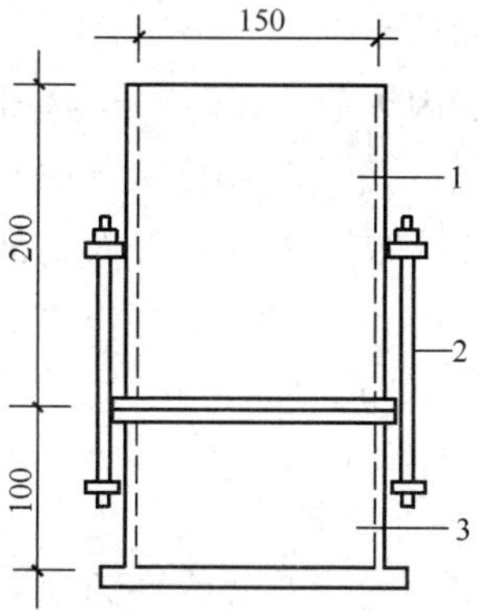

图 5-4　砂浆分层度测定仪

1—无底圆筒；2—连接螺栓；3—有底圆筒

5.4.3.2　分层度实验应按下列步骤进行

① 首先将砂浆拌合物按稠度实验方法测定稠度。

② 将砂浆拌合物一次装入分层度筒内，待装满后，用木锤在容器周围距离大致相等的四个不同部位轻轻敲击 1～2 下，如砂浆沉落到低于筒口，则应随时添加，然后刮去多余的砂浆并用抹刀抹平。

③ 静置 30min 后，去掉上节 200mm 砂浆，剩余的 100mm 砂浆倒出放在拌合锅内拌 2min，再按稠度实验方法测其稠度。前后测得的稠度之差即为该砂浆的分层度值（mm）。

注：也可采用快速法测定分层度，其步骤是：a. 按稠度实验方法测定稠度；b. 将分层度筒预先固定在振动台上，砂浆一次装入分层度筒内，振动 20s；c. 然后去掉上节 200mm 砂浆，剩余 100mm 砂浆倒出放在拌合锅内拌 2min，再按稠度实验方法测其稠度，前后测得的稠度之差即为该砂浆的分层度值。但如有争议时，以标准法为准。

5.4.3.3　分层度实验结果

① 取两次实验结果的算术平均值作为该砂浆的分层度值。

② 两次分层度实验值之差如大于 10mm，应重新取样测定。

5.4.4　表观密度实验

本方法适用于测定砂浆拌合物捣实后的单位体积质量，以确定每立方米砂浆拌合物中各组成材料的实际用量。

5.4.4.1　表观密度实验应使用下列仪器

① 容量筒：应由金属制成，内径为 108mm，净高应为 109mm，筒壁厚应为 2～5mm，容积为 1L。

② 天平：称量应为 5kg，感量为 5g。

③ 钢制捣棒：直径为 10mm，长度为 350mm，端部磨圆。

④ 砂浆密度测定仪。

⑤ 振动台：振幅应为（0.5±0.05）mm，频率为（50±3）Hz。

⑥ 秒表。

5.4.4.2　砂浆拌合物表观密度实验按下列步骤进行

① 应按规定测定砂浆拌合物的稠度。

② 应先采用湿布擦净容量筒的内表面，再称容量筒质量 m_1，精确至 5g。

③ 捣实可采用手工或机械方法。当砂浆稠度大于 50mm 时，宜采用人工插捣法，当砂浆稠度不大于 50mm 时，宜采用机械振动法；采用人工插捣时将砂浆拌合物一次装满容量筒，使稍有富余，用捣棒由边缘向中心均匀地插捣 25 次。当插捣过程中砂浆沉落到低于筒口时，应随时添加砂浆，再用木锤沿容器外壁敲击 5～6 下；采用振动法时，将砂浆拌合物一次装满容量筒连同漏斗在振动台上振 10s，当振动过程中砂浆沉入到低于筒口时，应随时添加砂浆。

④ 捣实或振动后，应将筒口多余的砂浆拌合物刮去，使砂浆表面平整，然后将容量筒外壁擦净，称出砂浆与容量筒质量 m_2，精确至 5g。

5.4.4.3　砂浆拌合物的表观密度应按下列计算

$$\rho=[(m_2-m_1)/V]\times 1000\ (\text{kg/m}^3)$$

式中　m_1——容量筒的质量，kg；

m_2——容量筒与砂总重，kg；

V——容量筒容积，L。

取两次实验结果的算术平均值作为测定值，并应精确至 10kg/m³。

5.4.4.4　容量筒的容积可按下列步骤进行校正

① 选择一块能覆盖住容量筒顶面的玻璃板，称出玻璃板和容量筒质量。

② 向容量筒中灌入温度为（20±5)℃的饮用水，灌到接近上口时，一边不断加水，一边把玻璃板沿筒口徐徐推入盖严，玻璃板下不得存在气泡。

③ 擦净玻璃板面及筒壁外的水分，称量容量筒、水和玻璃板质量（精确至 5g)。2 次质量之差（以 kg 计）即为容量筒的容积，L。

5.4.5 保水性实验

5.4.5.1 保水性实验应使用下列仪器和材料

① 金属或硬塑料环试模：内径为100mm，内部高度应为25mm。

② 可密封的取样容器：应清洁、干燥。

③ 2kg的重物。

④ 金属滤网：网格尺寸0.045mm，圆形，直径为（110±1）mm。

⑤ 超白滤纸：应采用现行国家标准《化学分析滤纸》（GB/T 1914）规定的中速定性滤纸，直径应为110mm，单位面积质量为200g/m^2。

⑥ 2片金属或玻璃的方形或圆形不透水片，边长或直径应大于110mm。

⑦ 天平：量程为200g，感量为0.1g；量程为2000g，感量为1g。

⑧ 烘箱。

5.4.5.2 保水性实验按下列步骤进行

① 称量底部不透水片与干燥试模质量m_1和8片中速定性滤纸质量m_2。

② 将砂浆拌合物一次装入试模，并用抹刀插捣数次，当装入的砂浆略高于试模边缘时，用抹刀以45°角一次性将试模表面多余的砂浆刮去，然后再用抹刀以较平的角度在试模表面反方向砂浆刮平。

③ 抹掉试模边的砂浆，称量试模、底部不透水片与砂浆总质量m^3。

④ 用金属滤网覆盖在砂浆表面，再在滤网表面放上8片滤纸，用上部不透水片盖在滤纸表面，以2kg重物把上部不透水片压住。

⑤ 静置2min后一走重物及上部不透水片，取出滤纸（不包括滤网）迅速称量滤纸质量m_4。

⑥ 按照砂浆的配合比及加水量计算砂浆的含水率。当无法计算时，可按照5.4.5.4条测定砂浆含水率。

5.4.5.3 砂浆保水率应按下列计算

$$W=\left[1-\frac{m_4-m_2}{a\times(m_3-m_1)}\right]\times 100\%$$

式中　W——砂浆保水率，%；

m_1——底部不透水片与干燥试模质量，g，精确至1g；

m_2——8片滤纸吸水前的质量，g，精确至0.1g；

m_3——试模、底部不透水片与砂浆总质量，g，精确至1g；

m_4——8片滤纸吸水后的质量，g，精确至0.1g；

a——砂浆含水率，%。

取两次实验结果的算术平均值作为砂浆的保水率，精确至0.1%，目第二次实验应重新取样测定。当两个测定值之差超过2%时，此组实验结果为无效。

5.4.5.4 测定砂浆含水率

应称取（100±10）g砂浆拌合物试样，置于一干燥并已称重的盘中，在（105±5）℃的烘箱中烘至恒量。砂浆含水率按下列计算：

$$a=[(m_6-m_5)/m_6]\times 100\%$$

式中　a——砂浆含水率,%;

m_5——烘干后砂浆样本的质量，g，精确至1g;

m_6——砂浆样本的总质量，g，精确至1g。

取两次实验结果的算术平均值作为砂浆的含水率，精确至0.1%。当两个测定值之差超过2%，此组实验结果应为无效。

5.4.6　凝结时间实验

5.4.6.1　凝结时间实验应使用下列仪器

① 砂浆凝结时间测定仪。应由试针、容器、压力表和支座四部分组成，并应符合下列规定：

a. 试针：应由不锈钢制成，截面积为30mm²。

b. 盛浆容器：应由钢制成，内径应为140mm，高度应为75mm。

c. 压力表：测量精度应为0.5N。

d. 支座：应分底座、支架及操作杆三部分，应由铸铁或钢制成。

② 定时钟。

5.4.6.2　凝结时间实验应按下列步骤进行

① 将制备好的砂浆拌合物装入盛浆容器内，砂浆应低于容器上口10mm，轻轻敲击容器，并予以抹平，盖上盖子，放在（20±2)℃的实验条件下保存。

② 砂浆表面泌水不得清除，将容器放到压力表座上，然后调节测定仪：

a. 调节螺母3，使贯入试针与砂浆表面接触。

b. 拧开调节螺母2，再调节螺母1，以确定压入砂浆内部深度为25mm后再拧紧螺母2。

c. 旋动调节螺母8，使压力表指针调到零位（图参照JGJ/T 70—2009标准中第14页）。

③ 测定灌入阻力值，用截面积为30mm²的贯入试针与砂浆表面接触，在10s内缓慢而均匀地垂直压入砂浆内部25mm深，每次贯入时记录仪表读数 N_P，贯入杆离开容器边缘或已贯入部位应至少12mm。

④ 在（20±2)℃的实验条件下，实际贯入阻力值应在成型后2h开始测定，并应每隔30min测定一次，当贯入阻力仪值达到0.3MPa时，应改为每隔15min测定一次，直至贯入阻力值达到0.7MPa为止。

5.4.6.3　砂浆贯入阻力值应按下式计算

$$f_P = N_P / A_P$$

式中　f_P——贯入阻力值，MPa，精确至0.01MPa;

N_P——贯入深度至25mm时静压力，N;

A_P——贯入试针截面积，即30mm²。

5.4.6.4　砂浆的凝结时间可按下列方法确定

① 凝结时间的确定可采用图示法或内插法，有争议时应以图示法为准。从加水搅拌开始计时，分别记录时间和相应的贯入阻力值，根据实验所得各阶段的贯入阻力与时间的关系绘图，由图求出贯入阻力值达到0.5MPa的所需时间 t_s（min)，此时的 t_s 值即为砂浆的凝结时间测定值。

② 测定砂浆凝结时间时，应以两个实验结果的算术平均值作为该砂浆的凝结时间值，两次实验结果的误差不应大于30min，否则应重新测定。

5.4.7　立方体抗压强度实验

5.4.7.1　立方体抗压实验应使用下列仪器设备

① 试模：应为70.7mm×70.7mm×70.7mm的带底试模，应符合现行行业标准《混凝土试模》(JG 237)的规定选择，应具有足够的钢度并拆卸方便。试模的内表面应机械加工，其不平度应为每100mm不超过0.05mm，组装后各相邻的不垂直度不应超过±0.5°。

② 钢制捣棒：直径为10mm，长度为350mm，端部磨圆。

③ 压力实验机：精确应为1%，时间破坏荷载应不小于压力机量程的20%，且不应大于全量程的80%。

④ 垫板：实验机上、下压板及试件之间可垫以钢垫板，垫板的尺寸应大于时间的承压面，其不平度应为每100mm不超过0.02mm。

⑤ 振动台：空载中台面的垂直振幅应为（0.5±0.05）mm，空载频率应为（50±1）Hz，空载台面振幅均匀度不应大于10%，一次实验应至少能固定3个试模。

5.4.7.2　立方体抗压强度试件制作和养护步骤

① 应采用立方体试件，每组试件应为3个。

② 应采用黄油等密封材料涂抹试模的外接缝，试模内应涂刷薄层机油或隔离剂。应将拌制好的砂浆一次性装满砂浆试模，成型方法应根据稠度而确定。当稠度大于50mm时，宜采用人工插捣法，当砂浆稠度不大于50mm时，宜采用机械振动法。

a. 人工插捣：应采用捣棒均匀地由边缘向中心按螺旋方式插捣25次，插捣过程中砂浆沉落低于试模口时，应随时添加砂浆，可用油灰刀插捣数次，并用手将试模一边抬高5～10mm各振动5次，砂浆应高出试模顶面6～8mm。

b. 机械振动：将砂浆一次装满试模，放置到振动台上，振动时试模不得跳动，振动5～10s或持续到表面泛浆为止，不得过振。

③ 应待表面水分稍干后，在将高出试模部分的砂浆沿试模顶面刮去并抹平。

④ 试件制作后应在温度为(20±5)℃的环境下静置（24±2）h，对试件进行编号、拆模。当气温较低时，或者凝结时间大于24h的砂浆，可适当延长时间，但不应超出2d。试件拆模后应立即放入温度为(20±2)℃、相对湿度为90%以上的标准养护室中养护。养护期间，试件彼此间隔不得小于10mm，混合砂浆、湿拌砂浆试件上面应覆盖，防止有水滴在试件上。

⑤ 标准养护龄期应为28d，也可根据相关标准要求增加7d或14d。

5.4.7.3　立方体试件抗压强度实验步骤

① 试件从养护地点取出后应及时进行实验。实验前应将试件表面擦拭干净，测量尺寸，并检查其外观，并应计算试件的承压面积。当实测尺寸与公称尺寸之差不超过1mm时，可按公称尺寸进行计算。

② 将试件安放在实验机的下压板或下垫板上，试件的承压面应与成型时的顶面垂直，试件中心应与下压板或下垫板中心对准。开动实验机，当上压板与试件或上垫板接近时，调整球座，使接触面均衡受压。承压实验应连续而均匀地加荷，加荷速度应为0.25～1.5kN/s；砂浆强度不大于2.5MPa时，宜取下限。当试件接近破坏而开始迅速变形时，停止调整实验机油门，直至试件破坏，然后记录破坏荷载。

5.4.7.4　砂浆立方体抗压强度应按下式计算

$$f_{m,cu} = K(N_u/A)$$

式中　$f_{m,cu}$——砂浆立方体试件抗压强度，MPa，精确至0.01MPa；

N_u——试件破坏荷载，N；

A——试件承压面积，mm^2；

K——换算系数，取1.35。

5.4.7.5　立方体抗压强度实验的实验结果应按下列要求确定

① 应以三个试件测定的算术平均值作为该组试件的砂浆立方体抗压强度平均值（f_2），精确至0.01MPa；

② 当三个测值的最大值或最小值中有一个与中间值的差值超出中间值的15%时，应把最大值及最小值一并舍去，取中间值作为该组试件的抗压强度值；

③ 当两个测值与中间值的差值均超出中间值的15%时，该组实验结果应为无效。

5.4.8　拉伸粘结强度实验

5.4.8.1　拉伸粘结强度实验条件应符合下列规定

① 温度应为（20±5)℃。

② 相对湿度应为45%～75%。

5.4.8.2　拉伸粘结强度实验应使用下列仪器设备

① 拉力实验机：破坏荷载应在其量程的20%～80%范围内，精度应为最小示值应为1N。

② 拉伸专用夹具：应符合现行行业标准《建筑室内用腻子》（JG/T 298）的规定。

③ 成型框：外框尺寸应为70mm×70mm，内框尺寸应为40mm×40mm，厚度应为6mm，材料应为硬聚氯乙烯或金属。

④ 钢制垫板：外框尺寸应为70mm×70mm，内框尺寸应为43mm×43mm，厚度应为3mm。

5.4.8.3　基底水泥砂浆块的制备应符合下列规定

① 原材料：水泥应采用符合现行国家标准《通用硅酸盐水泥》（GB 175）规定的42.5级水泥；砂应采用符合现行行业标准《普通混凝土用砂、石质量及检验方法标准（附条文说明）》（JGJ 52）规定中砂；水应采用符合现行行业标准《混凝土用水标准（附条文说明）》（JGJ 63）规定的用水。

② 配合比：水泥：砂：水=1：3：0.5（质量比）。

③ 成型：将支撑的水泥砂浆倒入70mm×70mm×20mm的硬聚氯乙烯或金属模具中，振动成型或用抹灰刀均匀插捣15次，人工颠实5次，专90°，再颠实5次，然后用刮刀以45°方向抹平砂浆表面；试模内壁事先宜涂刷水性隔离剂，待干、备用。

④ 应在成型24h后脱模，并放入（20±2)℃水中养护6d，再在实验条件下放置21d以上。实验前，应用200号砂纸或磨石将水泥砂浆试件的成型面磨平，备用。

5.4.8.4　砂浆料浆的制备应符合下列规定

干混砂浆料浆的制备：

① 待检样品应在实验条件下放置24h以上。

② 应称取不少于 10kg 的待检样品，并按配合比上的用水量进行水的称量。

③ 应先将待检样品放入砂浆搅拌机中，再启动机器，然后徐徐加入规定量的水，搅拌 3～5min。搅拌好的料在 2h 内用完。

5.4.8.5　拉伸粘结强度试件的制备应符合下列规定

① 将制备好的基底水泥砂浆块在水中浸泡 24h，并提前 5～10min 取出，用湿布擦拭其表面。

② 将成型框放在基底水泥砂浆块的成型面上，再把制备好的砂浆料浆倒入成型框中，用抹灰刀均匀插捣 15 次，人工颠实 5 次，专 90°，再颠实 5 次，然后用刮刀以 45°方向抹平砂浆表面，24h 内脱模，在温度（20±2)℃、相对湿度为 60%～80%的环境中养护至规定龄期。

③ 每组砂浆试样应制备 10 个试件。

5.4.8.6　拉伸粘结强度实验应符合下列规定

① 应先将试件在标准实验条件下养护 13d，再在试件表面以及上夹具表面涂上环氧树脂等高强度胶粘剂，然后将上夹具对正位置放在胶粘剂上，并确保上夹具不歪斜，除去周围溢出的胶粘剂，继续养护 24h。

② 测定拉伸粘结强度时，应先将钢制垫板套入基底砂浆块上，再将拉伸粘结强度夹具安装到实验机上，然后将试件置于拉伸夹具中，夹具与实验机的链接宜采用球铰活动连接，以（5±1）mm/min 速度加荷至试件破坏。

③ 当破坏形式为拉伸夹具与胶粘剂破坏时，实验结果应无效。

5.4.8.7　拉伸粘结强度应按下式计算

$$f_{at} = F/A_Z$$

式中　f_{at}——砂浆拉伸粘结强度，MPa；

F——试件破坏时的荷载，N；

A_Z——粘结面积，mm^2。

5.4.8.8　拉伸粘结强度实验结果应按下列要求确定

① 应以 10 个试件测值的算术平均值作为拉伸粘结强度的实验结果。

② 当单个试件的强度值与平均值之差大于 20%时，应逐次舍弃偏差大的实验值，直至各实验值与平均值之差不超过 20%，当 10 个试件中有效数据不少于 6 个时，取有效数据的平均值为实验结果，结果精确至 0.01MPa。

③ 当 10 个试件中有效数据不足 6 个时，此组实验结果为无效，并应重新制备试件进行实验。对有特殊条件要求的拉伸粘结强度，应先按照特殊要求条件处理后，再进行实验。

5.4.9　砂浆抗冻性实验

5.4.9.1　砂浆抗冻试件的制作及养护应按下列要求进行

① 砂浆抗冻试件采用 70.7mm×70.7mm×70.7mm 的立方体试件，制备两组，每组三块分别作为抗冻和与抗冻试件同龄期的对比抗压强度检验试件。

② 砂浆试件的制作与养护方法按 JGJ 70 标准第 9.0.3 条。

5.4.9.2　实验用仪器设备应符合下列规定

① 冷冻箱（室）：装入试件后能使箱（室）内的温度保持在－15～－20℃。

② 篮框：用钢筋焊成，其尺寸与所装试件的尺寸相适应。

③ 天平或案秤：称量 2kg，感量 1g。

④ 溶解水槽：装入试件后能使水温保持在 15～20℃。

⑤ 压力实验机：精度 1%，量程能使试件的预期破坏荷载值不小于全量程的 20%，也不大于全量程的 80%。

5.4.9.3 砂浆抗冻性能实验应按下列步骤进行

① 试件如无特殊要求应在 28d 龄期进行冻融实验。实验前两天应把冻融试件和对比试件从养护室取出，进行外观检查并记录其原始状况，随后放入 15～20℃的水中浸泡，浸泡的水面应至少高出试件顶面 20mm，冻融试件浸泡两天后取出，并用拧干的湿毛巾轻轻擦去表面水分，然后对冻融试件进行编号，称其质量。冻融试件置入篮框进行冻融实验，对比试件则放回标准养护室中继续养护，直到完成冻融循环后，与冻融试件同时试压。

② 冻或融时，篮框、容器底面或地面须架高 20mm，框内各试件之间应至少保持 50mm 的间距；

③ 冷冻箱（室）内的温度均应以其中心温度为准。试件冻结温度应控制在－15～－20℃。当冷冻箱（室）内温度低于－15℃时，试件方可放入。如试件放入之后，温度高于－15℃时，则应以温度重新降至－15℃时计算试件的冻结时间。从装完试件至温度重新降至－15℃的时间不应超过 2h。

④ 每次冻结时间为 4h，冻后立刻取出并应立即放入能使水温保持在 15～20℃的水槽中进行溶化。此时，槽中水面应至少高出试件表面 20mm，试件在水中溶化的时间不应小于 4h。溶化完毕即为一次冻融循环。取出试件，送入冻冷箱（室）进行下一次循环实验，以此连续进行直至设计规定次数或试件破坏为止。

⑤ 每五次循环，应进行一次外观检查，并记录试件的破坏情况；当该组试件 3 块中有 2 块出现明显破坏（分层、裂开、贯通缝）时，则该组试件的抗冻性能实验应终止。

⑥ 冻融实验结束后，将冻融试件从水槽取出，用拧干的湿布轻轻擦去试件表面水分，然后称其质量。对比试件提前两天浸水，再把冻融试件与对比试件同时进行抗压强度实验。

5.4.9.3 砂浆冻融实验后应分别按下式计算其强度损失率和质量损失率

① 砂浆试件冻融后的强度损失率应按下式计算：

$$\Delta f_n = \frac{f_{m1} - f_{m2}}{f_{m1}}$$

式中 Δf_n——n 次冻融循环后的砂浆强度损失率，%；

f_{m1}——对比试件的抗压强度平均值，MPa；

f_{m2}——经 n 次冻融循环后的 3 块试件抗压强度平均值，MPa。

② 砂浆试件冻融后的质量损失率应按下式计算：

$$\Delta m_{损} = \frac{m_0 - m_n}{m_0} \times 100\%$$

式中 $\Delta m_{损}$——n 次冻融循环后质量，以 3 块试件的平均值计算，%；

m_0——冻融循环实验前的试件质量，g；

m_n——n 次冻融循环后的试件质量，g。

当冻融试件的抗压强度损失率不大于 25%，且质量损失率不大于 5%时，则该组砂浆在验的循环次数下，抗冻性能为合格，否则为不合格。

5.4.10　砂浆抗渗性实验

5.4.10.1　抗渗性能实验所用仪器应符合下列规定

① 金属试模：上口直径 70mm，下口直径 80mm，高 30mm 的截头圆锥带底金属试模。

② 砂浆渗透仪。

5.4.10.2　抗渗实验应按下列步骤进行

① 将拌合好的砂浆一次装入试模中，用抹刀插捣数次，当填充砂浆略高于试模边缘时，用抹刀以 45°角一次性将试模表面多余的砂浆刮去，然后再用抹刀以较平的角度在试模表面反方向将砂浆刮平，共成型 6 个试件。

② 试件成型后应在室温（20±5)℃的环境下，静置（24±2）h 后脱模。试件脱模后放入温度（20±2)℃，湿度 90%以上的养护室养护至规定龄期，取出待表面干燥后，用密封材料密封装入砂浆渗透仪中进行透水实验。

③ 从 0.2MPa 开始加压，恒压 2h 后增至 0.3MPa，以后每隔 1h 增加 0.1MPa，当 6 个试件中有 3 个试件端面呈有渗水现象时，即可停止实验，记下当时水压。在实验过程中，如发现水从试件周边渗出，则应停止实验，重新密封。

5.4.10.3　结果计算

砂浆抗渗压力值以每组 6 个试件中 4 个试件未出现渗水时的最大压力计算，应按下式计算：

$$P = H - 0.1$$

式中　P——砂浆抗渗压力值，MPa；

H——6 个试件中 3 个渗水时的水压力，MPa。

5.4.11　收缩实验

5.4.11.1　收缩实验所用仪器应符合下列规定

① 立式砂浆收缩仪：标准杆长度为（176±1）mm，测量精度为 0.01mm，见图 5-5。

② 收缩头：黄铜或不锈钢加工而成，见图 5-6。

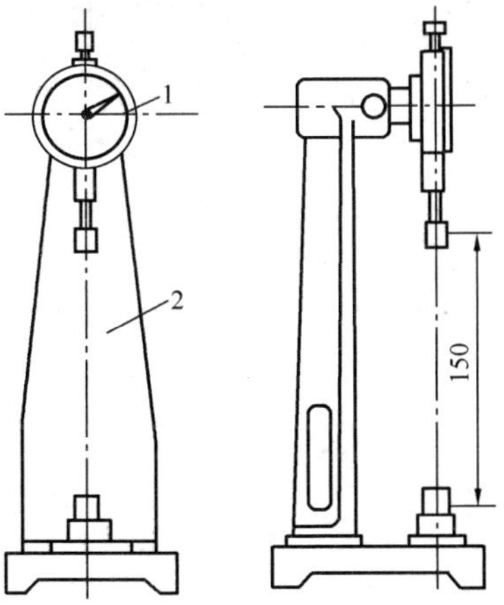

图 5-5　收缩仪（mm）

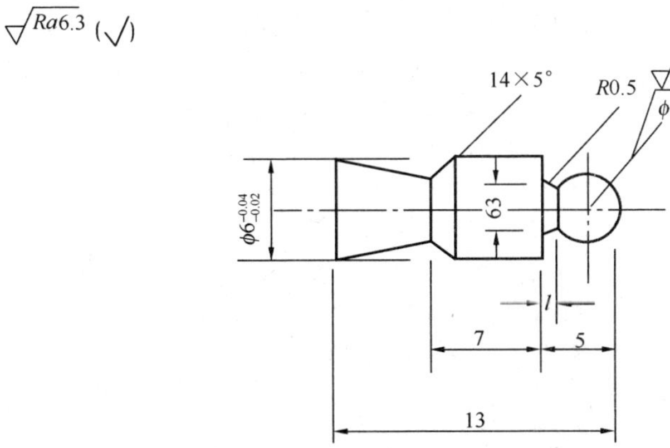

图 5-6　收缩头（mm）

1—千分表；2—支架

③ 试模：尺寸为 40mm×40mm×160mm 棱柱体，两个端面中心，各开一个 ϕ6.5mm 的孔洞。

5.4.11.2　收缩实验应按下列步骤进行

① 将收缩头固定在试模两端面的孔洞中，使收缩头露出试件端面（8±1）mm。

② 将拌合好的砂浆装入试模中，振动密实，置于（20±5)℃的预养室中，4h 之后将砂浆表面抹平，砂浆带模在标准养护条件［温度为（20±2)℃，相对湿度为 90％以上］下养护，7d 后拆模，编号，标明测试方向。

③ 将试件移入温度（20±2)℃，相对湿度（60±5)％的测试室中预置 4h，测定试件的初始长度，测定前，用标准杆调整收缩仪的百分表的原点，然后按标明的测试方向立即测定试件的初始长度。

④ 测定砂浆试件初始长度后，置于温度（20±2)℃，相对湿度为（60±5)％的室内，到第 7d、14d、21d、28d、56d、90d 分别测定试件的长度，即为自然干燥后长度。

5.4.11.3　结果计算

砂浆自然干燥收缩值应按下式计算：

$$\varepsilon_{at} = \frac{L_0 - L_t}{L - L_d}$$

式中　ε_{at}——相应为 t 天（7、14、21、28、56、90d）时的自然干燥收缩值；

L_0——试件成型后 7d 的长度即初始长度，mm；

L——试件的长度 160mm；

L_d——两个收缩头埋入砂浆中长度之和，即（20±2）mm；

L_t——相应为 t 天（7、14、21、28、56、90d）时试件的实测长度，mm。

5.4.11.4　实验结果评定

① 干燥收缩值取三个试件测值的算术平均值，如一个值与平均值偏差大于 20％，应剔除，若有两个值超过 20％，则该组试件无效。

② 每块试件的干燥收缩值取二位有效数字，精确至 10×10^{-6}。

项目 6　建筑钢材检测

6.1　概述

建筑钢材通常可分为钢结构用钢和钢筋混凝土结构用钢筋。钢结构用钢主要有普通碳素结构钢和低合金结构钢，品种有型钢、钢管和钢筋，型钢中有角钢、工字钢和槽钢。钢筋混凝土结构用钢筋，按加工方法可分为：热轧钢筋、热处理钢筋、冷拉钢筋、冷拔低碳钢丝和钢绞线管；按表面形状可分为光面钢筋和螺纹；按钢材品种可分为低碳钢、中碳钢、高碳钢和合金钢等。

6.2　常见标准

GB/T 232	《金属材料　弯曲试验方法》
GB/T 228.1	《金属材料　拉伸试验　第 1 部分：室温试验方法》
JGJ 18	《钢筋焊接及验收规程》
GB/T 2651	《焊接接头拉伸试验方法》
GB/T 238	《金属材料　线材　反复弯曲试验方法》
GB 13788	《冷轧带肋钢筋》
JGJ/T 27	《钢筋焊接接头试验方法标准》
GB/T 701	《低碳钢热轧圆盘条》
GB/T 700	《碳素结构钢》
GB/T 2975	《钢及钢产品　力学性能试验取样位置及试样制备》
GB/T 5224	《预应力混凝土用钢绞线》

6.3　建筑钢材及取样

6.3.1　钢筋取样

1. 取样规则

① 热轧光圆钢筋、余热处理钢筋每批由重量不大于 60t 的同一牌号、同一炉罐号、同一规格、同一交货状态的钢筋组成。超过 60t，每增加 40t，增加一个拉伸和一个弯曲试样。

② 热轧带钢筋、低碳钢热轧圆盘条每批由重量不大于 60t 的同一牌号、同一炉罐号、同一规格的钢筋组成。

③ 碳素结构钢每批由重量不大于 60t 的同一牌号、同一炉罐号、同一等级、同一品种、同一尺寸、同一交货状态的钢筋组成。

④ 冷轧带肋钢筋每批由同一牌号、同一外形、同一规格、同一生产工艺和同一交货状态的钢筋组成，每批不大于60t。

2. 取样数量

钢筋的试样数量根据其供货形式的不同而不同。

① 直条钢筋：每批直条钢筋应做2个拉伸实验、2个弯曲实验。用《碳素结构钢》（CB/T 700—2006）验收的直条钢筋每批应做1个拉伸实验、1个弯曲实验。

② 盘条钢筋：每批盘条钢筋应做1个拉伸实验、2个弯曲实验。

③ 冷轧带肋钢筋：逐盘或逐捆做1个拉伸实验，牌号CRB550每批做2个弯曲实验，牌号CRB650及其以上每批做2个反复弯曲实验。

3. 取样方法

拉伸和弯曲实验的试样可在每批材料中任选2根钢筋切取，钢筋试样不需做任何加工。

6.3.2 建筑用型钢取样

1. 样坯的切取

根据中华人民共和国国家标准《钢及钢产品　力学性能试验取样位置及试样制备》（GB/T 2975）的要求：

① 样坯应在外观尺寸合格的钢产品上切取。

② 取样时，应对抽样产品、试料、样坯和试样作出标记，以保证始终能识别取样的位置及方向。

③ 取样时，就防止过热、加工硬化而影响力学性能。

④ 用烧割法切取样坯时，从样坯切割线至试样边缘必须留有加工余量，一般应不小于钢产品的厚度或直径，但不得小于20mm。

⑤ 冷剪样坯所留的加工余量，按表6-1选取。

表6-1　冷剪样坯加工余量　　mm

直径或厚度	加工余量
≤4	4
＞4～10	厚度或直径
＞10～20	10
＞20～35	15
＞35	20

2. 试样的制备

制备试样应避免由于机加工使钢表面产生硬化及过热而改变其力学性能，机加工最终工序应使试样的表面质量、形状和尺寸满足相应实验方法标准的要求。

当要求标准状态热处理时，应保证试样的热处理制度与样坯相同。

3. 试样的取样位置

① 在型钢腿部宽度方向切取样坯的位置。见图6-1。

② 在型钢腿部厚度方向切取拉伸样坯的位置。见图6-2。

③ 在六角钢上切取拉伸样坯的位置。见图6-3。

④ 在矩形截面上切取拉伸样坯的位置。见图 6-4。

⑤ 在钢板上切取拉伸样坯的位置。见图 6-5。

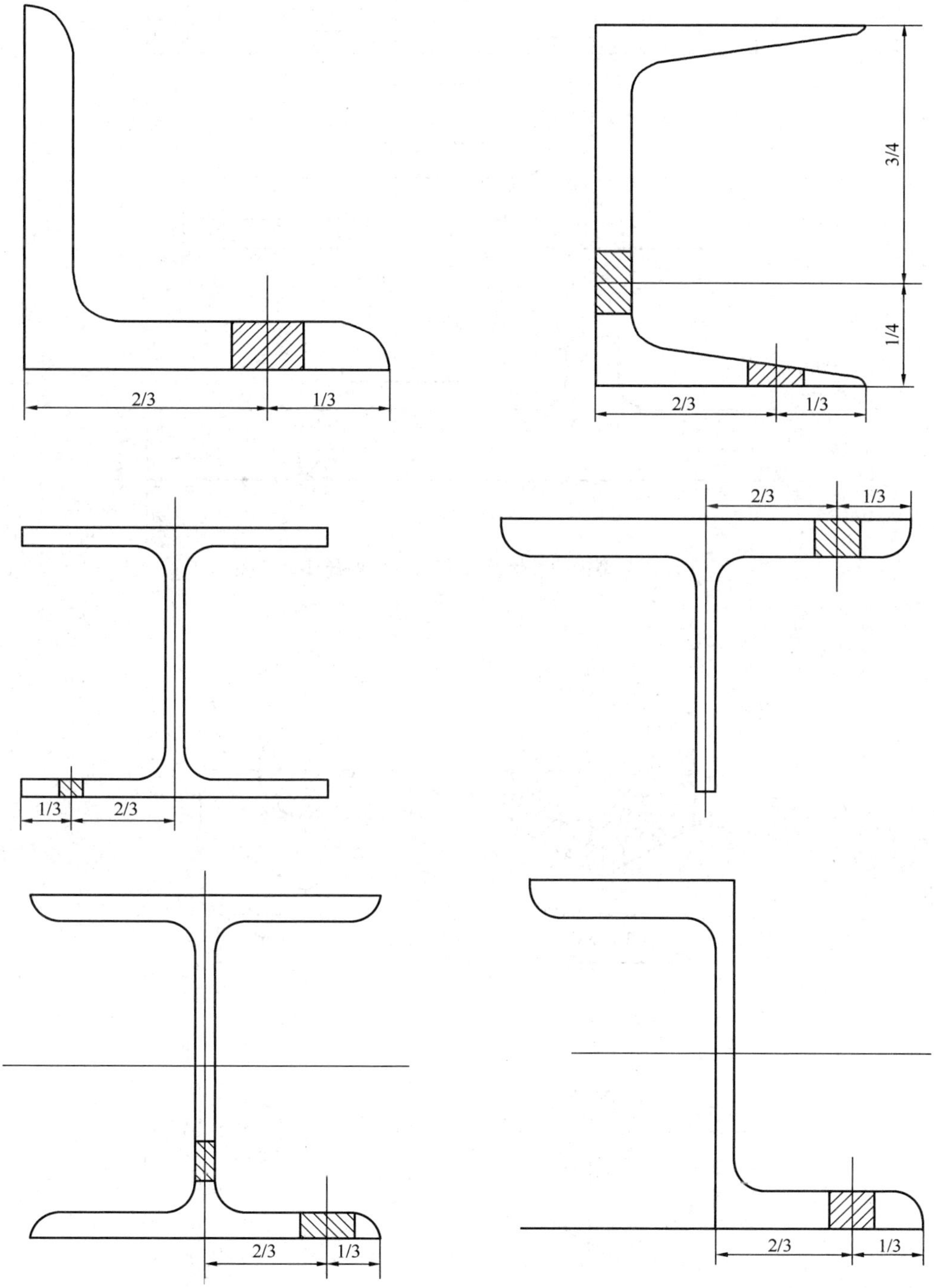

图 6-1　型钢腿部宽度方向切取样坯示意图

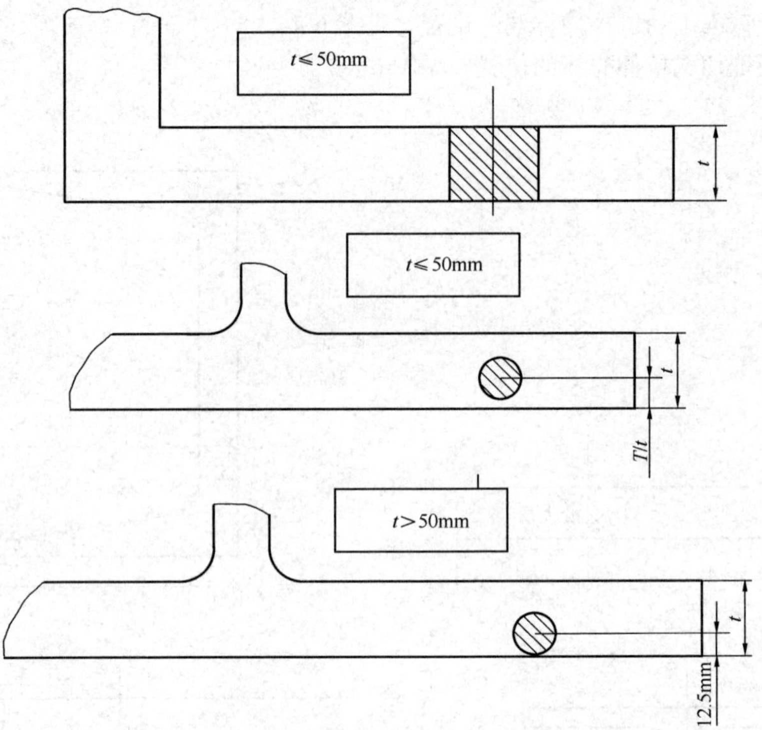

图 6-2 型钢腿部厚度方向切取拉伸样坯示意图

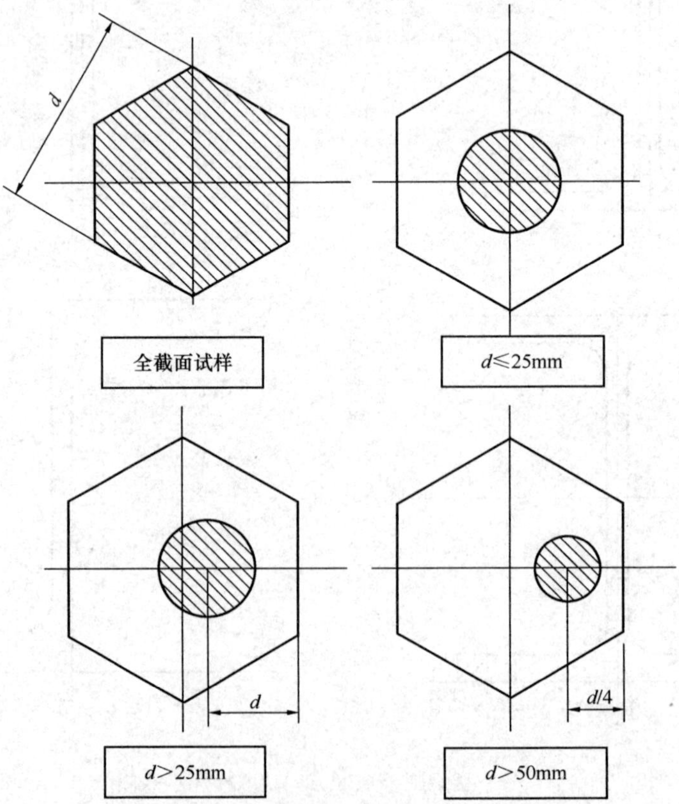

图 6-3 在六角钢上切取拉伸样坯示意图

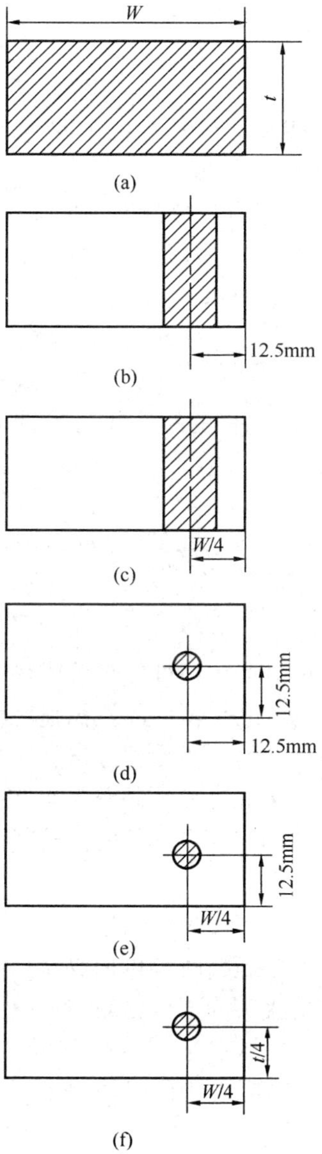

图 6-4 矩形截面上切取拉伸样坯示意图

(a) 全横截面试样；(b) $W \leqslant 50$mm；(c) $W > 50$mm；(d) $W \leqslant 50$mm 和 $t \leqslant 30$mm；(e) $W > 50$mm 和 $t \leqslant 30$mm；(f) $W > 50$mm 和 $t > 30$mm

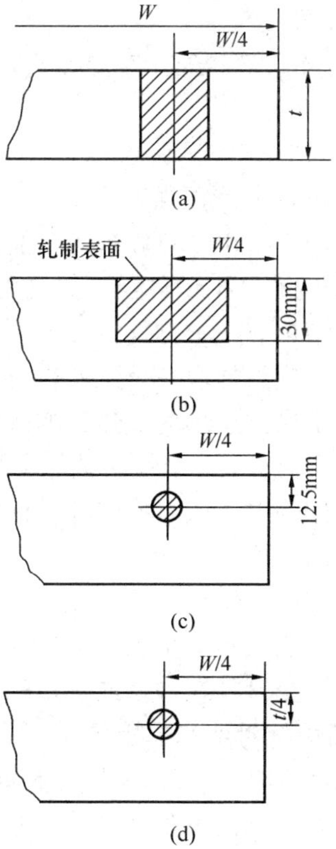

图 6-5 钢板上切取拉伸样坯的位置示意图

(a) 全厚度试样；(b) $t > 30$mm；(c) 25mm$<t<$50mm；(d) $t \geqslant 50$mm

4. 取样的规则

型钢应按批进行检查与验收，每批重量不得大于 60t。每批应由同一牌号、同一炉罐号、同一等级、同一品种、同一尺寸、同一交货状态组成。

5. 取样数量

每批型钢应做 1 个拉伸实验，1 个弯曲实验。

6.3.3 钢筋焊接件

1. 闪光对焊

① 力学性能检验时，应从每批接头中随机切取 6 个接头，其中 3 个做拉伸实验，3 个做弯曲实验。

② 在同一台班内，由同一焊工完成的 300 个同级别、同直径钢筋焊接接头应作为一批。当同一台班内焊接的接头数量较少，可在一周之内累计计算；累计仍不足 300 个接头，应按一批计算。做力学性能实验时，随机抽取 6 个接头，3 个做拉伸，3 个做弯曲。

取样长度：$\geqslant\varphi 20$mm，1 拉$=10d+200$，1 弯$=5d+200$；$<\varphi 20$mm，1 拉$=10d+250$，1 弯$=5d+200$。

③ 封闭环式箍筋闪光对焊接头，以 600 个同牌号、同规格的接头作为一批，只做拉伸实验。

实验结果应符合下列要求：

① 3 个试件的抗拉强度均不得小于该级别钢筋规定的抗拉强度；预热处理Ⅲ级钢筋接头抗拉强度均不得小于热轧Ⅲ级钢筋接头抗拉强度 570MPa。

② 至少应有 2 个试件断于焊缝之外，并呈延性断裂。

当实验结果有一个试件抗拉强度小于上述规定值，或有 2 个试件在焊缝或热影响区发生脆性断裂时，应再抽取 6 个试件进行复验，复验结果若仍有一个试件的抗拉强度小于规定值时，或有 3 个试件于焊缝或热影响区呈脆性断裂，则该批钢筋接头为不合格品。

做弯曲实验时，3 个弯曲试件实验时至少应有两个试件不得发生破断，当实验结果有 2 个试件发生破断时，应再抽取 6 个试件进行复验，结果如仍有 3 个试件发生破断，则该批接头为不合格品。

预应力钢筋与螺钉端杆闪光对焊接头拉伸实验结果，3 个试件应全部断于焊缝之外，并呈延性断裂。当实验结果有一个试件在焊缝或热影响区发生脆断时应再抽取 3 个试件进行复验，若仍有一个试件在焊缝或热影响区发生脆断，则该批接头为不合格品。

2. 钢筋焊接骨架和焊接网

① 凡钢筋牌号、直径及尺寸相同的焊接骨架和焊接网应视为同一类型制品，且每 300 件作为一批，一周内不足 300 件的亦应按一批计算。

② 力学性能检验的试件，应从每批成品中切取；切取过试件的制品，应补焊同牌号、同直径的钢筋，其每边的搭接长度不应小于 2 个孔格的长度；当焊接骨架所切取试件的尺寸小于规定的试件尺寸，或受力钢筋直径大于 8mm 时，可在生产过程中制作模拟焊接实验网片，从中切取试件。

③ 由几种直径钢筋组合的焊接骨架或焊接网，应对每种组合的焊点作力学性能检验。

④ 热轧钢筋的焊点应作剪切实验，试件应为 3 件；冷轧带肋钢筋焊点除作剪切实验外，尚应对纵向和横向冷轧带肋钢筋作拉伸实验，试件应各为 1 件。剪切试件纵筋长度应大于或等于 290mm，横筋长度应大于或等于 50mm；拉伸试件纵筋长度应大于或等于 300mm。

⑤ 焊接网剪切试件应沿同一横向钢筋随机切取。

⑥ 切取剪切试件时，应使制品中的纵向钢筋成为试件的受拉钢筋。

3. 电弧焊

① 在现浇混凝土结构中，应以 300 个同牌号钢筋、同型式接头作为一批；在房屋结构中，应在不超过二楼层中 300 个同牌号钢筋、同型式接头作为一批。每批随机切取 3 个接头，做拉伸实验。

② 在装配式结构中，可按生产条件制作模拟试件，每批 3 个，做拉伸实验。

③ 钢筋与钢板电弧搭接焊接头可只进行外观检查。

注：在同一批中若有几种不同直径的钢筋焊接接头，应中最大直径钢筋接头中切取 3 个试件。以下电渣压力焊、气压焊接头取样均同。

实验结果应符合下列要求：

① 3 个热轧钢筋试件抗拉强度均不得小于该级别钢筋规定的抗拉强度；预热处理Ⅲ级钢筋接头试件的抗拉强度均不得小于热轧Ⅲ级钢筋的规定的抗拉强度 570MPa。

② 3 个接头试件均应断于焊缝之外，并至少有 2 个试件呈延性断裂，当实验结果有一个试件抗拉强度小于规定值或有一个试件断于焊缝处或有 2 个试件发生脆性断裂时，应再抽取 6 个试件进行复验，其结果如仍有一个试件抗拉强度小于规定值或有一个试件断于焊缝或有 3 个试件发生脆性断裂时，则该批接头为不合格品。

4. 电渣压力焊

在现浇钢筋混凝土结构中，应以 300 个同牌号钢筋接头作为一批；在房屋结构中，应在不超过二楼层中 300 个同牌号钢筋接头作为一批；当不足 300 个接头时，仍应作为一批。每批随机切取 3 个接头做拉伸实验。

拉伸实验结果，3 个试件的抗拉强度均不得小于该级别钢筋规定的抗拉强度。当实验结果有一个试件的抗拉强度低于规定值，应再抽取 6 个试件进行复验，其结果如仍有一个试件抗拉强度小于规定值，则该批接头为不合格品。

5. 预埋件钢筋 T 型接头

① 当进行力学性能实验时，应以 300 件同类型埋件作为一批。一周内连续焊接时，可累计计算。当不足 300 件时，亦按一批计算。

② 应从每批预埋件中随机切取 3 个接头做拉伸实验，试件的钢筋长度应大于或等于 200mm，钢板长度和宽度均应大于或等于 60mm。

6. 钢筋气压焊

① 在现浇钢筋混凝土结构中，应以 300 个同牌号钢筋接头作为一批；在房屋结构中，应在不超过二楼层中 300 个同牌号钢筋接头作为一批；当不足 300 个接头时，仍应作为一批计算。

② 在柱、墙的竖向钢筋连接中，应从每批接头中随机切取 3 个接头做拉伸实验；在梁、板的水平钢筋连接中，应另切取 3 个接头做弯曲实验。

拉伸实验结果，3 个试件抗拉强度均不得小于该级别钢筋规定值的抗拉强度，并应断于焊面之外，并呈延性断裂。当有一个试件不符合要求时，应另抽取 6 个试件进行复验，其结果如仍有一个试件不符合要求，则该批接头为不合格品。

弯曲实验 3 个试件均不得在压焊面发生破断。实验结果如有一个试件不符合要求，应另抽取 6 个试件进行复验，其结果如仍有一个试件不符合要求，则该批接头为不合格品。

6.3.4 机械连接件

1. 机械连接的种类

目前机械连接有以下几种：锥螺纹连接、带肋钢筋挤压连接、镦粗直螺纹连接等。

2. 机械连接的取样

（1）工艺检验

钢筋连接工程开始前及施工过程中，应对每批进场钢筋进行接头工艺检验，每种规格钢筋接头的工艺检验的试件不应少于3个。对于Ⅰ级和Ⅱ级接头还应取1根钢筋母材做实际强度的实验。钢筋母材抗拉强度试件不应少于3根，且应取自接头试件的同一根钢筋。

（2）接头的现场检验按验收批进行

同一施工条件下采用同一批材料的同等级、同型式、同规格接头，以500个接头为一个验收批，不足500个接头也作为一批。对于接头的每一验收批，必须在工程结构中随机截取3个试件作单向拉伸实验。实验结果符合《钢筋机械连接技术规程（附条文说明）》（JGJ 107）中表3.05和表3.07的规定，判断为合格。在现场连续检验10个验收批，其全部单向拉伸试件一次抽样均合格时，验收批接头数量可扩大1倍。

按JGJ 107—2010工程中应用钢筋机械接头时，应由该技术提供单位提交有效的型式检验报告。钢筋连接工程开始前，应对不同钢筋生产厂的进场钢筋进行接头工艺检验；施工过程中，更换钢筋生产厂时，应补允进行工艺检验。工艺检验应符合下列规定：

① 每种规格钢筋的接头试件不应少于3根。

② 每根试件的抗拉强度和3根接头试件的残余变形的平均值均应符合JGJ 107表3.05和表3.07的规定。

③ 接头试件在测量残余变形后可再进行抗拉强度实验，并宜按JGJ 107附录A表A1.3中的单向拉伸加载制度进行实验。

④ 第一次工艺检验中1根试件抗拉强度或3根试件的残余变形平均值不合格时，允许再抽3根试件进行复验，复验仍不合格时判为工艺检验不合格。

6.3.5 预应力混凝土用钢绞线检验

钢绞线按结构分为五类，其代号为：

用2根钢丝捻制的钢绞线（图6-6）　　1×2

用3根钢丝捻制的钢绞线（图6-7）　　1×3

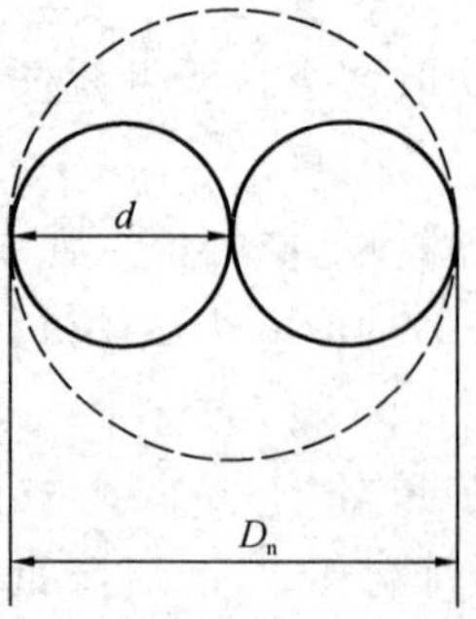

图6-6　1×2结构钢绞线外形示意图

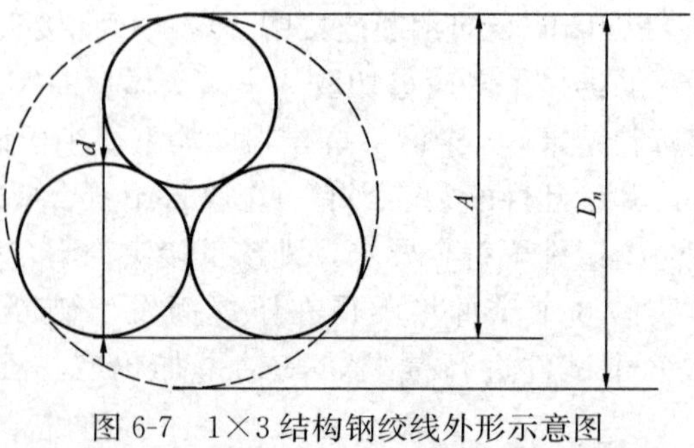

图6-7　1×3结构钢绞线外形示意图

用 3 根刻痕钢丝捻制的钢绞线　　　　　1×3Ⅰ
用 7 根钢丝捻制的标准型钢绞线（图 6-8）1×7
用 7 根钢丝捻制又经模拔的钢绞线　　　（1×7）C

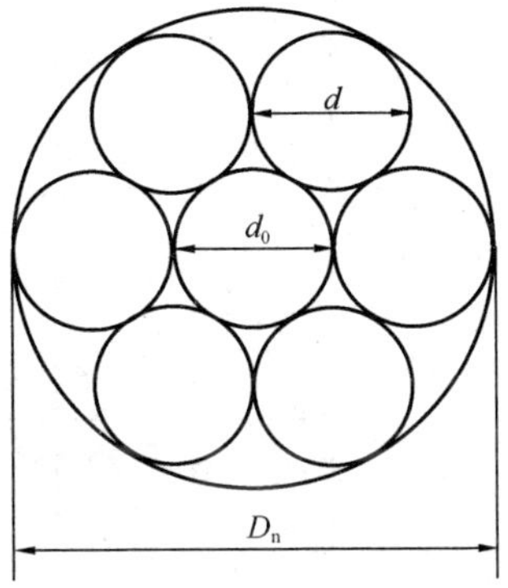

图 6-8　1×7 结构钢绞线外形示意图

不同结构预应力钢绞线的公称直径、直径允许偏差、测量尺寸及测量尺寸允许偏差应分别符合表 6-2、表 6-3 和表 6-4 的规定，其力学性能分别符合表 6-5、表 6-6、表 6-7 的规定。

表 6-2　1×2 结构钢绞线尺寸及允许偏差

钢绞线结构	公称直径（mm）		钢绞线直径允许偏差（mm）	钢绞线参考截面积 S_n（mm^2）	每米钢绞线参考质量（g/m）
	钢绞线直径 D_n	钢丝直径 d			
1×2	5.00	2.50	+0.15 −0.05	9.82	77.1
	5.80	2.90		13.2	104
	8.00	4.00	+0.25 −0.10	25.1	197
	10.00	5.00		39.3	309
	12.00	6.00		56.5	444

表 6-3　1×3 结构钢绞线尺寸及允许偏差

钢绞线结构	公称直径（mm）		钢绞线测量尺寸 A（mm）	测量尺寸 A 允许偏差（mm）	钢绞线参考截面积 S_n（mm^2）	每米钢绞线参考质量（g/m）
	钢绞线直径 D_n	钢丝直径 d				
1×3	6.20	2.90	5.41	+0.15 −0.05	19.8	155
	6.50	3.00	5.60		21.2	166
	8.60	4.00	7.46	+0.20 −0.10	37.7	296
	8.74	4.05	7.56		38.6	303
	10.80	5.00	9.33		58.9	462
	12.90	6.00	11.2		84.8	666
1×3Ⅰ	8.74	4.05	7.56		38.6	303

表 6-4　1×7 结构钢绞线尺寸及允许偏差

钢绞线结构	公称直径（mm）	直径允许偏差（mm）	钢绞线公称截面积（mm^2）	每米钢绞线参考质量（g/m）	中心钢丝直径加大范围不小于（%）
1×7	9.50	+0.30 −0.15	54.8	430	2.5
	11.10		74.2	582	
	12.70	+0.40 −0.20	98.7	775	
	15.20		140	1101	
	15.70		150	1178	
	17.80		191	1500	
1×7 模拔型	12.70	+0.40 −0.20	112	890	
	15.20		165	1295	
	18.00		223	1750	

表 6-5　1×2 结构钢绞线的力学性能

钢绞线结构	钢绞线公称直径 D_n（mm）	抗拉强度 R_m（MPa）	整根钢绞线的最大力 F_m（kN）	规定非比例延伸力 $F_{p0.2}$（kN）	最大力总伸长率（$L_0 \geqslant 400mm$）A_{gt}（%）	应力松弛性能：初始负荷相当于公称最大力的百分数（%）	应力松弛性能：1000h 后应力松弛率 r（%）不大于
		不小于					
1×2	5.00	1570	15.4	13.9		对所有规格	对所有规格
		1720	16.9	15.2			
		1860	18.3	16.5			
		1960	19.2	17.3			
	5.80	1570	20.7	18.6			
		1720	22.7	20.4		60	1.0
		1860	24.6	22.1			
		1960	25.9	23.3			
	8.00	1470	36.9	33.2			
		1570	39.4	35.5		70	2.5
		1720	43.2	38.9	对所有规格 3.5		
		1860	46.7	42.0		80	4.5
		1960	49.2	44.3			
	10.00	1470	57.8	52.0			
		1570	61.7	55.5			
		1720	67.6	60.8			
		1860	73.1	65.8			
		1960	77.0	69.3			
	12.00	1470	83.1	74.8			
		1570	88.7	79.8			
		1720	97.2	87.5			
		1860	105	94.5			

注：规定非比例延伸力 $F_{p0.2}$ 值不小于整根钢绞线公称最大力 F_m 的 90%。

表 6-6　1×3 结构钢绞线的力学性能

钢绞线结构	钢绞线公称直径 D_n（mm）	抗拉强度 R_m（MPa）	整根钢绞线的最大力 F_m（kN）	规定非比例延伸力 $F_{p0.2}$（kN）	最大力总伸长率（$L_0 \geqslant 400mm$）A_{gt}（%）	应力松弛性能：初始负荷相当于公称最大力的百分数（%）	应力松弛性能：1000h 后应力松弛率 r（%）不大于
		不小于					
1×3	6.20	1570	31.1	28.0	对所有规格 3.5	对所有规格	对所有规格
		1720	34.1	30.7			
		1860	36.8	33.1			
		1960	38.8	34.9			
	6.50	1570	33.3	30.0		60	1.0
		1720	36.5	32.9			
		1860	39.4	35.5			
		1960	41.6	37.4			
	8.60	1470	55.4	49.9		70	2.5
		1570	59.2	53.3			
		1720	64.8	58.3			
		1860	70.1	63.1		80	4.5
		1960	73.9	66.5			
	8.74	1570	60.6	54.5			
		1670	64.5	58.1			
		1860	71.8	64.6			
	10.80	1470	86.6	77.9			
		1570	92.5	83.3			
		1720	101	90.9			
		1860	110	99.0			
		1960	115	104			
	12.90	1470	125	113			
		1570	133	120			
		1720	146	131			
		1860	158	142			
		1960	166	149			
1×3 I	8.74	1570	60.6	54.5			
		1670	64.5	58.1			
		1860	71.8	64.6			

注：规定非比例延伸力 $F_{p0.2}$ 值不小于整根钢绞线公称最大力 F_m 的 90%。

表 6-7　1×7 结构钢绞线的力学性能

钢绞线结构	钢绞线公称直径 D_n（mm）	抗拉强度 R_m（MPa）	整根钢绞线的最大力 F_m（kN）	规定非比例延伸力 $F_{p0.2}$（kN）	最大力总伸长率（$L_0 \geqslant 500$mm）A_{gt}（%）	应力松弛性能 初始负荷相当于公称最大力的百分数（%）	应力松弛性能 1000h 后应力松弛率 r（%）不大于
		不小于					
1×7	9.50	1720	94.3	84.9		对所有规格	对所有规格
		1860	102	91.8			
		1960	107	96.3			
	11.10	1720	128	115			
		1860	138	124			
		1960	145	131			
	12.70	1720	170	153		60	1.0
		1860	184	166			
		1960	193	174			
	15.20	1470	206	185		70	2.5
		1570	220	198	对所有规格 3.5		
		1670	234	211			
		1720	241	217		80	4.5
		1860	260	234			
		1960	274	247			
	15.70	1770	266	239			
		1860	279	251			
	17.80	1720	327	294			
		1860	353	318			
（1×7）C	12.70	1860	208	187			
	15.20	1820	300	270			
	18.00	1720	384	346			

注：规定非比例延伸力 $F_{p0.2}$ 值不小于整根钢绞线公称最大力 F_m 的 90%。

钢绞线应成批验收，每批钢绞线由同一牌号、同一规格、同一生产工艺捻制的钢绞线组成，每批质量不大于 60t。供方出厂常规检验项目及取样数量见表 6-8。

表 6-8　供方出厂常规检验项目及取样数量

序号	检验项目	取样数量	取样部位	检验方法
1	表面	逐盘卷		目视
2	外形尺寸	逐盘卷		按本标准

续表

序号	检验项目	取样数量	取样部位	检验方法
3	钢绞线伸直性	3 根/每批	在每（任）盘卷中任意一端截取	
4	整根钢绞线最大力	3 根/每批		
5	规定非比例延伸力	3 根/每批		
6	最大力总伸长率	3 根/每批		
7	应力松弛性能	不小于 1 根/每合同批（注）		

注：合同批为一个订货合同的总量。在特殊情况下，松弛实验可以由工厂连续检验提供同一原料、同一生产工艺的数据所代替。

6.4　拉伸实验

1. 目的和适用范围

本实验方法适用于热轧直条光圆和带肋钢筋的级别、代号、尺寸、外形、重量、技术要求。

2. 仪器设备

① 万能材料实验机。

② 游标卡尺。

③ 钢筋打点标距仪或手挫刀。

3. 实验操作

① 测定钢筋的直径和钢筋截面积。

② 试样标距标记和测量：可以用两个或一系列等分不冲点或细化线标出原始标距，标记不应影响试样断裂，也可以用手锉刀刻画标记，标距可按 $5d$ 或 $10d$。

③ 按试样尺寸及截面积、强度等级选择万能材料实验机度盘量程。

④ 将试样安装上夹头，上下夹头必须持紧在实验机夹具上方可开始实验。实验速度应根据材料性质和实验目的确定。

⑤ 测定钢筋的屈服强度时，屈服前的应力速率按表 6-9 保持实验机控制器固定于速率位置，直至该性能测出。

表 6-9　应力速率取值范围表

金属材料的弹性模量 N/mm^2	应力速率：N/（mm^2・s^{-1}）	
	最小	最大
<150000	2	20
≥150000	6	60

⑥ 测定下屈服点时，平行长度内的应变速率应在一定范围之内，并应尽可能保持恒定。

⑦ 屈服过后测定抗拉强度，实验机两夹头在力作用下的分离速率应不超过 0.5Lc/min，试样拉至断裂，从拉伸确定实验过程中的最大力，或从测力度盘上读取最大力。

⑧ 试样拉断后，将其断裂部分在断裂处紧密对接在一起，尽量使其轴线位于一直线上，如拉断处形成缝隙，则此缝隙应计入试样拉断后的标距内。

⑨ 测量延伸率：用钢直尺按两点标距离进行测量。

4. 结果分析

① 横截面积按下式计算：

$$S_0 = \frac{1}{4}\pi d_0^2$$

式中　S_0—试样的原始横截面积。

② 上屈服点或下屈服点分别按下式计算：

$$Q_S = F_S / S_0$$

式中　Q_S——屈服点；

F_S——屈服力。

$$Q_{Su} = F_{Su} / S_0$$

式中　Q_{Su}——上屈服点；

F_{Su}——上屈服力。

$$Q_{SL} = F_{SL} / S_0$$

式中　Q_{SL}——下屈服点；

F_{SL}——下屈服力。

③ 抗拉强度的计算按下式：

$$Q_b = F_b / S_0$$

式中　Q_b——抗拉强度；

F_b——最大力。

④ 试样断后伸长率按下式计算：

$$\delta = [(L_1 - L_0)/L_0] \times 100\%$$

式中　δ——断后伸长率；

L_1——试样拉断后的标距；

L_0——试样原始标距。

⑤ 实验出现下列情况之一者，实验结果无效：

试样在标距上或标距外裂隙；

实验由于操作不当，如试样夹偏而造成性能不符合规定要求；

实验后试样出现两个或两个以上缩颈；

实验中记录有误或设备仪器发生故障影响结果准确性，遇有实验结果作废时应补做实验；

实验后试样上显示出冶金缺陷（如分层、气泡、夹渣及缩孔等），应在实验记录及报告中注明。

5. 数据处理

① 屈服强度、抗拉强度值修约 5N/mm²；伸长率如≤10%修约到 0.5%，>10%修约到 1%。

② 修约按四舍六入五单入五单双法（奇数则进一，偶数则舍弃）进行。

③ 修约法为：尾数≤2.5，修约为 0，尾数>2.5 且<7.5 者修约为 5，尾数≥7.5 者修约为 10。

6.5　钢筋弯曲实验

1. 目的和适用范围

本实验方法适用于混凝土用钢筋承受规定弯曲角度的弯曲变形性能。

2. 仪器设备

① 万能材料实验机。

② 抗弯曲支辊（支辊间的距离可以调节）。

③ 冷弯冲头：$\phi 8$、$\phi 10$、$\phi 12$、$\phi 14$、$\phi 16$、$\phi 18$、$\phi 20$、$\phi 22$、$\phi 25$、$\phi 28$、$\phi 32$。

3. 实验操作

① 弯曲试样长度根据试样直径和弯曲实验装置而定，通常按下式确定试样长度：$2\approx 5a+150$mm。

② 试样放置在实验机上，两支辊间距为$[(d+2.5a)\pm 0.5]$mm，实验时平稳压力作用下缓慢施加实验力。

③ 弯心直径必须符合有关标准的规定，弯心宽度必须大于试样的宽度或直径，两支辊间距在实验过程中不允许有变化。

4. 结果分析

① 完好：试样弯曲处的外表面基体上无肉眼可见因弯曲变形有产生的缺陷的称为完好。

② 微裂纹：试样弯曲外表面金属基体上出现的细小裂纹，其长度不大于 2mm，宽度不大于 0.2mm 时称为微裂纹。

③ 裂纹：试样弯曲外表面金属基体上出现开裂，其长度大于 5mm，宽度大于 0.5mm 时称为裂缝。

④ 裂断：试弯曲沿宽度贯穿的开裂，其深度超过试要厚度的 1/3 时称为裂断。

6.6　钢筋焊接拉伸实验

实验室温度：10～35℃。

1. 目的和适用范围

① 本实验方法适用于电阻点焊、闪光对焊、电弧焊、电渣压力焊、气压焊、预埋件弧压力焊的焊接，接头常温静力拉伸实验。

② 实验目的是测定焊接接头抗拉强度，观察断裂位置和断口形貌，判定塑性断裂或脆性断裂。

2. 仪器设备

① 万能材料实验机（符合型号规格的夹紧装置）。

② 游标卡尺（0～150mm），精度 0.001。

3. 实验操作

① 测量尺寸：将试样夹紧于实验机上，加荷应连续而平稳，不得有冲击或跳动，加荷速度为 10～30MPa/s，直至试样拉断（或出现颈缩后）为止。

② 实验过程中应记录钢筋级别和公称直径，试件拉断（或颈缩）前的最大荷载 P_b 值，断裂（或颈缩）位置，以及离开焊缝的距离。

4. 结果分析

① 试件的抗拉强度按下式计算：

$$Q_b = P_b/F_0$$

式中 Q_b——试件抗拉强度，MPa；

P_b——试件拉断前的最大荷载，N；

F_0——试件公称横截面积，mm^2。

② 检查断裂状况“塑、断裂、脆性断裂”或颈缩现象。

③ 实验中，若由于操作不当（如试件夹偏）或实验设备发生故障而影响实验数据准确时，实验结果无效。

6.7 钢筋焊接弯曲实验

1. 目的和适用范围

执行标准：《钢筋焊接头试验方法标准》(JGJ/T 27)，实验室温度：10～35℃。

① 本实验方法适用于钢筋闪光对焊接头的常温弯曲实验。

② 实验目的是检验钢筋焊接接头的弯曲变形性能和可能存在的焊接缺陷。

2. 仪器设备

① 万能材料实验机（符合型号规格的夹紧装置）

② 游标卡尺（0～150mm)，精度 0.001。

③ 弯曲支架。

3. 实验操作

① 测量尺寸：试件放在两支辊中点上，并使焊缝中心线与压头中心线相一致，平稳地对试件施加压力，直至达到规定的弯曲角度为止。

② 钢筋的焊接实验，按 JGJ/T 27 中规定不同种类、不同厚度的钢筋选用不同的弯曲压头直径弯至 90 度。

③ 在实验过程中，应采取安全措施，防止试件突然断裂伤人。

4. 结果分析

检查试件受拉面有无裂纹，实验过程中试件若发生断裂时，应记录断裂时的弯曲角度，断品位置和断口形貌，发现有未熔合等焊接缺陷时，应在实验报告中注明。

项目 7　墙体材料及检测

7.1　概述

墙体材料的改革是一个重要而难度大的问题。发展新型墙体材料不仅仅是取代实心黏土砖的问题，而是一方面要保护环境、节约资源、能源，另一方面要满足建筑结构体系的发展，包括节能等多种功能，并给传统建筑行业带来变革性新工艺、摆脱人海式施工、采用工化厂、现代化、集约化施工。使得新型墙体材料朝着大型化、轻质化、节能化、利废化、复合化、装饰化以及集约化等方向发展。

2010 年全国新型墙体材料产量已占墙体材料总量的 55%，比 2005 年提高 11 个百分点，以新型墙体材料为主的生产和应用格局基本形成。应用新型墙体材料新建节能建筑累计面积 48 亿 m^2，比“十五”末增加 3 倍，新型墙体材料年产能 6000 万块标砖以上的企业达到 5000 多家，比“十五”末增加 50%以上，改变了传统墙体材料企业以砖瓦窑为主小而散的局面。

技术水平大幅提升。新型墙体材料装备产业得到壮大，全国年产值过亿的新型墙体材料装备企业从无到有发展到 30 多家。新型墙体材料的产品质量和应用水平明显提高，呈现出系列化、标准化、规范化生产和应用，满足了城乡建设对墙体材料日益增长的需求。一批拥有自主知识产权、技术先进、自动化程度高的成套技术装备已达国际先进水平，目前已出口到 80 多个国家。

节能减排成效明显。通过淘汰落后产能、企业技术改造、建筑应用，共实现节约标准煤约 2500 万 t，减少二氧化碳排放约 5500 万 t，减少二氧化硫排放约 50 万 t。全国共关停黏土砖瓦企业 1.4 万家，淘汰落后产能 1000 多亿块标砖。

利废节地效果突出。新型墙体材料发展消纳煤矸石、粉煤灰、尾矿等大宗固体废弃物约 15 亿 t，减少毁田烧砖、堆存占地、关停企业腾退、淘汰黏土砖产能，合计节约耕地 300 多万亩，为守住 18 亿亩耕地红线做出了积极贡献。“十一五”期间墙体材料革新工作虽然取得显著成效，但实心黏土砖在城镇和农村居民建房中仍有较大市场。

新型墙体材料品质需进一步提高；墙体材料革新推进能力有待加强。随着“十二五”时期工业化、城镇化进程加快，大宗固体废弃物产生和堆存占用大量土地，污染环境的问题仍相当严重。同时随着城乡建设的快速发展，人民生活居住水平的不断提高，迫切需要大量品质优良的新型墙体材料，满足绿色节能建筑发展的需求，墙体材料革新面临着新形势和新挑战。到 2015 年，全国 30%以上的城市实现“限黏”、50%以上县城实现“禁实”；全国实心黏土砖产量控制在 3000 亿块标准砖（折合）以下，新型墙体材料产量所占比重达 65%以上，建筑应用比例达 75%以上；新型墙体材料产品生产能耗下降 20%；新型墙体材料技术装备整体水平显著提升，产品质量明显提高，产品结构进一步优化。

7.2 相关标准

1. 砖

GB 13544	《烧结多孔砖和多孔砌块》
GB 13545	《烧结空心砖和空心砌块》
GB 5101	《烧结普通砖》
GB 11945	《蒸压灰砂砖》
GB 26541	《蒸压粉煤灰多孔砖》
GB 28635	《混凝土路面砖》
GB/T 26001	《烧结路面砖》
GB/T 2542	《砌墙砖试验方法》
GB/T 25183	《砌墙砖抗压强度试验用净浆材料》

2. 砌块

GB/T 11968	《蒸压加气混凝土砌块》
GB/T 29062	《蒸压泡沫混凝土砖和砌块》
GB/T 8239	《普通混凝土小型砌块》
GB/T 15229	《轻集料混凝土小型空心砌块》
JC/T 698	《石膏砌块》
JC/T 862	《粉煤灰混凝土小型空心砌块 》
JC/T 641	《装饰混凝土砌块》
GB/T 29060	《复合保温砖和复合保温砌块》
GB/T 4111	《混凝土砌块和砖试验方法》

3. 板材

JC/T 2077	《复合保温石膏板》
JC 623	《钢丝网架水泥聚苯乙烯夹芯板》
JC/T 564.1	《纤维增强硅酸钙板》
GB 15762	《蒸压加气混凝土板》
JC/T 829	《石膏空心条板》
JC/T 671	《维纶纤维增强水泥平板》
GB/T 9775	《纸面石膏板》
GB/T 29059	《超薄石材复合板》
JG/T 314	《聚氨酯硬泡复合保温板》
JG/T 359	《建筑用泡沫铝板》
JG/T 348	《纤维增强混凝土装饰墙板》
GB/T 30100	《建筑墙板试验方法》

7.3　砌墙砖与砌块

在建筑工程中，墙体材料具有承重、围护和分隔的作用。用于墙体材料的品种较多，从形状尺寸可分为砖、砌块和板材。它们与建筑物的功能、自重、成本、工期以及建筑能耗等均有直接关系。合理选用墙体材料对建筑物的结构形式、高度、跨度、安全、使用功能及工程造价等均有重要意义。

凡是由黏土、工业废料或其他地方资源为主要原料，以不同工艺制成的，在建筑中用于砌筑承重和非承重墙体的砖，统称砌墙砖。

砌墙砖按生产工艺可分为烧结砖和非烧结砖两大类。

烧结砖是经焙烧而制成的砖；非烧结砖是经蒸压或蒸养而制成的砖，蒸养砖是经常压蒸汽养护硬化而成的砖，如蒸养粉煤灰砖等。

砖按孔洞率可分为：实心砖、微孔砖、多孔砖和空心砖。

实心砖是无孔洞或孔洞率小于 15%的砖；多孔砖是孔洞率等于或大于 15%，孔的尺寸小而数量多，常用于承重部位的砖；空心砖是空洞率等于或大于 35%，孔的尺寸大而数量少，常用于非承重部位的砖。

7.3.1　烧结普通砖

《烧结普通砖》（GB 5101—2003）规定，以黏土、页岩、煤矸石、粉煤灰等为主要原料，经焙烧而制成的孔洞率（砖面孔洞总面积占砖面积的百分率）不大于 15%的砖，称为烧结普通砖。

各种烧结砖的生产工艺基本相同，均为：原料配制→制坯→干燥→焙烧→成品。原料对制砖工艺性能及成品的性能起着决定性作用，焙烧是最重要的工艺环节。

黏土砖坯在加热到一定温度以后开始收缩。到 450～850℃，黏土矿物脱去结晶水，并逐渐分解，且燃尽全部有机杂质。再继续升温至 900～1000℃，黏土中的杂质与黏土矿物形成易熔物，出现玻璃态液相，填塞于未熔颗粒之间的空隙中，液相表面张力的作用使未熔颗粒紧密粘结，从而使坯体出现孔隙率下降和体积收缩，强度也相应增大，最后变得密实。

在氧化气氛中焙烧时，黏土中所含铁的氧化物被氧化，生成红色的高价（Fe_2O_3），烧得的为红砖。若窑内为还原气氛，高价的氧化铁还原为青灰色的低价（FeO），烧得的为青砖。青砖较红砖结实、耐碱、耐久性较好。

由于砖在烧结时窑内温度分布（火候）难以绝对均匀，因此，除了正火砖（合格品）外，还常出现欠火砖和过火转。欠火砖色浅、敲击声发哑、吸水率大、强度低、耐久性差；过火砖色深、敲击的声音脆、吸水率大、强度较高，但有弯曲变形。欠火和过火砖都属不合格产品。

7.3.1.1　烧结普通砖的品种和标记

依据《烧结普通砖》（GB 5101—2003）的规定，烧结普通砖的外形为直角六面体，其公称尺寸为：240mm×115mm×53mm。通常将 240mm×115mm 称为大面，240mm×53mm 面称为条面，115mm×53mm 面称为顶面。在砌筑使用时，考虑 10mm 的砌筑灰缝后，4 块砖长、8 块砖宽、16 块砖厚均为 1m，512 块砖可砌 $1m^3$的砖砌体。

按使用原料不同，烧结普通砖可分为：烧结普通黏土砖（N）、烧结页岩砖（Y）、烧结煤矸砖（M）和烧结粉煤灰砖（F）。

烧结普通砖的产品标记按产品名称、类别、品种、强度等级、质量等级和标准编号顺序编写。例：规格 240mm×115mm×53mm，强度等级 MU20，一级品页岩砖，其标记为：烧结普通砖 Y MU20 B GB 5101。

按抗压强度分为 MU30、MU25、MU20、MU15 和 MU10 五个强度等级。强度抗化性能和放射性物质合格的砖，根据尺寸偏差、外观质量、泛霜和石灰爆裂等情况分为优等品（A）、一等品（B）、合格品（C）三个质量等级。

7.3.1.2 烧结普通砖的技术要求

（1）尺寸允许偏差

烧结普通砖的尺寸允许偏差应符合表 7-1 的规定。

表 7-1 尺寸允许偏差（GB 5101—2003） mm

公称尺寸	优等品		一等品		合格品	
	样品平均偏差	样品极差≤	样品平均偏差	样品极差≤	样品平均偏差	样品极差≤
240mm	2.0	6	2.5	7	3.0	8
115mm	1.5	5	2	6	2.5	7
53mm	1.5	4	1.6	5	2.0	6

（2）外观质量

烧结普通砖外观质量包括条面高度差、裂纹长度、弯曲、缺棱角等各项内容。各项内容应符合表 7-2 的规定。

表 7-2 外观质量（GB 5101—2003 ） mm

项目		优等品	一等品	合格品
两条面高度差≤		2	3	4
弯曲≤		2	3	4
杂质突出高度≤		2	3	4
缺楞掉角的三个破坏尺寸不得同时大于		5	20	30
裂纹长度≤	大面上宽度方向及其延伸条面的长度	30	60	80
	大面上长度方向及其延伸顶面或条面上水平裂纹的长度	50	80	100
完整面不得少于		两条面和两顶面	一条面和一顶面	—
颜色		基本一致	—	—

注：① 为装饰面施加的色差、凹凸纹、拉毛、压花等不算作缺陷；

② 凡有下列缺陷之一者，不能称为完整面：

a. 缺损在条面或顶面上造成的破坏面尺寸同时大于 10mm×10mm；

b. 条面或顶面上残纹宽度大于 1mm，其长度超过 30mm；

c. 压陷、焦花、黏底在条面或顶面上的凹陷或凸出超过 2mm，区域最大投影尺寸同时大于 10mm×10mm。

（3）强度

测定烧结普通砖的强度，依据《砌墙砖实验方法》（GB/T 2542—2012）的规定进行。抽取 10 块砖试样进行抗压强度实验，加荷速度与为（5±0.5）kN/s。再按下式计算强度标

准差 S、强度变异系数 δ 和抗压强度标准值 f_k。

10 块砖样抗压强度标准差 S（精确至 0.01MPa）：

$$s=\sqrt{\frac{1}{9}\sum_{i=1}^{10}(f_i-\overline{f})^2}$$

强度变异系数 δ（精确至 0.01MPa）：

$$\delta=\frac{s}{\overline{f}}$$

砖抗压强度标准值 f_k（精确至 0.01MPa）：

$$f_k=\overline{f}-1.8s$$

式中 S——10 块砖样的抗压强度标准差，MPa；

δ——强度变异系数；

$\overline{f}$——10 块砖样的抗压强度算术平均值，MPa；

f_i——单块砖样抗压强度的测定值，MPa；

f_k——强度标准值，MPa。

根据实验结果，按平均值—标准值方法（变异系数 $\delta\leqslant0.21$ 时）或平均值—最小值方法（变异系数 $\delta>0.21$ 时）评定砖的强度等级。强度要求应符合表 7-3 的规定。

表 7-3 烧结普通砖的强度（GB 5101—2003） MPa

强度等级	抗压强度平均值 $\overline{f}\geqslant$	变异系数 $\delta\leqslant0.21$	变异系数 $\delta>0.21$
		强度标准值 $f_k\geqslant$	单块最小抗压强度值 $f_{min}\geqslant$
MU30	30.0	22.0	25.0
MU25	25.0	18.0	22.0
MU20	20.0	14.0	16.0
MU15	15.0	10.0	12.0
MU10	10.0	6.5	7.5

结果评定采用以下两种方法：

① 平均值—标准值方法（变异系数 $\delta\leqslant0.21$ 时）。

当变异系数 $\delta\leqslant0.21$ 时，按表 7-3 中抗压强度平均值 $\overline{f}$ 和强度标准值 f_k 评定砖的强度等级。样品量 $n=10$ 时的强度标准值按下式计算：

$$f_k=\overline{f}-1.8s$$

式中 f_k——强度标准值，MPa，精确至 0.1MPa。

② 平均值—最小值方法（变异系数 $\delta>0.21$ 时）。

当变异系数 $\delta>0.21$ 时，按表 7-3 中抗压强度平均值 $\overline{f}$ 和单块最小抗压强度 f_{min} 评定砖的强度等级，单块最小抗压强度值精确至 0.1MPa。

（4）抗风化性能

抗风化性能是指在干湿变化、温度变化、冻融变化等物理因素作用下，材料不破坏并长期保持其原有性质的能力。抗风化能力越强，耐久性越好。通常以其抗冻性、吸水性及饱和系数（指砖在常温下浸水 24h 后的吸水率与 5h 沸煮吸水率之比）等指标来判别。

砖的抗风化性能用抗冻融实验或吸水率实验来衡量。由于风化作用程度与地域位置有关，因而用于东北、内蒙古、新疆这些严重风化区的烧结普通砖必须进行冻融实验。其他地区砖的抗风化性能符合表 7-4 规定时可不做冻融实验。冻融实验后，每块砖样不允许出现裂纹、分层、掉皮、缺棱、掉角等冻坏现象；质量损失不得大于 2%。

表 7-4　烧结普通砖的抗风化性能

<table>
<tr><td rowspan="3">抗风化性能
砖种类</td><td colspan="4">严重风化区</td><td colspan="4">非严重风化区</td></tr>
<tr><td colspan="2">5h 沸煮吸水率≤</td><td colspan="2">饱和系数≤</td><td colspan="2">5h 沸煮吸水率≤</td><td colspan="2">饱和系数≤</td></tr>
<tr><td>平均值</td><td>单块最大值</td><td>平均值</td><td>单块最大值</td><td>平均值</td><td>单块最大值</td><td>平均值</td><td>单块最大值</td></tr>
<tr><td>黏土砖</td><td>18</td><td>20</td><td rowspan="2">0.85</td><td rowspan="2">0.87</td><td>19</td><td>20</td><td rowspan="2">0.88</td><td rowspan="2">0.90</td></tr>
<tr><td>粉煤灰砖</td><td>21</td><td>23</td><td>23</td><td>25</td></tr>
<tr><td>页岩砖
煤矸石砖</td><td>16</td><td>18</td><td>0.74</td><td>0.77</td><td>18</td><td>20</td><td>0.78</td><td>0.80</td></tr>
</table>

注：粉煤灰掺入量（体积比）小于 30%时，按黏土砖规定判定。

（5）泛霜

泛霜也称起霜，是指砖在使用过程中的盐析现象。砖内过量的可溶性盐类（如硫酸钠等）受潮吸水而溶解，随水分蒸发而沉积于砖的表面，形成白色粉状附着物，这些结晶的白色粉状物不仅影响建筑的外观，而且结晶的体积膨胀也会引起砖表面的酥松，同时还会破坏砖与砂浆之间的粘结。

（6）石灰爆裂

转内夹有石灰，石灰吸水熟化为熟石灰，有 98%的体积膨胀，使砖内产生内应力，导致砖表面的剥落、脱皮，严重的可造成建筑结构的破坏。

为保证砌筑质量，烧结普通砖的泛霜和石灰爆裂等技术指标应符合表 7-5 的规定，外观检验中，有欠火砖、酥砖和螺旋纹砖则判定该批产品为不合格品。

表 7-5　烧结普通砖的泛霜和石灰爆裂质量等级

项目	无泛霜	不允许出现中等泛霜	不允许出现严重泛霜
石灰爆裂	不允许出现最大破坏尺寸>2mm 的爆裂区域	1. 最大破坏尺寸大于 2mm 且小于等于 10mm 的爆裂区域，每组砖样不得多于 15 处。 2. 不允许出现最大破坏尺寸大于 10mm 的爆裂区域	1. 最大破坏尺寸大于 2mm 且小于等于 15mm 的爆裂区域，每组砖样不得大于 15 处。其中大于 10mm 的不得多于 7 处。 2. 不允许出现最大破坏尺寸大于 15mm 的爆裂区域

（7）放射性物质

砖的放射性物质含量应符合《建筑材料放射性核素限量》（GB 6566—2011）对建筑主体材料的规定。当建筑主体材料中天然放射性核素镭-226，钍-232，钾-40 的放射性比活度同时满足 $I_{Ra} \leqslant 1.0$ 和 $I_r \leqslant 1.0$ 时，其产销和使用范围不受限制。对于空心率大于 25%的建筑主体材料，其天然放射性核素镭-226、钍-232、钾-40 的放射性比活度同时满足 $I_{Ra} \leqslant 1.0$

和I_r≤1.3时，其产销和使用范围不受限制。

检验批次：每3.5～15万块同一强度等级、同一生产工艺烧结普通砖为一验收批，不足3.5万块亦按一批计。进入现场同一生产工艺、同一强度等级、同规格烧结普通砖，不超过15万为一批次进行检验。在施工现场采用随机抽样，抽烧结普通砖样50块。

7.3.1.3　普通烧结砖的应用

烧结普通砖可作为建筑维护结构，可用来砌筑柱、拱、烟囱、地面及基础等。还可与轻集料混凝土、加气混凝土、岩棉等隔热材料配套使用，砌筑成两面为砖、中间填以各种轻质材料的轻体墙，可在砌体中配置适当钢筋或钢丝网成为配筋砌筑体，可代替钢筋混凝土柱、过梁使用。

烧结普通砖优等品用于清水墙的砌筑，一等品、合格品可用于混水墙的砌筑，中等泛霜的砖不能用于潮湿部位。

烧结普通砖既具有一定的强度，又有较好的隔热、隔声性能和耐久性，且价格低廉，是应用最久、应用范围最广的砌筑材料。虽然不断出现各种新的砌筑材料，但烧结普通砖在今后一定时间内仍会作为一种主要材料用于砌筑工程中。

7.3.2　烧结多孔砖和多孔砌块

依据《烧结多孔砖和多孔砌块》（GB 13544—2011）的规定，多孔砖和多孔砌块的外形为直角六面体，在与砂浆的结合面上应设有增加接合力的粉刷槽和砌筑砂浆槽。

7.3.2.1　烧结多孔砖和多孔砌块品种与标记

（1）砖与砌块规格尺寸

砖和砌块的长度、宽度与高度尺寸要符合下列要求：

砖规格尺寸（mm）：290、240、190、180、140、115、90。

砌块规格尺寸（mm）：490、440、390、340、290、240、190、180、140、115、90。

其他规格尺寸由供需双方协商确定。

（2）砖的密度等级

砖的密度等级分为1000、1100、1200、1300四个等级。

砌块的密度等级分为900、1000、1100、1200四个等级。

（3）产品标记

按产品名称、类别、品种、强度等级、密度等级和标准编号顺序编写。

示例：规格尺寸290mm×190mm×90mm、强度等级为MU25，密度1200级的黏土烧结多孔砖，其标记为：烧结多孔砖 N290×140×90 MU25 1200 GB 13544—2011。

7.3.2.2　烧结多孔砖和多孔砖砌块的技术性能指标

（1）尺寸允许偏差

烧结多孔砖和多孔砌块的尺寸允许偏差应符合表7-6的规定。

表7-6　烧结多孔砖和砌块的尺寸偏差（GB 13544—2011）

尺寸偏差	样本平均偏差	样本极差≤
>400	±3	±10
300～400	±2.5	±9

续表

尺寸偏差	样本平均偏差	样本极差≤
200～300	±2.5	±8
0～200	±2	±7
<100	±1.5	±6

（2）外观质量

烧结多孔砖和砌块外观质量的各项内容应符合表7-7的规定。

表7-7 烧结多孔砖和砌砖块的外观质量（GB 13544—2011）

项目	指标
完整面不得少于	一条面和一顶面
缺棱掉角的三个破坏尺寸不得同时大于	30
大面（有孔面）上深入孔壁15mm以上，宽度方向及其延伸到条面的长度不大于	80
大面（有孔面）上深入孔壁15mm以上，长度方向及其延伸到条面的长度不大于	100
条面上的水平裂纹不大于	100
杂质在砖面上造成的凸出高度不大于	5

注：凡有下列缺陷之一者，不能称为完整面。

① 缺陷在条面或顶面上造成的破坏面尺寸同时大于20mm×30mm；

② 条面或顶面上残纹宽度大于1mm，其长度超过70mm；

③ 压陷、焦花、黏底在条面或顶面上的凹陷或凸出超过2mm，区域最大投影尺寸同时大于20mm×30mm。

（3）砖的密度等级

砖的密度等级分为1000、1100、1200、1300四个等级。

砌块的密度等级分为900、1000、1100、1200四个等级。见表7-8。

表7-8 砖和砌块的密度等级 kg/m^3

密度等级		3块砖或砌块干燥表观密度平均值
砖	砌块	
	900	≤900
1000	1000	900～1000
1100	1100	1000～1100
1200	1200	1100～1200
1300		1200～1300

（4）烧结多孔砖和砌块的强度等级

烧结多孔砖和砌块的强度等级是根据抗压强度平均值和抗压强度标准值分为MU30、MU25 、MU20、MU15、MU10共五个强度等级，强度指标见表7-9。

表7-9 烧结多孔砖和多孔砌块强度指标（GB 13544—2011）

强度等级	抗压强度平均值≥	强度标准值≥
MU30	30.0	22.0

续表

强度等级	抗压强度平均值≥	强度标准值 ≥
MU25	25.0	18.0
MU20	20.0	14.0
MU15	15.0	10.0
MU10	10.0	6.5

（5）烧结多孔砖和砌块的孔型、孔结构及孔洞率指标见表 7-10。

表 7-10　烧结多孔砖和砌块的孔型、孔结构及孔洞率指标（GB 13544—2011）

孔型	孔洞尺寸（mm）		最小壁厚（mm）	最小肋厚（mm）	孔洞率（%）		孔洞排列
	孔宽度尺寸 b	孔长度尺寸 L			砖	砌块	
矩形条孔或矩形孔	≤13	≤40	≥12	≥5	≥28	≥33	1. 所有孔宽应相等。孔采用单向或双向交错排列； 2. 空洞排列上下左右应对称，分布均匀，手抓孔的长度方向尺寸必须平行于砖的条面

注：① 矩形孔的孔长 L、孔宽 b 的满足式 $L \geqslant 3b$ 为矩形条孔；

② 孔四个角应做成过渡圆角，不能做成直尖角；

③ 如设有砌筑砂浆槽，则砌筑砂浆槽不计算在孔洞率内；

④ 规格大的砖和砌块应设置手抓孔，手抓孔尺寸为（30～40）mm×（75～85）mm。

（6）抗风化性能（表 7-11）

表 7-11　烧结多孔砖和砌块抗风化性能

分类	项目							
	严重风化区				非严重风化区			
	5h 煮沸吸水率≤（%）		饱和系数≤		5h 煮沸吸水率≤（%）		饱和系数≤	
	平均值	单块最大值	平均值	单块最大值	平均值	单块最大值	平均值	单块最大值
黏土砖和砌块	21	23	0.85	0.87	23	25	0.88	0.90
粉煤灰砖和砌块	23	25			30	32		
页岩砖和砌块	16	18	0.74	0.77	18	20	0.78	0.80
煤矸石和砌块	19	21			21	23		

① 风化区的划分：风化区用风化指数进行划分。风化指数是指日气温从正温降至负温或负温升至正温的每年平均天数与每年从霜冻之日起至消失霜冻之日止这一期间降雨总量（单位：mm）的平均值得乘积。风化指数大于或等于 12700 为严重风化区，风化指数小于 12700 为非严重风化区。各地如有可靠数据，也可按计算的分化指数划分本地区的风化区。

② 严重风化地区中的 1、2、3、4、5 地区砖和砌块和其他地区以淤泥、固定废弃物为主要原料生产的砖和砌块的抗风化性能符合表 7-11 规定时可不做冻融实验。其他地以黏土、

粉煤灰、煤矸石为主要原料生产的砖和砌块的抗风化性能符合表7-11规定时可不做冻融实验，否则必须做冻融实验。

烧结多孔砖和多孔砌块由于具有较好的保温性能，对黏土的消耗相对较少，是目前一些实心黏土砖的替代产品，主要用于六层以下建筑物的承重墙体。地面以下或室内防潮层以下的砌体不得使用多孔砖。常温砌筑应提前1～2天浇水湿润，砌筑时砖的含水率宜控制在10%～15%范围内。

7.3.2.3 实验方法

实验方法按尺寸允许偏差、外观质量、密度等级、强度等级、孔型结构及孔洞率、泛霜石灰爆裂和吸水饱和系数、冻融、欠火砖及酥砖等都按GB/T 2542相关方法进行检验。烧结多孔砖和多孔砌块抽样数量见表7-12。

表7-12 烧结多孔砖和多孔砌块抽样数量

序号	检验项目	抽样数量
1	外观质量	50（$n_1=n_2=50$）
2	尺寸偏差	20
3	强度等级	10
4	密度等级	3
5	孔型结构及孔洞率	3
6	泛霜	5
7	石灰爆裂	5
8	吸水率和饱和系数	5
9	冻融	5
10	放射性物质	3

7.3.3 烧结空心砖和空心砌块

依据《烧结空心砖和空心砌块》（GB 13545—2014）的规定，常用规格的长度、宽度与高度尺寸（mm）分别为：

长度规格尺寸（mm）：390、290、240、190、180（175）、140；

宽度规格尺寸（mm）：180（175）、140、115；

高度规格尺寸（mm）：180（175）、140、115、90。

7.3.3.1 烧结空心砖和空心砌块的品种和标记

烧结空心砖和空心砌块石指经焙烧制成的孔洞率大于或等于35%的砖或砌块。其孔尺寸大而数量少，且平行于大面和条面，一般用于砌筑填充墙或非承重墙。空心砌块与空心砖的主要区别在于其尺寸较大。

烧结空心砖和空心砌块按主要原料分为：黏土空心砖和空心砌块(N)、页岩空心砖和空心砌块(Y)、煤矸石空心砖和空心砌块(M)、粉煤灰空心砖和空心砌块(F)、淤泥空心砖和空心砌块(U)、建筑渣土空心砖和空心砌块(Z)、其他固体废弃物空心砖和空心砌块(G)。

空心砖和砌块的产品标记按产品名称、类别、规格、密度等级、强度等级和标准编号顺序编写。

7.3.3.2　烧结空心砖和空心砌块的技术指标

烧结空心砖和空心砌块的技术要求应符合《烧结空心砖和空心砌块》（GB 13545—2014）的规定，其具体内容如下。密度级别：根据密度分为 800、900、1000、1100 四个密度级别，应符合表 7-13 的规定。强度等级：根据抗压强度分为五个强度级别，强度指标应符合表 7-14 的规定。孔洞及其结构：孔洞率和孔洞排数应符合表 7-15 的规定。

表 7-13　空心砖和空心砌块密度等级

密度等级	5 块密度平均值
800	≤800
900	801～900
1000	901～1000
1100	1001～1100

表 7-14　强度等级　MPa

强度等级	抗压强度		
	抗压强度平均值 $\bar{f}\geq$	变异系数 $\delta\leq0.21$	变异系数 $\delta>0.21$
		强度标准值 $f_k\geq$	单块最小抗压强度值 $f_{min}\geq$
MU10	10	7	8
MU7.5	7.5	5	5.8
MU5.0	5.0	3.5	4.0
MU3.5	3.5	2.5	2.8

表 7-15　孔洞排列及其结构

孔洞排列	孔洞排数（排）		孔洞率（%）	孔型
	宽度方向	高度方向		
有序交错排列	$b\geq200$mm ≥4	≥2	≥40%	矩形孔
	$b<200$mm ≥3			

尺寸偏差、外观质量、密度等级，其方法按 GB/T 2542 规定进行。

强度以大面抗压强度结果表示，实验按 GB/T 2542 规定进行。

放射性物质、放射性物质检验按 GB 6566 规定进行。

烧结空心砖和砌块抽样数量见表 7-16。

表 7-16　烧结空心砖和砌块抽样数量

序号	检验项目	抽样数量
1	外观质量	50（$n_1=n_2=50$）
2	尺寸偏差	20
3	强度	10
4	密度	5
5	孔洞排列及结构	5

续表

序号	检验项目	抽样数量
6	泛霜	5
7	石灰爆裂	5
8	吸水率和饱和系数	5
9	冻融	5
10	放射性物质	3

7.3.3.3 烧结空心砖和空心砖砌块的应用

烧结空心砖和空心砌块主要用于非承重的填充墙和隔墙。在运输、装卸过程中，应避免碰撞，严谨倾卸和抛掷。堆放时应按品种、规格、强度等级分别堆放整齐，不得混杂，堆置高度不宜超过 2m。地面以下或室内防潮层以下的基础不得使用空心砖砌筑，空心砖墙中不够整砖部分，宜用无齿锯加工制作非整砖块，不得用砍凿方法将砖砍断。空心砖墙宜采用全顺侧砌，上下匹竖缝相互错开 1/2 砖长。空心砖墙底部至少砌 3 匹普通砖，在门窗洞口两侧一砖范围内，需用普通砖实砌。

7.3.4 普通混凝土砌块

普通混凝土小型空心砌块是以水泥、沙、石子制成的，空心率为 25%～50%，是适宜于人工砌筑的混凝土建筑砌块系列制品。

混凝土砌块施工方法和普通烧结砖相近，在产品生产方面还具有原材料来源广泛、可以避免毁坏良田、能利用部分工业废渣、生产能耗较低、对环境的污染程度较小、产品质量容易控制等优点。

混凝土砌块在 19 世纪末起源于美国，经历了手工成型、机械成型、自动振动成型等阶段。混凝土砌块有空心和实心之分，有多种类型，在世界各国得到广泛应用。

我国从 20 世纪 60 年代开始对混凝土砌块的生产和应用进行探索。1947 年，国家建材局开始把混凝土砌块列为积极推广的一种新型建筑材料。20 世纪 80 年代，我国开始研制和生产各种砌块生产设备，有关混凝土砌块的技术立法工作也不断取得进展。虽然我国混凝土砌块的生产和应用取得了一些成绩，但仍然存在许多问题，比如，空心砌块存在强度不高、块体较重、易产生收缩变形、保温性能差、易破损、不便于砍削加工等缺点，这些问题需得到及时解决。

7.3.4.1 混凝土小型空心砌块的品种和标记

根据国家标准《普通混凝土小型砌块》(GB/T 8239—2014)的规定：砌块按空心率分为空心砌块(空心率应不小于 25%，代号为 H)实心砌块(空心率不大于 25%，代号为 S)混凝土小型空心砌块按使用是墙体的结构和受力情况分为承重砌块代号为 L，非承重砌块代号为 N；根据抗压强度等级分为承重砌块空心砌块 MU7.5、MU10.0、MU15.0、MU20.0、MU25.0，承重实心砌块 MU15.0、MU20.0、MU25.0、MU30.0、MU35.0、MU40.0 和非承重空心砌块 MU5.0、MU7.5、MU10.0，承重实心砌块 MU10.0、MU15.0、MU20.0。产品标记按砌块种类、规格尺寸、强度等级(MU)和标准代号的顺序进行标记。如 LS 390×190×190 MU15.0 GB/T 8239—2014 表示规格为 390mm×190mm×190mm，强度等级为 15.0 承重结构实心砌块。

7.3.4.2 混凝土小型空心砌块的技术要求

规格尺寸：主规格尺寸为 390mm×190mm×190mm，其他规格尺寸可由供需双方协商。长 390 mm，宽（90、120、140、190、240、290）mm，高（90、140、190）mm。承重空心砌块最小外壁厚应不小于 30mm，最小肋厚应不小于 25mm。非承重空心砌块最小外壁厚和最小肋厚应不小于 20 mm。

尺寸允许偏差应符合表 7-17 的要求。

表 7-17 尺寸允许偏差 mm

项目名称	技术指标
长度	±2
宽度	±2
高度	+3 −2

外观质量应符合表 7-18 的要求。

表 7-18 外观质量

项目名称			技术指标
弯曲，mm		不大于	2
掉角缺棱	个数，个	不超过	1
	三个方向投影尺寸最大值，mm	不大于	20
裂纹延伸的投影尺寸累计，mm		不大于	30

强度等级应符合表 7-19 的要求。

表 7-19 强度等级 MPa

强度等级	砌块抗压强度	
	平均值不小于	单块最小值不小于
MU 5.0	5.0	4.0
MU 7.5	7.5	6.0
MU 10.0	10.0	8.0
MU 15.0	15.0	12.0
MU 20.0	20.0	16.0
MU 25.0	25.0	20.0
MU 30.0	30.0	24.0
MU35.0	35.0	28.0
MU 40.0	40.0	32.0

吸水率应和线性干燥收缩值符合表 7-20 规定。

表 7-20　吸水率

类别	吸水率	线性收缩之
L类	不大于 10%	不大于 0.45mm/m
N类	不大于 14%	不大于 0.65mm/m

抗冻性符合表 7-21 规定。

表 7-21　抗冻性

使用条件	抗冻标号	质量损失率	强度损失率
夏热冬暖地区	D15	平均值≤5% 单块值≤10%	平均值≤20% 单块值≤30%
夏热冬冷地区	D25		
寒冷地区	D35		
严寒地区	D50		

注：使用条件应符合 GB 50176 的规定。

碳化系数不小于 0.85。

软化系数不小于 0.85。

放射性核素限量应符合 GB 6566 的规定。

实验方法按 GB/T 4111 进行。

砌块按规格、种类、龄期和强度等级分批验收。以同一种原材料配制成的相同规格、龄期、强度等级和相同生产工艺生产的 500m² 且不超过 3 万块砌块为一批，每周生产不足 500m² 且不超过 3 万块砌块按一批计。

每批随机抽取 32 块做尺寸偏差和外观质量检验。

从尺寸偏差和外观质量检验合格的砌块中抽取如下数量进行其他项目检验。见表 7-22。

表 7-22　其他检验项目

检验项目	样品数量	
	$H/B \leq 0.6$	$H/B > 0.6$
空心率	3	3
外壁和肋厚	3	3
强度等级	5	10
吸水率	3	3
线性干燥收缩值	3	3
抗冻性	10	20
碳化系数	12	22
软化系数	10	20
放射性核素限量	3	3

注：H/B 高宽比是指试样在实际使用状态下承压高度 H 和最小水平尺寸 B 之比。

7.3.4.3　混凝土小型空心砌块的应用

混凝土小型空心砌块适用于建造地震设计烈度为 8 度及 8 度以下的地区的各种建筑墙体，

包括高层与大跨度的建筑以及围墙、挡土墙桥梁、花坛等市政设施，应用范围十分广泛。

混凝土小型空心砌块具有强度较高、自重较轻、耐久性好、外表尺寸规整等优点，部分类型的混凝土砌块还具有美观的饰面以及良好的保温隔热性能，适用于建筑各种居住、公共、工业、教育、国防和安全性质的建筑。

7.3.5　轻集料混凝土小型空心砌块

轻集料混凝土小型空心砌块是以陶粒、膨胀珍珠岩、浮石、火山渣、煤渣、炉渣等各种轻粗细集料和水泥按一定比例混合，经搅拌成型、养护而成的空心率大于 25%、体积密度小于 1400kg/m 的轻质混凝土小砌块。

7.3.5.1　轻集料混凝土空心砌块分类

《轻集料混凝土小型空心砌块》（GB/T 15229—2011）的规定：

① 规格尺寸：主规格尺寸为 390mm×190mm×190mm，其他规格尺寸可由供需双方商定。

② 密度等级：密度等级应符合表 7-24 的要求。其规定允许最大偏差为 10kg/m^3。

按其孔的排数分为单排孔（1）、双排孔（2）、三排孔（3）和四排孔（4）等四类；

按其密度等级分为 700、800、900、1000、1100、1200、1300、1400 八个等级；

按其其强度等级分为 2.5、3.5、5.0、7.5、10.0 五个等级。

7.3.5.2　轻集料混凝土小型空心砌块的技术指标

尺寸偏差和外观质量应符合表 7-23 的规定。

表 7-23　尺寸偏差和外观质量　　mm

项目			指标
尺寸偏差	长		±3
	宽		±3
	高		±3
最小壁厚	用于承重墙	≥	30
	用于非承重墙	≥	20
肋厚	用于承重墙	≥	25
	用于非承重墙	≥	20
缺楞掉角	个数（块）	≤	2
	三个方向投影的最大值	≤	20
裂缝延伸的累积尺寸		≤	30

密度等级应符合表 7-24 的规定。

表 7-24　密度等级

密度等级	干表观密度范围	密度等级	干表观密度范围
700	≥610　≤700	1100	≥1010　≤1100
800	≥710　≤800	1200	≥1110　≤ 1200
900	≥810　≤900	1300	≥1210　≤ 1300
1000	≥910　≤1000	1400	≥1310　≤ 1400

强度等级应符合表 7-25 的规定。

表 7-25　强度等级

强度等级	抗压强度（MPa）		密度范围（kg/m³）
	平均值	最小值	
MU2.5	≥2.5	≥2.0	≤800
MU3.5	≥3.5	≥2.8	≤1000
MU5.0	≥5.0	≥4.0	≤1200
MU7.5	≥7.5	≥6.0	≤1200[a] ≤1300[b]
MU10.0	≥10.0	≥8.0	≤1200[a] ≤1400[b]

a 除自然煤矸石掺量不小于砌块质量 35%以外的其他砌块质量；
b 自然煤矸石掺量不小于砌块质量 35%的砌块。
注：当砌块抗压强度同时满足 2 个强度等级或 2 个以上强度等级时，应以满足最高强度等级为准。

验收批次：砌块按密度等级和强度等级分批验收。以用同一品种轻集料配制成的相同密度等级、相同强度等级、质量等级和同一生产工艺制成的 300m³ 轻集料硅小型砌块为一批，不足 300m³ 者亦为一批论。抗压强度 5 块；表观密度、吸水率和相对含水率 3 块。

7.4　砌墙砖、砌块检测及质量控制

7.4.1　砌墙砖实验方法和质量控制

1. 尺寸测量

量具砖用卡尺，分度值为 0.5 mm。

长度应在砖的两个大面的中间处分别测量两个尺寸；宽度应在砖的两个大面的中间处分别测量两个尺寸；高度应在两个条面的中间处分别测量两个尺寸，见图 7-1。当被测处有缺损或凸出时，可在其旁边测量，但应选择不利的一侧，精确至 0.5 mm。每一方向尺寸以两个测量值的算术平均值表示。

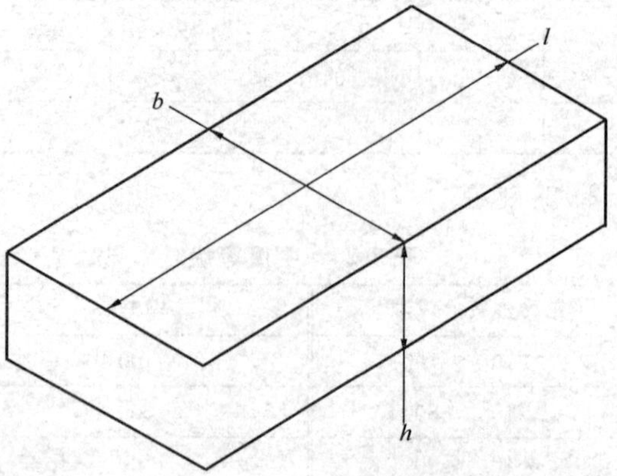

图 7-1　尺寸量法

2. 外观质量检查

量具砖用卡尺，分度值为 0.5 mm。

钢直尺：分度值不应大于 1 mm。

测量方法：缺损单位为毫米；缺棱掉角在砖上造成的破损程度，以破损部分对长、宽、高三个棱边的投影尺寸来度量，称为破坏尺寸。见图 7-2。

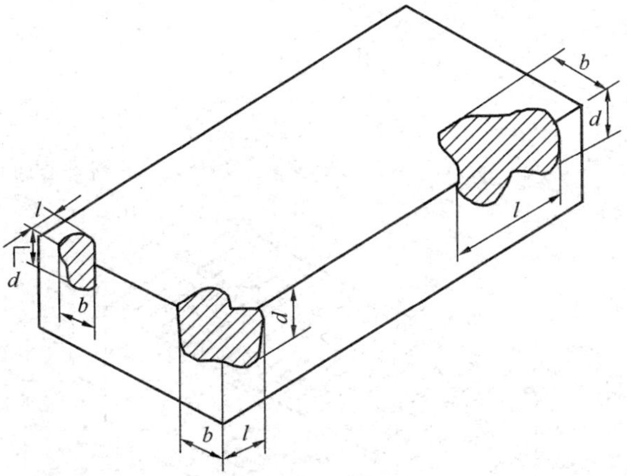

图 7-2　缺棱掉角破坏尺寸量法

缺损造成的破坏面，是指缺损部分对条、顶面（空心砖为条、大面）的投影面积，空心砖内壁残缺及肋残缺尺寸，以长度方向的投影尺寸来度量。见图 7-3。

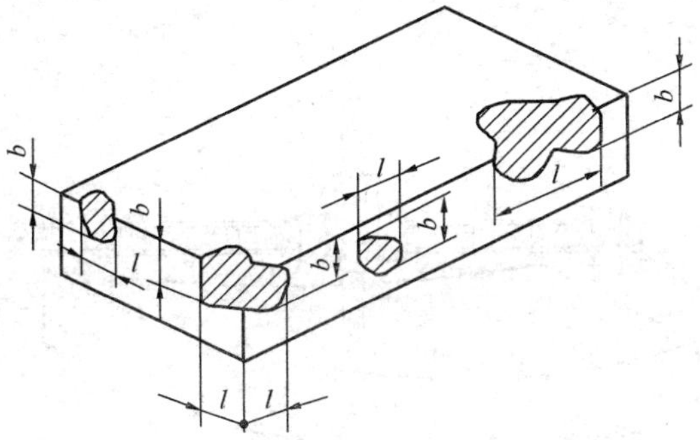

图 7-3　缺损在条、顶面上造成破坏面量法

裂纹分为长度方向、宽度方向和水平方向三种，以被测方向的投影长度表示。如果裂纹从一个面延伸至其他面上时，则累计其延伸的投影长度。见图 7-4。

多孔砖的孔洞与裂纹相通时，则将孔洞包括在裂纹内一并测量。见图 7-5。

裂纹长度以在三个方向上分别测得的最长裂纹作为测量结果。

弯曲分别在大面和条面上测量，测量时将砖用卡尺的两支脚沿棱边两端放置，择其弯曲最大处将垂直尺推至砖面，但不应将因杂质或碰伤造成的凹处计算在内。以弯曲中测得的较大者作为测量结果。见图 7-6。

杂质在砖面上造成的凸出高度，以杂质距砖面的最大距离表示。测量将砖用卡尺的两支脚置于凸出两边的砖平面上，以垂直尺测量。见图 7-7。

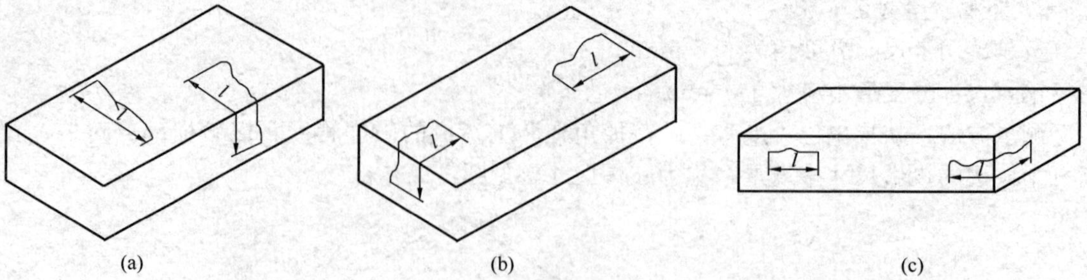

图 7-4 裂纹长度量法

（a）宽度方向裂纹长度量法；（b）长度方向裂纹长度量法；（c）水平方向裂纹长度量法

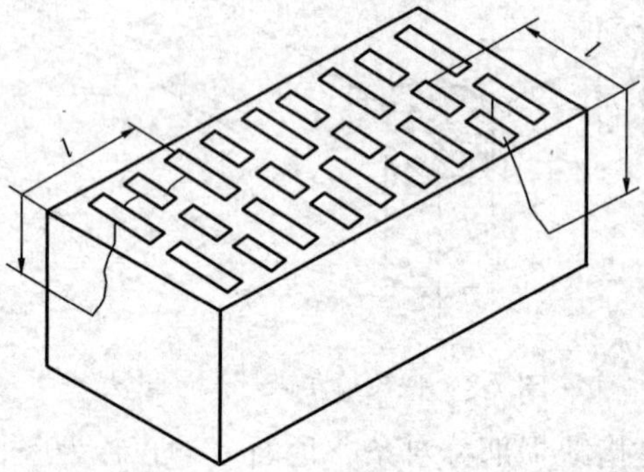

图 7-5 多孔砖裂纹通过孔洞时长度量法

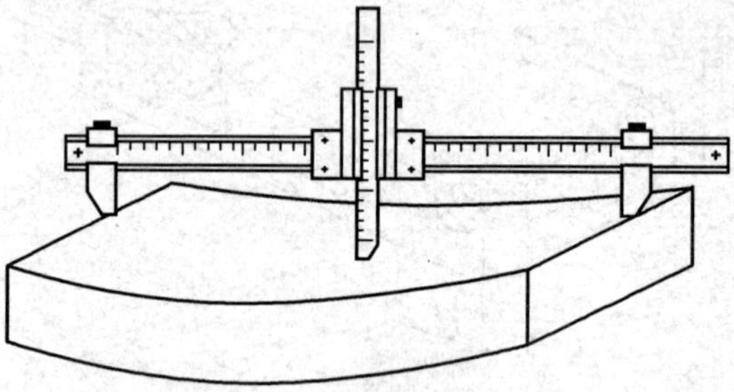

图 7-6 弯曲量法

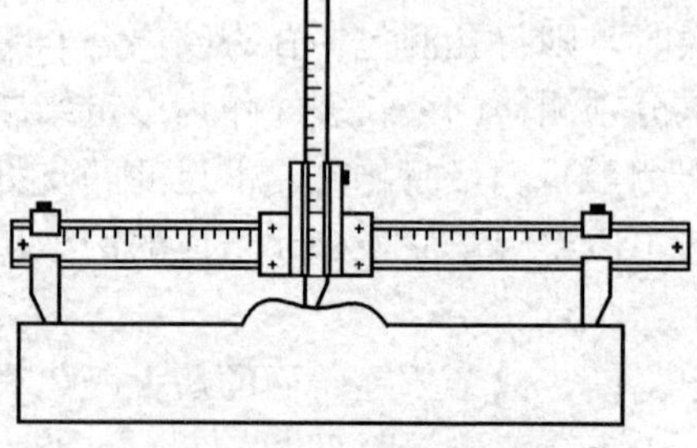

图 7-7 杂质凸出量法

7.4.1.1　抗折强度实验

1. 仪器设备

材料实验机 z 实验机的示值相对误差不大于±1% ，其下加压板应为球绞支座，预期最大破坏荷载应在量程的 20%～80% 之间。

抗折夹具：抗折实验的加荷形式为三点加荷，其上压棍和下支辊的曲率半径为 15mm，下支辊应有一个为绞接固定。

铜直尺：分度值不应大于 1mm。

2. 试样数量

试样数量为 10 块。

3. 试样处理

试样应放在温度为（20±5)℃ 的水中浸泡 24h 后取出，用湿布拭去其表面水分进行抗折强度实验。

4. 实验步骤

按规定测量试样的宽度和高度尺寸各 2 个，分别取算术平均值，精确至 1mm。

调整抗折夹具下支辊的跨距为砖规格长度减去 40mm 。但规格长度为 190mm 的砖，其跨距为 160mm。

将试样大面平放在下支辊上，试样两端面与下支辊的距离应相同，当试样有裂缝或凹陷时，应使有裂缝或凹陷的大面朝下，以（50～150）N/s 的速度均匀加荷，直至试样断裂，记录最大破坏荷载 P。

5. 结果计算与评定

每块试样的抗折强度（R）按式（7-1）计算。

$$R_c = \frac{3PL}{2BH^2} \tag{7-1}$$

式中　R_c——抗折强度，MPa；

P——最大破坏荷载，N；

L——跨距，mm；

B——试样宽度，mm；

H——试样高度，mm。

实验结果以试样抗折强度的算术平均值和单块最小值表示。

7.4.1.2　抗压强度实验

1. 仪器设备

材料实验机的示值相对误差不超过±1% ，其上、下加压板至少应有一个球绞支座，预期最人破坏荷载应在量程的 20%～80% 之间。

钢直尺：分度值不应大于 1mm。

振动台、制样模具、搅拌机：应符合 GB/ T 25044 的要求。

切割设备。

抗压强度实验用净浆材料：应符合 GB/T 25183 的要求。

试样数量：试样数量为 10 块。

2. 试样制备

(1) 一次成型制样

一次成型制样适用于采用样品中间部位切割，交错叠加灌浆制成强度实验试样的方式。将试样锯成两个半截砖，两个半截砖用于叠合部分的长度不得小于 100mm ，如果不足 100mm，应另取备用试样补足。见图 7-8。

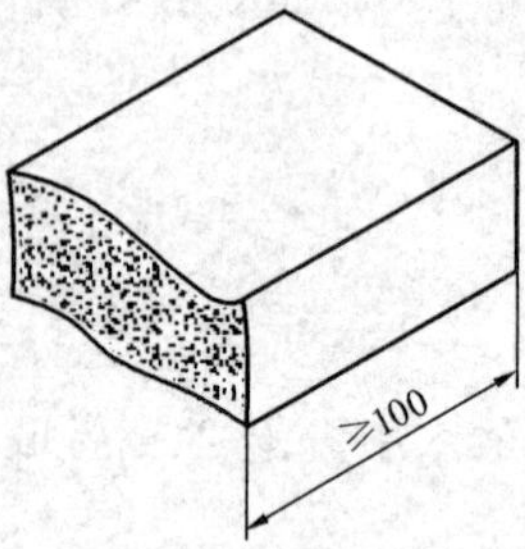

图 7-8　半截砖长度示意图

将已切割开的半截砖放入室温的净水中浸 20～30min 后取出，在铁丝网架上滴水 20～30min ，以断口相反方向装入制样模具中。用插板控制两个半砖间距不应大于 5mm ，砖大面与模具间距不应大于 3mm ，砖断面、顶面与模具间垫以橡胶垫或其他密封材料，模具内表面涂油或脱膜剂。制样模具及插板见图 7-9。

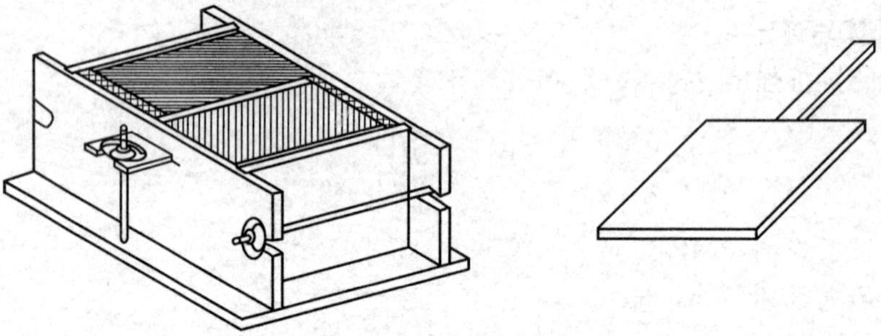

图 7-9　一次成型制样模具及插板

将净浆材料按照配制要求，置于搅拌机中搅拌均匀。将装好试样的模具置于振动台上，加入适量搅拌均匀的净浆材料，振动时间为 0.5～1min，停止振动，静置至净浆材料达到初凝时间（约 15～19min）后拆模。

(2) 二次成型制样

二次成型制样适用于采用整块样品上下表面灌浆制成强度实验试样的方式。将整块试样放入室温的净水中浸 20～30min 后取出，在铁丝网架上滴水 20～30min，按照净浆材料配制要求，置于搅拌机中搅拌均匀。模具内表面涂油或脱膜剂，加入适量搅拌均匀的净浆材料，将整块试样一个承压面与净浆接触，装入制样模具中，承压面找平层厚度不应大于 3 mm 。接通振动台电源，振动 0.5～1min ，停止振动，静置至净浆材料初凝（约 15～19min）后拆模。按同样方法完成整块试样另一承压面的找平。二次成型制样模具见图 7-10。

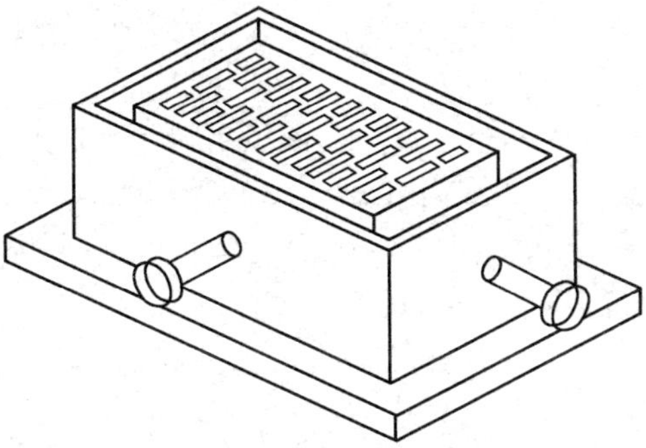

图 7-10　二次成型制样模具

（3）非成型制样

非成型制样适用于试样无需进行表面找平处理制样的方式。将试样锯成两个半截砖，两个半截砖用于叠合部分的长度不得小于 100 mm 。如果不足 100mm，应另取备用试样补足。两半截砖切断口相反叠放，叠合部分不得小于 100mm ，见图 7-11，即为抗压强度试样。

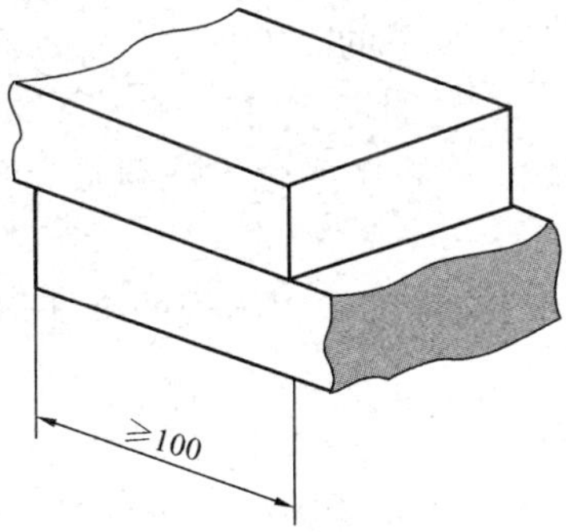

图 7-11　半砖叠合示意图

3. 试样养护

一次成型制样、二次成型制样在不低于 10℃ 的不通风室内养护 4h。非成型制样不需养护，试样气干状态直接进行实验。

4. 实验步骤

测量每个试样连接面或受压面的长、宽尺寸各两个，分别取其平均值，精确至 1mm。

将试样平放在加压板的中央，垂直于受压面加荷，应均匀平稳，不得发生冲击或振动。加荷速度以 2～6kN/s 为宜，直至试样破坏为止，记录最大破坏荷载 P。

5. 结果计算与评定

每块试样的抗压强度（R_p）按式（7-2）计算。

$$R_p = \frac{P}{L \times B} \tag{7-2}$$

式中　R_p——抗压强度，MPa；

P——最大破坏荷载，N；

L——受压面（连接面）的长度，mm；

B——受压面（连接面）的宽度，mm。

实验结果以试样抗压强度的算术平均值和标准值或单块最小值表示。

7.4.1.3 冻融实验

1. 仪器设备

① 低温箱或冷冻室：试样放入箱（室）内温度可调至－20℃ 或－20℃ 以下。

② 水槽：保持槽中水温 10～20℃为宜。

③ 台秤：分度值不大于 5g。

④ 电热鼓风干燥箱：最高温度 200℃。

⑤ 抗压强度实验设备。

2. 试样数量

试样数量为 10 块，其 5 块用于冻融实验，5 块用于未冻融强度对比实验。

3. 实验步骤

① 用毛刷清理试样表面，将试样放入鼓风干燥箱中在（105±5)℃下干燥至恒质（在干燥过程中，前后两次称量相差不超过 0.2%，前后两次称量时间间隔为 2h)，称其质量 m_0 并检查外观，将缺棱掉角和裂纹作标记。

② 将试样浸在 10～20℃的水中，24h 后取出，用湿布拭去表面水分，以大 20mm 的间距大面侧向立放于预先降温至－15℃以下的冷冻箱中。

③ 当箱内温度再降至－15℃ 时开始计时，在－15～－20℃ 下冰冻：烧结砖冻 3h；非烧结砖冻 5h。然后取出放入 10～20℃ 的水中融化：烧结砖为 2h；非烧结砖为 3h 。如此为一次冻融循环。

④ 每 5 次冻融循环，检查一次冻融过程中出现的破坏情况，如冻裂、缺棱、掉角、剥落等。

⑤ 冻融循环后，检查并记录试样在冻融过程中的冻裂长度，缺棱掉角和剥落等破坏情况。

⑥ 经冻融循环后的试样，放入鼓风干燥箱中，按规定干燥至恒质，称其质量 m_1。

⑦ 若试件在冻融过程中，发现试件呈明显破坏，应停止本组样品的冻融实验，并记录冻融次数，判定本组样品冻融实验不合格。

⑧ 干燥后的试样和未经冻融的强度对比试样按规定进行抗压强度实验。

4. 结果计算与评定

① 外观结果：冻融循环结束后，检查并记录试样在冻融过程中的冻裂长度、缺棱掉角和剥落等破坏情况。

② 强度损失率（P_m）按式（7-3）计算。

$$P_m = \frac{P_0 - P_1}{P_0} \times 100\% \tag{7-3}$$

式中 P_m——强度损失率,%；

P_0——试样冻融前强度，MPa；

P_1——试样冻融后强度，MPa。

③ 质量损失率（G_m）按式（7-4）的计算。

$$G_m = \frac{m_0 - m_1}{m_0} \times 100\% \tag{7-4}$$

式中 G_m——质量损失率,%；

m_0——试样冻融前干质量，kg；

m_1——试样冻融后干质量，kg。

实验结果以试样冻后抗压强度或抗压强度损失率、冻后外观质量或质量损失率表示与评定。

7.4.1.4　体积密度实验

1. 仪器设备

① 鼓风干燥箱：最高温度 200℃。

② 台秤：分度值不应大于 5g。

③ 钢直尺：分度不应大于 1mm。

④ 砖用卡尺：分度值为 0.5 mm。

2. 试样数量

试样数量为 5 块，所取试样应外观完整。

3. 实验步骤

① 清理试样表面，然后将试样置于（105±5)℃鼓风干燥箱中干燥至恒质（在干燥过程中，前后两次称量相差不超过 0.2%，前后两次称量时间间隔为 2h)，称其质量 m，并检查外观情况，不得有缺棱、掉角等破损。如有破损，须重新换取备用试样。

② 按规定测量干燥后的试样尺寸各两次，取其平均值计算体积 V。

4. 结果计算与评定

每块试样的体积密度（ρ）按式（7-5）计算。

$$\rho = \frac{m}{V} \times 10^9 \tag{7-5}$$

式中　ρ——体积密度，kg/m^3；

m——试样干质量，kg；

V——试样体积，mm^3。

实验结果以试样体积密度的算术平均值表示。

7.4.1.5　石灰爆裂实验

1. 仪器设备

蒸煮箱、钢直尺：分度值不应大于 1mm。

2. 试样数量

试样数量为 5 块，所取试样为未经雨淋或浸水，且近期生产的外观完整的试样。

3. 实验步骤

实验前检查每块试样，将不属于石灰爆裂的外观缺陷作标记。

将试样平行侧立于蒸煮箱内的篦子板上，试样间隔不得小于 50mm，箱内水面应低于篦上板 40mm 加盖蒸 6h 后取出。

检查每块试样上因石灰爆裂（含实验前已出现的爆裂）而造成的外观缺陷，记录其尺寸。

4. 结果评定

以试样石灰爆裂区域的尺寸最大者表示。

7.4.1.6　泛霜实验

1. 仪器设备

① 鼓风干燥箱：最高温度 200℃。

② 耐磨耐腐蚀的浅盘：容水深度 25～35mm。

③ 透明材料：能完全覆盖浅盘，其中间部位开有大于试样宽度、高度或长度尺寸 5～10mm 的矩形孔。

④ 温、湿度计。

2. 试样数量

试样数量为 5 块。

3. 实验步骤

① 清理试样表面，然后置于（105±5）℃鼓风干燥箱中干燥 24 h，取出冷却至常温。

② 将试样顶面或有孔洞的面朝上分别置于浅盘中，往浅盘中注入蒸馏水，水面高度不应低于 20mm。用透明材料覆盖在浅盘上，并将试样暴露在外面，记录时间。

③ 试样浸在盘中的时间为 7d，实验开始 2d 内经常加水以保持盘内水面高度，以后则保持浸在水中即可。实验过程中要求环境温度为 16～32℃，相对湿度 35%～60%。

④ 实验 7d 后取出试样，在同样的环境条件下放置 4d。然后在（105±5）℃鼓风干燥箱中干燥至恒量。取出冷却至常温。记录干燥后的泛霜程度。

4. 结果评定

泛霜程度根据记录以最严重者表示。泛霜程度划分如下：

① 无泛霜：试样表面的盐析几乎看不到。

② 轻微泛霜：试样表面出现一层细小明显的霜膜，但试样表面仍清晰。

③ 中等泛霜：试样部分表面或棱角出现明显霜层。

④ 严重泛霜：试样表面出现起砖粉、掉屑及脱皮现象。

7.4.1.7 吸水率和饱和系数实验

1. 仪器设备

① 鼓风干燥箱：最高温度 200℃。

② 台秤：分度值不应大于 5g。

③ 蒸煮箱。

2. 试样数量

试样数量：吸水率实验为 5 块，饱和系数实验为 5 块（所取试样尽可能用整块试样，如需制取应为整块试样的 1/2 或 1/4）。

3. 实验步骤

① 清理试样表面，然后置于（105±5）℃鼓风干燥箱中干燥至恒质（在干燥过程中，前后两次称量相差不超过 0.2%，前后两次称量时间间隔为 2h），除去粉尘后，称其干质量 m_0。

② 将干燥试样浸入水中 24h，水温 10 ～30℃。

③ 取出试样，用湿毛巾拭去表面水分，立即称量。称量时试样表面毛细孔渗出于秤盘中水的质量也应计入吸水质量中，所得质量为浸泡 24h 的湿质量 m_{24}。

④ 将浸泡 24h 后的湿试样侧立放入蒸煮箱的篦子板上，试样间距不得小于 10mm，注入清水，箱内水面应高于试样表面 50mm ，加热至沸腾，沸煮 3h，饱和系数实验沸煮 5h，停止加热冷却至常温。

⑤ 按规定称量沸煮 3h 的湿质量 m_3，饱和系数实验称量沸煮 5h 的湿质量 m_5。

4. 结果计算与评定

① 常温水浸泡 24h 试样吸水率（W_{24}）按式（7-6）计算。

$$W_{24}=\frac{m_{24}-m_0}{m_0}\times 100\% \tag{7-6}$$

式中　W_{24}——常温水浸泡 24h 试样吸水率，%；

m_0——试样干质量，kg；

m_{24}——试样浸水 24h 的湿质量，kg。

② 试样沸煮 3h 吸水率（W_3）按式（7-7）计算。

$$W_3=\frac{m_3-m_0}{m_0}\times 100\% \tag{7-7}$$

式中　W_3——试样沸煮 3h 吸水率，%；

m_3——试样沸煮 3h 的湿质量，kg；

m_0——试样干质量，kg。

③ 每块试样的饱和系数（K）按式（7-8）计算。

$$K=\frac{m_{24}-m_0}{m_5-m_0} \tag{7-8}$$

式中　K——试样饱和系数；

m_{24}——常温水浸泡 24h 试样湿质量，kg；

m_0——试样干质量，kg；

m_5——试样沸煮 5h 的湿质量，kg。

吸水率以试样的算术平均值表示；饱和系数以试样的算术平均值表示。

烧结普通砖：烧结普通（黏土）砖具有一定强度，有较好的耐久性及隔声、价格低廉等优点，原材料取材方便，生产工艺简单，所以是应用历史最久，应用范围最广的墙体材料。但它也存在很多缺点，如消耗大量黏土资源、大量毁坏农田、自重大、能耗高、尺寸小、施工效率低、保温隔热和抗震性能较差等。因此，墙体材料的改革势在必行。

7.4.2　普通混凝土小型空心砌块实验方法

1. 尺寸测量和外观质量检查

① 钢直尺或钢卷尺（分度值 1mm）。

② 长度在条面的中间，宽度在顶面的中间，高度在顶面的中间测量。每项在对应两面各测 1 次，精确至 1mm。

③ 壁、肋厚在最小部位测量，每选两处各测一次，精确至 1mm。

2. 外观质量检查

① 弯曲测量：将直尺贴靠坐浆面、铺浆面和条面，测量直尺与试件之间的最大间距见图 7-12，精确至 1mm。

② 缺棱掉角检查：将直尺贴靠棱边，测量缺棱掉角在长、宽、高度三个方向的投影尺寸，见图 7-13，精确至 1mm。

③ 裂纹检查：用钢直尺测量裂纹在所在面上的最大投影尺寸，见图 7-14 中的 L_2 或 h_3，

如裂纹由一个面延伸到另一个面时，则累计其延伸的投影尺寸，见图 7-14 中 b_1+h_1，精确至 1mm。

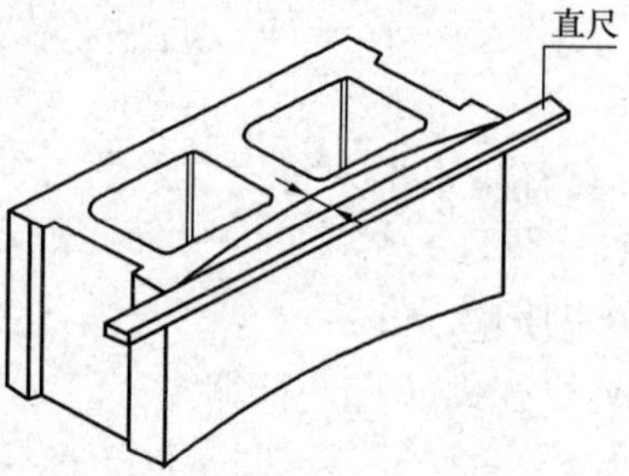

图 7-12　弯曲的测量方法

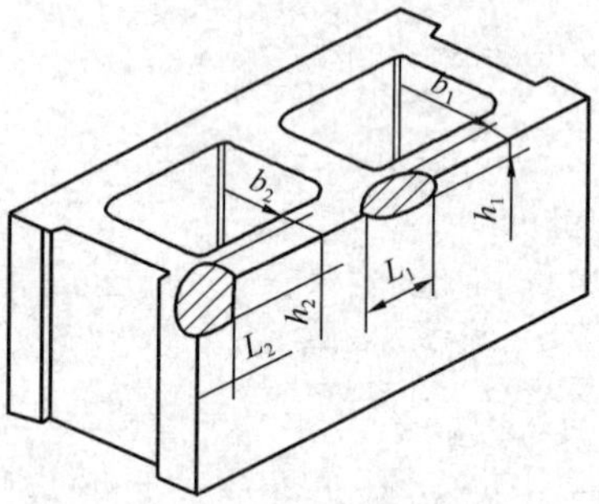

图 7-13　缺棱掉角尺寸测量法

L—缺棱掉角在长度方向的投影尺寸；

b—缺棱掉角在宽度方向的投影尺寸；

h—缺棱掉角在高度方向的投影尺寸

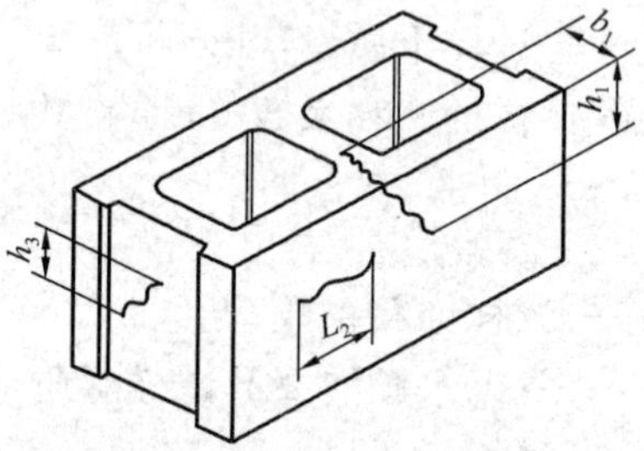

图 7-14　裂纹长度测量法

L—裂纹在长度方向的投影尺寸；

b—裂纹在宽度方向的投影尺寸；

h—裂纹在高度方向的投影尺寸

④ 测量结果：

试件的尺寸偏差以实际测量的长度、宽度和高度与规定尺寸的差值表示。

弯曲、缺棱掉角和裂纹长度的测量结果以最大测量值表示。

7.4.2.1　抗压强度实验

1. 设备

① 材料实验机：示值误差应不大于±2%，其量程选择应能使试件的预期破坏荷载落在满量程的 20%～80%。

② 钢板：厚度不小于 10mm，平面尺寸应大于 440m×240mm。钢板的一面需平整，精度要求在长度方向范围内的平面度不大于 0.1mm。

③ 玻璃平板：厚度不小于 6mm，平面尺寸与钢板的要求同。

④ 水平尺。

2. 试件

试件数量为五个砌块。

处理试件的坐浆面和铺浆面，使之成为互相平行的平面。将钢板置于稳固的底座上，平整面向上，用水平尺调至水平。在钢板上先薄薄地涂一层机油，或铺一层湿纸，然后铺一层以 1 份质量的 325 号以上的普通硅酸盐水泥和 2 份细砂，加入适量的水调成的砂浆，将试件的坐浆面湿润后平稳地压入砂浆层内，使砂浆层尽可能均匀，厚度为 3～5mm。将多余的砂浆沿试件棱边刮掉，静置 24h 以后，再按上述方法处理试件的铺浆面。为使两面能彼此平行，在处理铺浆面时，应将水平尺置于现已向上的坐浆面上调至水平。

在温度 10℃以上不通风的室内养护 3d 后做抗压强度实验。为缩短时间，也可在坐浆面砂浆层处理后，不经静置立即在向上的铺浆面上铺一层砂浆，压上事先涂油的玻璃平板，边压边观察砂浆层，将气泡全部排除，并用水平尺调至水平，直至砂浆层平而均匀，厚度达 3～5mm。

3. 实验步骤

① 测量每个试件的长度和宽度分别求出各个方向的平均值精确至 1mm。

② 将试件置于实验机承压板上，使试件的轴线与实验机压板的压力中心重合，以 10～30kN/s 的速度加荷，直至试件破坏。记录最大破坏荷载 P。

③ 若实验机压板不足以覆盖试件受压面时，可在试件的上、下承压面加辅助钢压板。辅助钢压板的表面光洁度应与实验机原压板同，其厚度至少为原压板边至辅助钢压板最远角距离的 1/3。

4. 结果计算与评定

每个试件的抗压强度按式（7-9）计算，精确至 0.1MPa。

$$R=\frac{P}{LB} \tag{7-9}$$

式中　R——试件的抗压强度，MPa；

P——破坏荷载，N；

L——受压面的长度，mm；

B——受压面的宽度，mm。

实验结果以五个试件抗压强度的算术平均值和单块最小值表示，精确至 0.1MPa。

7.4.2.2　抗折强度实验

1. 设备

材料实验机的技术要求同抗压强度。

钢棒：直径 35～40mm，长度 210mm，数量为三根。

抗折支座：由安放在底板上的两根钢棒组成，其中至少有一根是可以自由滚动的，见图 7-15。

2. 试件数量

试件数量为 5 个砌块。按前面的方法测量每个试件的高度和宽度，分别求出各个方向的平均值。试件表面处理按前面的规定进行，表面处理后应将试件孔洞处的砂浆层打掉。

3. 实验步骤

① 将抗折支座置于材料实验机承压板上，调整钢棒轴线间的距离，使其等于试件长度减一个坐浆面处的肋厚，再使抗折支座的中线与实验机压板的压力中心重合。

② 将试件的坐浆面置于抗折支座上。

③ 在试件的上部 1/2 长度处放置一根钢棒，见图 7-15。

④ 以 200N/s 的速度和加荷直至试件破坏，记录最大破坏荷载 P。

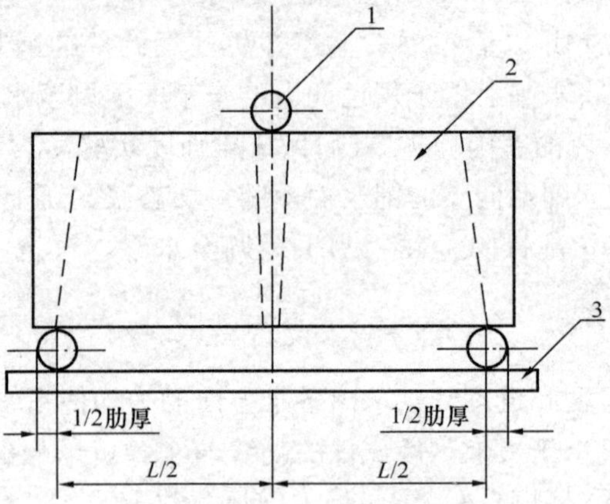

图 7-15　抗折强度示意图

1—钢棒；2—试件；3—抗折支架

4. 结果计算与评定

每个试件的抗折强度按式（7-10）计算。

$$R_Z = \frac{3PL}{2BH^2} \tag{7-10}$$

式中　R_z——试件的抗折强度，MPa；

P——破坏荷载，N；

L——抗折支座上两钢棒轴心间距，mm；

B——试件宽度，mm；

H——试件高度，mm。

实验结果以 5 个试件抗折强度的算术平均值和单块最小值表示，精确至 0.1MPa。

7.4.2.3　块体密度和空心率实验

1. 设备

① 磅秤：最大称量 50kg，感量 0.05kg。

② 水池或水箱。

③ 水桶：大小应能悬浸一个主规格的砌块。

④ 吊架：见图 7-16。

⑤ 电热鼓风干燥箱。

2. 试件数量

试件数量为三个砌块。

3. 实验步骤

① 按上面的方法测量试件的长度、宽度、高度，分别求出各个方向的平均值，计算每个试件的体积 V，精确至 0.001m^3。

② 将试件放入电热鼓风于操箱内，在（105±5)℃温度下至少干燥 24h，然后每间隔 2h

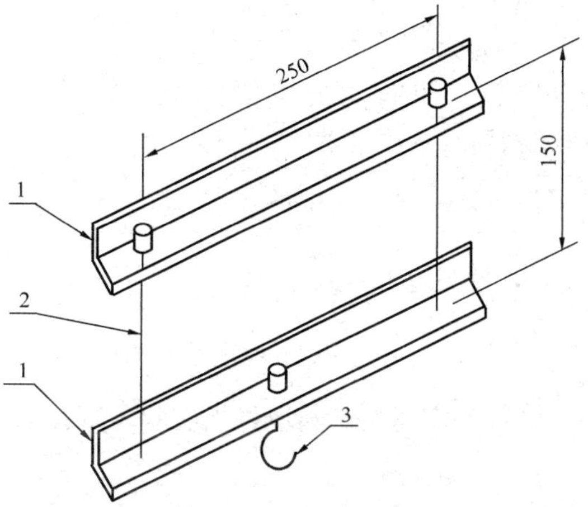

图 7-16　实验用吊架（mm）
1—角钢（30mm×30mm）；2—拉筋；3—钩子（与两端拉筋等距离）

称量一次，直至两次称量之差不超过一次称量的 2%为止。

③ 待试件在电热鼓风干燥箱内冷却至与室温之差不超过 20℃后取出，立即称其绝干质量 m，精确至 0.05kg。

④ 将试件浸入室温 15～25℃的水中，水面应高出试件 20mm 以上，24h 后将其分别移到水桶中，称出试件的潮湿状态下的质量 m_1，精确至 0.05kg。

⑤ 称取悬浸质量的方法如下：将磅秤置于平稳的支座上，在支座的下方与磅秤中线重合处放置水桶。在磅秤底盘上放置吊架，用铁丝把试件悬挂在吊架上，此时试件应离开水桶的底面且全部浸泡在水中。将磅秤读数减去吊架和铁丝的质量，即为悬浸质量。

⑥ 将试件从水中取出，放在铁丝网架上滴水 1min，再用拧干的湿布拭去内、外表面的水，立即称其干潮湿状态下的质量 m_2，精确至 0.05kg。

4. 结果计算与评定

① 每个试件的块体密度按式（7-11）计算，精确至 10kg/m³。

$$r=\frac{m}{V} \tag{7-11}$$

式中　r——试件的块体密度，kg/m³；

M——试件的绝干质量，kg；

V——试件的体积，m³。

块体密度以三个试件块体密度的算术平均值表示。精确至 10kg/m³。

② 每个试件的空心率按式（7-12）计算，精确至 1%。

$$K_1=\left[1-\frac{(m_2-m_1)/d}{V}\right]\times 100\% \tag{7-12}$$

式中　K_1——试件的空心率，%；

m_1——试件的悬浸质量，kg；

m_2——试件面干潮湿状态的质量，kg；

V——试件的体积，m^3；

d——水的密度，$1000kg/m^3$。

砌块的空心率以三个试件空心率的算术平均值表示。精确至1%。

7.4.2.4 含水率、吸水率和相对含水率实验

1. 设备

① 电热鼓风干燥箱。

② 磅秤：最大称量50kg，感量0.05kg。

③ 水池或水箱。

2. 试件数量

试件数量为三个砌块。试件如需运至远离取样处实验，则在取样后应立即用塑料袋包装密封。

3. 实验步骤

① 试件取样后立即称取其质量 m_0，如试件用塑料袋密封运输，则在拆袋前先将试件连同包装袋一起称量，然后减去包装袋的质量（袋内如有试件中析出的水珠，应将水珠拭干），即得试件在取样时的质量，精确至0.05kg。

② 按上述含水率测试的方法将试件烘干至恒量，称取其绝干质 m。

③ 将试件浸入室温15～25℃的水中，水面应高出试件20mm以上。24h后取出，按规定称量试件面干潮湿状态的质量 m_2，精确至0.05kg。

4. 结果计算与评定

① 每个试件的含水率按式（7-13）计算，精确至0.1%。

$$w_1 = \frac{m_0 - m}{m} \tag{7-13}$$

式中 w_1——试件的含水率，%；

m_0——试件在取样时的质量，kg；

m——试件的绝干质量，kg。

砌块的含水率以三个试件含水率的算术平均值表示。精确至0.1%。

② 每个试件的吸水率按式（7-14）计算，精确至0.1%。

$$w_2 = \frac{m_2 - m}{m} \times 100\% \tag{7-14}$$

式中 w_2——试件的含水率，%；

m_2——试件在取样时的质量，kg；

m——试件的绝干质量，kg。

砌块的含水率以三个试件含水率的算术平均值表示。精确至0.1%。

③ 砌块的相对含水率按式（7-15）计算，精确至0.1%。

$$w = \frac{\overline{w_1}}{\overline{w_2}} \times 100\% \tag{7-15}$$

式中 w——砌块的相对含水率，%；

$\overline{w_1}$——砌块出厂时的含水率，%；

$\overline{w_2}$——砌块的吸水率，%。

7.4.2.5　干燥收缩实验

1. 设备和仪器

① 手持应变仪，标距 250mm。

② 电热鼓风干燥箱。

③ 水池或水箱。

④ 测长头：由不锈钢或黄铜制成，见图 7-17。

⑤ 冷却干燥箱：可用铁皮焊接，尺寸应为 650mm×600mm×220mm（长×宽×高），盖子宜紧密。

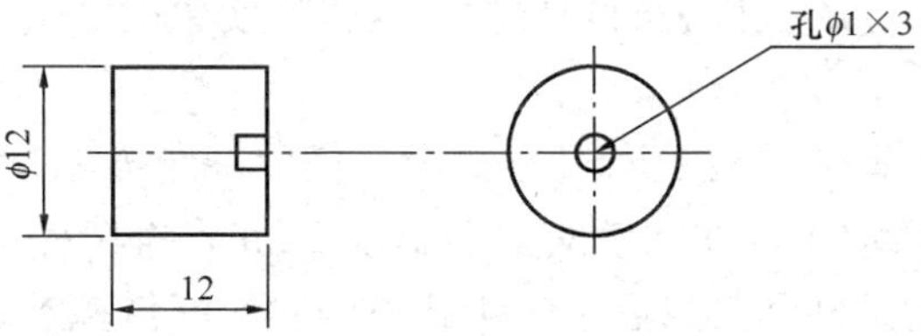

图 7-17　测头长度

2. 试件

试件每组为三个砌块。

用硅酸盐水泥、水泥—水玻璃浆或环氧树脂在每个试件任一条面的 1/2 高度处沿水平方向粘上两个测长头。间距为 250mm。

3. 实验步骤

① 将测长头粘结牢固后的试件浸入室温 15～25℃的水中，水面高出试件 20mm 以上，浸泡 4d。但在测试前 4h 水温应保持为（20±3)℃。

② 将试件从水中取出，放在铁丝网架上滴水 1min，再用拧干的湿布拭去内外表面的水，立即用手持应变仪测量两个测长头之间的初始长度 L，精确至 0.001mm。手持应变仪在测长前需用标准杆调整或校核，要求每组试件在 15min 内完成。

③ 将试件静置在室内，2d 后放入温度（50±3)℃的电热鼓风干燥箱内，湿度用放在浅盘中的氯化钙过饱和溶液控制，当电热鼓风干燥箱容量为 1m^{3}时，溶液暴露面积应不小于 0.3m^2，氯化钙固体应始终露出液面。

④ 试件在电热鼓风干燥箱中干燥 3d 后取出，放入室温为（20±3)℃的冷却干燥箱内，冷却 3h 后，用手持应变仪测长一次。

⑤ 将试件放回电热鼓风干燥箱进行第二周期的干燥。第二周期的干燥及以后各周期的干燥延续时间均为 2d。干燥结束后再按前面的规定冷却和测长。为保证干燥均匀，试件在冷却和测长后再放入电热鼓风干燥箱时，应变换一下位置。

⑥ 反复进行烘干和测长，直到试件长度达到稳定。长度达到稳定系指试件在上述温、湿度条件下连续干燥三个周期后，三个试件长度变化的平均值不超过 0.005mm，此时的长度即为干燥后的长度 L_0。

4. 结果计算与评定

每个试件的干燥收缩值，按式（7-16）计算，精确至 0.01mm/m。

$$s = \frac{L - L_0}{L_0} \times 1000 \tag{7-16}$$

式中 S——试件干燥收缩值，mm/m；

L——试件的初始长度，mm；

L_0——试件干燥后的长度，mm。

砌块的干燥收缩值以三个试件干燥收缩值的算术平均值表示，精确至0.01mm/m。

7.4.2.6 软化系数实验

1. 设备

同抗压强度实验设备、水池或水箱。

试件数量为两组十个砌块试件表面处理按抗压强度实验的规定进行。

2. 实验步骤

从经过表面处理和静置24h后的两组试件中，任取一组五个试件浸入室温15～25℃水面高出试件2m浸泡4d后取出，在铁丝网架上滴水1min，再用拧干的湿布拭去内、外表面的水。将五个饱和面干的试件和其余五个气干状态的对比试件按规定进行抗压强度实验。

3. 结果计算与评定

砌块的软化系数按式（7-17）计算，精确至0.01。

$$K_1 = \frac{R_1}{R} \tag{7-17}$$

式中 K_1——砌块的软化系数；

R_1——五个饱和面干试件的平均抗压强度，MPa；

R——五个气干状态的对比试件的平均抗压强度，MPa。

7.5 墙体板材

随着建筑结构体系的改革和发展，轻质复合墙用板材也随之兴起。墙体板材具有轻质、节能、开间布置灵活、使用面积大、施工方便快捷等特点。我国目前可用于墙体的板材品种很多，各具特色，有承重用的预制混凝土大板、建筑隔墙用轻质条板、含保温的复合墙体材料、龙骨面板复合墙体用墙板。下面介绍几种有代表性的板材。

7.5.1 水泥类墙用板材

水泥类墙用板材具有较好的力学性能和耐久性，主要用于承重墙，外墙和复合外墙的外层面。但其表观密度大、抗拉强度低。且体型较大的板材在施工中易受损。根据使用功能要求，生产时可制成空心板材以减轻自重和改善隔热隔声性能，也可加入一些纤维材料制成增强型板材，还可以在水泥板材上制作具有装饰效果的表面层。

1. 纤维增强水泥平板

这种板材是以低碱水泥、耐碱玻璃纤维为主要原料，加水混合成浆，经圆网机抄取制坯、压制、蒸养而成的薄型平板。其长度为1200～3000mm，宽度为800～900mm，厚度为4mm、5mm、6mm和8mm。

TK 板的表观密度约为 1750kg/m³，抗折强度可达 15MPa，抗冲击强度 0.25J/cm²。其质量轻、强度高、防潮、防火、不易变形，可加工性（锯、钻、钉及表面装饰等）好。适用于各类建筑物的复合外墙和内隔墙，特别是高层建筑有防潮、防火要求的隔墙。

2. GRC 轻质空心轻质板材

GRC 平板全名为玻璃纤维增强低碱度水泥轻质板，由耐碱玻璃纤维为增强材料、低碱度水泥为胶凝材料，膨胀珍珠岩、炉渣等为集料，并加入适量发泡剂和防水剂，经搅拌、成型、脱水、养护制成的轻质墙体板材。其长度为 3000mm，宽度为 600mm，厚度为 60mm、90mm、120mm。分为多空结构和蜂巢结构。

GRC 平板具有质量好、强度高、隔热、隔声、韧性好、不燃、加工方便等优点，适用于工业和民用建筑非承重结构内墙隔断，如高层框架结构建筑，公共建筑及居住建筑的非承重隔墙、浴室、厨房、阳台、栏板等。

3. 预应力混凝土空心墙板

预应力混凝土空心墙板是以高强度预应力钢绞线用先张法制成的混凝土墙板。该墙板可根据需要增设保湿层、防水层、外饰面层等，该类板的长度为 1000～1900mm，宽度为600～1200mm，总厚度为 240～480mm，可用于承重和非承重墙的内外墙板、楼面板、屋面板、阳台板等。

4. 陶粒混凝土轻质隔墙板

这种板材是以水泥为胶结料和超轻质陶粒为集料配置成陶粒混凝土，板内放置冷拔钢丝网浇筑抽芯制成的轻质陶粒圆孔条板。具有强度高、容重轻、耐腐蚀、吸水率低、收缩小、不变形等优点。主要用于商业、居住、写字楼、宾馆、酒店、娱乐场所、医院、学校、公园、工业用房等非承重内隔墙面。

除上述水泥类墙板外，还有钢丝网水泥板、纤维增强硅酸钙板、维纶纤维增强水泥平板等，它们均可用于墙体或复合墙板的组合板材。

7.5.2　石膏类墙用板材

石膏类墙用板材被广泛使用。石膏类板材在轻质墙体材料中占有很大比例，主要有纸类石膏板、石膏纤维板、石膏刨花板等。

1. 纸面石膏板

这种板材是以石膏芯材及与其牢固结合在一起的护面纸组成，分普通型、耐水型和耐火型三种。以建筑石膏及适量纤维类增强材料和外加剂为芯材，与具有一定强度的护面纸组成的石膏板为普通纸面石膏板；若在芯材配料中加入防水、防潮外加剂，并用耐水护面纸，即可制成耐水纸面石膏板；若在配料中加入无机耐火纤维和阻燃剂等，即可制成耐火纸面石膏板。

纸面石膏板的质量要求和性能指标应满足标准 GB/T 9775 的要求，纸面石膏板的表观密度为 800～950kg/m，导热系数约 0.20W/（m·K），隔声系数为 35～50dB，抗折荷载为 400～800N，其表面平整，尺寸稳定、光滑细腻，具有自重轻、保温隔热、隔声、防火、抗震；具有特殊的呼吸功能、可调节室内温度；装饰性好、加工性好，施工简便等优点，原材料丰富，但用纸量较大，成本较高。

普通纸面石膏板可作为室内隔板墙、复合外墙板的内壁板、天花板等。耐水型板可用于相对湿度较大（≥75%）的环境，如厕所、厨房等。耐火型纸面石膏板主要用于对防火要求较高的房屋建筑中。

2. 石膏纤维板

这种板材是以纤维增强石膏为基材的无面纸石膏板。用无机纤维或有机纤维与建筑石膏、缓凝剂等经打浆、铺装、脱水、成型、烘干而制成。可节省护面纸，具有轻质、高强、耐火、隔声、韧性高的性能，可加工性好。其尺寸规格和用途与纸面石膏板相同。

7.5.3 复合墙体材料

1. 金属面夹芯板

金属面夹芯板按面板材料分为彩钢和铝合金两大类。

彩钢夹芯板是以隔热材料（岩棉、聚苯乙烯、聚氨酯）作芯材，以彩色涂层钢板为面材，用粘结剂复合而成的，一般厚度为50～250mm，宽度为1150mm或1200mm，长度≤12000mm，有一些大型厂家可连续压制，长度可根据需要调整。

彩钢夹芯板具有隔热、保湿、轻质、高强、吸音、防震、美观等特点，是一种集承重、防水、装饰于一体的新型建筑用材。岩棉夹芯板具有不燃性，是良好的防火材料，聚苯乙烯和聚氨酯夹芯板属于难燃型，具有很好的保温隔热性能，聚氨酯芯材为当今世界公认的隔热保温最佳材料。夹芯板应用于建筑领域不仅有节能效果，还有施工速度快，节省钢材用量的优点，大大降低建筑成本和使用成本，显著提高经济效益。

2. 混凝土岩棉复合外墙板

混凝土岩棉复合外墙板的内外表面用20～30mm厚的钢筋混凝土，中间填以岩棉，内外两层面用钢筋连接。混凝土岩棉复合板按结构分，有承重混凝土岩棉复合外墙板和非承重薄壁混凝土岩棉复合外墙板。承重混凝土岩棉复合外墙板主要用于大模和大板高层建筑，非承重薄壁混凝土岩棉复合外墙板可用于框架轻板和高层大模体系建筑的外墙工程。其夹层厚度应根据热工计算确定。

3. 钢丝网架水泥夹芯板

此类复合墙板的最典型产品是“泰柏板”。它是以直径为（52.06±0.03）mm，屈服强度为390～490MPa的钢丝焊接成的三维钢丝网架为骨架，中间填充聚苯乙烯泡沫保温芯材，在现场拼接后，两面涂抹聚合物水泥砂浆面层材料而成的一种建筑板材。

该类板轻质高强，隔热隔声，有防火、防潮、防震，耐久性好，易加工，施工方便。适用于自承重外墙、内隔墙、屋面板。小于3m的宽度的楼板等以及龙骨面板复合墙体用墙板。

4. 轻质夹芯板

这类复合墙板是以薄板为面层材料，以轻钢龙骨为骨架，中间填充或不填保温材料，在现场拼装而成的轻质复合隔墙板。轻钢龙骨复合墙板按使用功能可分为普通复合墙板，防火复合墙板及防水复合墙板三种。有保温或隔声要求时，可在复合墙板中间填充岩棉板、聚苯泡沫板或珍珠岩保温芯板。

此类复合墙板的面层材料，除纸面石膏板外，还可采用玻纤增强水泥板、纤维增强水泥板（TK板）、纤维水泥加压板（FC板）、纤维水泥平板（埃特利特板）、纤维增强硬石膏压力板（AP板）、石棉水泥平板等。其中以直面石膏板的密度最小，强度最低，其他品种的薄板一般都采用加压成型，因其密度较大，强度较高。但是由于石膏板的资源丰富、生产工艺简单、价格较低，且具有调节室内微气候的特殊功能，因而目前在国内外的一般房屋建筑中，石膏板复合墙板的用量仍居首位，而其他品种的薄板因价格较高，产量较低，主要用于有特殊要求的建筑。

5. 超薄石材复合板

超薄石材复合板：面材厚度小于8mm石材复合板。

面材：复合板装饰面材料，指各种天石材。

复合板底面材料：一般分为硬质基材和柔质基材。

硬质复合板底面材料：常见的有瓷砖、石材、玻璃等。

柔质复合板底面材料：常见的有铝蜂窝、铝塑板、保温材料等。

(1) 石材—硬质基材复合板分为以下三类

① 石材—瓷砖复合板（代号S—CZ）。

② 石材—石材复合板（代号S—SC）。

③ 石材—玻璃复合板（代号S—BL）。

(2) 石材—柔质基材复合板分为以下三类

① 石材—铝蜂窝复合板（代号S—LF）。

② 石材—铝塑板复合板（代号S—LS）。

③ 石材—保温材料复合板（代号S—BW）。

(3) 按形状分类

① 普通板（代号PX）。

② 圆弧板（代号HM）。

③ 异型板（代号YX）。

(4) 按面材表面加工程度分

① 镜面板（代号JM）：面材为镜面板的复合板。

② 细面板（代号XM）：面材为细面板的复合板。

③ 粗面板（代号CM）：面材为粗面板的复合板。

(5) 常用规格

规格板的尺寸系列见表7-26，由供需双方协商确定。

表7-26 规格板的尺寸 mm

边长系列	300[a]、400、600[a]、800、900、1200、1600

a 常用规格

(6) 技术要求

① 规格尺寸要求：

普型板规格尺寸允许偏差应符合表7-27规定。

表7-27 普型板规格尺寸允许偏差 mm

项 目	镜面和细面板材	粗面板材
长度和宽度	0 −1.0	
总厚度	+1.0 −1.0	+1.5 −1.0

圆弧板壁厚最小值应不小于 20mm，规格尺寸允许偏差应符合表 7-28 规定。异型板规格尺寸允许偏差由供需双方协商确定。

表 7-28　圆弧板规格尺寸允许偏差　　mm

项目	镜面和细面板材	粗面板材
弦长	0	0
高度	−1.0	−1.5

墙面用复合板面材厚度应不小于 1.5mm 且不大于 5.0mm，允许偏差为＋0.5mm～−0.5mm；地面用复合板面材厚度应不小于 3.0mm，允许偏差为＋1.0mm～0mm。

普通板面允许偏差符合表 7-29 规定。特殊用途复合板面材最小厚度允许偏差由供需双方协商确定。

表 7-29　普通板面允许偏差　　mm

板材长度	镜面和细面板材	粗面板材
≤400	0.50	0.60
>400～≤800	0.80	0.90
>800	1.00	1.10

圆弧板直线度与线轮廓度允许公差符合表 7-30 规定。异性板材面允许公差由供需双方协商决定。

表 7-30　圆弧板面允许偏差　　mm

板材长度		镜面和细面板材	粗面板材
直线度按线材高度	≤600	1.10	1.20
	>600	1.30	1.40
线轮廓度		1.20	1.40

② 角度允许公差：

普通板角度允许公差符合表 7-31 规定。普型板拼缝板材正面与侧面的夹角不得大于 90°圆弧板角度允许偏差符合 7-32 规定。圆弧板侧面角应不小于 90°。异型板各角度允许公差由供需双方协商确定。

表 7-31　普通板角度允许偏差　　mm

板材长度	镜面和细面板材	粗面板材
≤400	0.80	0.90
>400	1.00	1.00

表 7-32　圆弧板角度允许偏差　　mm

镜面和细面板材	粗面板材
0.80	0.90
1.00	1.00

③ 镜面板镜向光泽度：

面材为天然花岗石的复合板镜向光泽度应不低于 80 光泽单位。

面材为天然大理石的复合板镜向光泽度应不低于 70 光泽单位。

面材为其他种类的石材或面材有特殊要求的复合板，镜向光泽度由供需双方协商确定。

④ 物理性能：

硬质基材复合板物理性能技术指标应符合表 7-33 的规定。

柔质基材复合板物理性能技术指标应符合表 7-34 的规定。

表 7-33　硬质基材复合板物理性能技术指标

序号	项目		技术指标
1	抗折强度（MPa）≥	干燥	7.0
		水饱和	7.0
2	弹性模量（GPa）≥	干燥	10.0
3	剪切强度（MPa）≥	标准状态	4.0
		热处理 80℃（168h）	4.0
		浸水后（168h）	3.2
		冻融循环[a]（50 次）	2.8
		耐酸性[a]（28d）	2.8
4	落球冲击强（300mm）		表面不得出现裂纹、凹陷、掉角
5	耐磨性（$1/cm^3$）≥		8（面材为天然砂岩） 10（面材为天然大理石、天然石灰石） 25（面材为天然花岗石）

a 外墙检验项目

表 7-34　柔质基材复合板物理性能技术指标

序号	项目		技术指标
1	抗折强度（MPa）≥	干燥	7.0（面材向下）
			8.0（面材向上）
2	弹性模量（GPa）≥	干燥	1.0（面材向下）
			3.0（面材向上）
3	剪切强度（MPa）≥	标准状态	1.0
		热处理 80℃（168h）	1.0
		浸水后（168h）	0.8
		冻融循环[a]（50 次）	0.7
		耐酸性[a]（28d）	0.7
4	落球冲击强度（300mm）		表面不得出现裂纹、凹陷、掉角
5	耐磨性（$1/cm^3$）≥		8（面材为天然砂岩） 10（面材为天然大理石、天然石灰石） 25（面材为天然花岗石）

a 外墙检验项目

项目 8　防水材料性能检测

防水工程是工程建设的重要环节，必须重视两大要素：渗漏三要素（水、建筑有缝隙或空洞、水通过缝隙或空洞移动，以上缺一条都不构成渗漏）和防水三要素（设计、材料、施工）。防水材料是指能防止雨水、雪水、地下水等对建筑物和各种构筑物的渗透、渗漏和侵蚀的材料。产品形式有防水卷材、防水涂料、建筑密封材料、刚性防水材料、瓦类防水材料、堵漏材料六大类。从性质上可分为刚性防水材料和柔性防水材料两大类。

我国建筑防水材料的发展方向：大力发展改性沥青防水卷材，积极推进高分子卷材，适当发展防水涂料，努力开发密封材料，注意开发地下止水、堵漏材料。因此，对防水材料的多功能复合化及多样化提出了新的要求。总之，开发高强度、高弹性、高延性、轻质、耐老化、低污染的新型防水材料已势在必行。

8.1　相关标准

1. 沥青和改性沥青防水卷材

GB/T 328　《建筑防水卷材试验方法》
GB 18242　《弹性体改性沥青防水卷材》
GB 18243　《塑性体改性沥青防水卷材》
JC/T 690　《沥青复合胎柔性防水卷材》
JC/T 1076　《胶粉改性沥青玻纤毡与玻纤网格布增强防水卷材》
JC/T 1077　《胶粉改性沥青玻纤毡与聚乙烯膜增强防水卷材》
JC/T 1078　《胶粉改性沥青聚酯毡与玻纤网格布增强防水卷材》
GB 23441　《自粘聚合物改性沥青防水卷材》

2. 高分子防水卷材

GB 12952　《聚氯乙烯（PVC）防水卷材》
GB 12953　《氯化聚乙烯防水卷材》
GB 18173.1　《高分子防水材料　第1部分：片材》

3. 防水涂料

GB/T 16777　《建筑防水涂料试验方法》
GB/T 19250　《聚氨酯防水涂料》
JC/T 894　《聚合物水泥防水涂料》
JC/T 864　《聚合物乳液建筑防水涂料》

4. 止水带、膨胀橡胶

GB 18173.2　《高分子防水材料　第2部分：止水带》
GB/T 18173.3　《高分子防水材料　第3部分：遇水膨胀橡胶》
GB/T 531.1　《硫化橡胶或热塑性橡胶　压入硬度试验方法　第1部分：邵氏硬度计法（邵氏硬度）》

GB/T 531.2　《硫化橡胶或热塑性橡胶　压入硬度实验方法　第 2 部分：便携式橡胶国际硬度计法》
GB/T 528　《硫化橡胶或热塑性橡胶　拉伸应力应变性能的测定》
GB/T 529　《硫化橡胶或热塑性橡胶撕裂强度的测定(裤形、直角形和新月形试样)》

8.2　防水卷材

防水卷材是指可卷曲成卷状的柔性防水卷材，在建筑防水材料的应用中处于主导地位，面广量大。常用的防水卷材按照材料的组成不同，一般可分为沥青防水卷材，高聚物改性沥青防水卷材和合成高分子防水卷材三大类。沥青防水卷材是用原纸、纤维织物、纤维毡等胎体浸涂沥青，表面撒布粉状、粒状或片状材料制成，具有防水性能良好、价格低廉的特点，但存在低温柔性差、温度敏感性大、防水耐用年限较短的缺点；高聚物改性沥青防水卷材是以合成高分子聚合物改性沥青为涂盖层，纤维织物或纤维毡为胎体，粉状、粒状、片状或薄膜材料为覆面材料制成，具有高温不流淌、低温不脆裂、拉伸强度高、延伸率大等特点。

检验批次：石油沥青纸胎油毡、油纸验收批次：以同一品种标号、等级的产品，每 1500 卷为一批，不足 1500 卷按一批处理验收，取样数量为 5 卷。弹性体（SBS）、塑性体（APP）改性沥青防水卷材以同一品种，同一标号，同一等级的产品每 10000m^2 为一批，不足 10000m^2 亦按一批验收，每批送样 5 卷。

高分子防水片材以同品种、同规格的 5000m^2 为一个批次，如果日产 8000m^2 可以作为一个批次，在一个批次中随机抽取 3 卷进行规格尺寸和外观质量检验，在合格的样品中随机抽取 1 卷进行物理力学性能实验。

8.2.1　弹性体改性沥青防水卷材

弹性体改性沥青防水卷材指以聚酯毡、玻纤毡、玻纤增强聚酯毡为胎基，苯乙烯-丁二烯-苯乙烯（SBS）热塑性弹性体作石油沥青改性剂，两面覆以隔离材料制成的防水卷材。

1. 类型

按胎基：聚酯胎（PY）、玻纤胎（G）、玻纤增强聚酯毡（PYG）。

按上表面隔离材料：聚乙烯膜（PE）、细砂（S）、矿物粒料（M）。

下表面隔离材料：聚乙烯膜（PE）、细砂（S）。

注：细砂为粒径不超过 0.60mm 的矿物颗粒。

按材料性能：Ⅰ型、Ⅱ型。

2. 标记方法

产品按名称、型号、胎基、上表面材料、下表面材料、厚度、面积和本标准编号顺序标记。例：10m^2面积、3mm 厚、上表面为矿物粒料、下表面为聚乙烯膜、聚酯胎Ⅰ型弹性体改性沥青防水卷材标记为：SBS Ⅰ M PE 3 10 GB 18242—2008。

3. 技术要求及试件制备

见表 8-1、表 8-2。

表 8-1　弹性体改性沥青防水卷材的材料性能

序号	项目		指标				
			Ⅰ		Ⅱ		
			PY	G	PY	G	PYG
1	可溶物含量（g/m²）≥	3mm	2100				—
		4mm	2900				—
		5mm	3500				
		实验现象	—	胎基不燃	—	胎基不燃	—
2	耐热性	℃	90		105		
		≤mm	2				
		实验现象	无流淌、滴落				
3	低温柔性（℃）		−20		−25		
			无裂缝				
4	不透水性 30min ≥		0.3MPa	0.2MPa	0.3MPa		
5	拉力	最大峰值拉力（N/50mm）≥	500	350	800	500	900
		次高峰拉力（N/50mm）≥	—	—	—	—	800
		实验现象	拉伸过程中，试件中部无沥青涂盖层开裂或胎基分离现象				
6	延伸率	最大峰时延伸率（%）	30	—	40	—	—
		第二峰时延伸率（%）	—		—		15
7	浸水后质量增加（%）≤	PE、S	1.0				
		M	2.0				
8	热老化	拉力保持率（%）≥	90				
		延伸率保持率（%）≥	80				
		低温柔性（℃）	−15		−20		
			无裂缝				
		尺寸变化率 ≤	0.7	—	0.7	—	0.8
		质量损失（%）≤	1.0				
9	渗油性	张数≤	2				
10	接缝剥离强度（N/mm）≥		1.5				
11	钉杆撕裂强度（N）≥		—				300
12	矿物粒料粘附性（g）		2.0				
13	卷材下表面沥青涂盖层厚度 C（mm）		1.0				
14	人工气候加速老化	外观	无滑动、流淌、滴落				
		拉力保持率（%）≥	−15		−20		
		低温柔性（℃）	无裂缝				

表 8-2　弹性体改性沥青防水卷材实验项目和试件要求

<table>
<tr><th>序号</th><th colspan="2">实验项目</th><th>试件形状（纵向×横向）（mm）</th><th>数量（个）</th></tr>
<tr><td>1</td><td colspan="2">可溶物含量</td><td>100×100</td><td>3</td></tr>
<tr><td>2</td><td colspan="2">耐热性</td><td>125×100</td><td>纵向 3</td></tr>
<tr><td>3</td><td colspan="2">低温柔性</td><td>150×25</td><td>纵向 10</td></tr>
<tr><td>4</td><td colspan="2">不透水性</td><td>150×150</td><td>3</td></tr>
<tr><td>5</td><td colspan="2">拉力及延伸率</td><td>（250～320）×50</td><td>纵横向各 5</td></tr>
<tr><td>6</td><td colspan="2">钉杆撕裂强度</td><td>200×100</td><td>纵向 5</td></tr>
<tr><td rowspan="3">7</td><td rowspan="3">热老化</td><td>拉力及延伸率保持率</td><td>（250～320）×50</td><td>纵横向各 5</td></tr>
<tr><td>低温柔性</td><td>150×25</td><td>纵向 10</td></tr>
<tr><td>尺寸变化率及质量损失</td><td>（250～320）×50</td><td>纵向 5</td></tr>
</table>

8.2.2　塑性体改性沥青防水卷材

塑性体改性沥青防水卷材指以聚酯毡、玻纤毡、玻纤增强聚酯毡为胎基，以无规聚丙烯（APP）或聚烯烃类聚合物（APAO、APO）作石油沥青改性剂，两面覆以隔离材料所制成的防水卷材。

1. 类型

按胎基：聚酯胎（PY）、玻纤胎（G）、玻纤增强聚酯毡（PYG）。

按上表面隔离材料：聚乙烯膜（PE）、细砂（S）、矿物粒料（M）。

下表面隔离材料：聚乙烯膜（PE）、细砂（S），细砂为粒径不超过 0.60mm 的矿物颗粒。

按材料性能：Ⅰ型、Ⅱ型。

2. 标记方法

产品按名称、型号、胎基、上表面材料、下表面材料、厚度、面积和本标准编号顺序标记。例：10m^{2}面积、3mm 厚、上表面为矿物粒料、下表面为聚乙烯膜、聚酯胎Ⅰ型塑性体改性沥青防水卷材标记为：APP Ⅰ M PE 3 10 GB 18243—2008。

3. 技术要求及试件制备

见表 8-3、表 8-4。

表 8-3　塑性体改性沥青防水卷材的材料性能

<table>
<tr><th rowspan="3">序号</th><th colspan="7">指标</th></tr>
<tr><th colspan="2">型号</th><th colspan="2">Ⅰ</th><th colspan="3">Ⅱ</th></tr>
<tr><th colspan="2">胎基</th><th>PY</th><th>G</th><th>PY</th><th>G</th><th>PYG</th></tr>
<tr><td rowspan="4">1</td><td rowspan="4">可溶物含量
(g/m^2)
≥</td><td>3mm</td><td colspan="4">2100</td><td></td></tr>
<tr><td>4mm</td><td colspan="4">2900</td><td></td></tr>
<tr><td>5mm</td><td colspan="5">3500</td></tr>
<tr><td>实验现象</td><td>—</td><td>胎基不燃</td><td>—</td><td>胎基不燃</td><td>—</td></tr>
<tr><td>2</td><td colspan="2">不透水性 30min</td><td>0.3</td><td>0.2</td><td colspan="3">0.3</td></tr>
</table>

续表

序号	指标						
	型号		Ⅰ		Ⅱ		
	胎基		PY	G	PY	G	PYG
3	耐热度（℃）	℃	110		130		
		≤mm	2				
		实验现象	无流淌、滴落				
4	拉力（N/50mm）≥	最大峰拉力	500	350	800	500	900
		次高峰拉力	—	—	—	—	800
		实验现象	拉伸过程中，试件中部无沥青涂盖层开裂或与胎基分离现象				
5	延伸率（%）≥	最大峰时	25	—	40	—	—
		第二峰时	—		—		15
6	低温柔度（℃）		−7		−15		
			无裂纹				
7	钉杆撕裂强度（N）≥		—				300
8	热老化	拉力保持率（%）≥	90				
		延伸率保持率（%）≥	80				
		尺寸变化率（%）≤	0.7	—	0.7	—	0.3
		低温柔度（℃）	−2		−10		
			无裂纹				
		质量损失（%）≤	1.0				

表 8-4　塑性体改性沥青防水卷材实验项目和试件要求

序号	实验项目		试件形状（纵向×横向）（mm）	数量（个）
1	可溶物含量		100×100	3
2	耐热性		125×100	纵向 3
3	低温柔性		150×25	纵向 10
4	不透水性		150×150	3
5	拉力及延伸率		（250～320）×50	纵横向各 5
6	钉杆撕裂强度		200×100	纵向 5
7	热老化	拉力及延伸率保持率	（250～320）×50	纵横向各 5
		低温柔性	150×25	纵向 10
		尺寸变化率及质量损失	（250～320）×50	纵向 5

8.2.3　沥青复合柔性胎防水卷材

沥青复合柔性胎防水卷材指以涤棉无纺布—玻纤网格布复合毡为胎基，浸涂胶粉改性沥青，以细砂、聚乙烯膜、矿物粒（片）料等为覆面材料制成的用于一般建筑防水工程的防水卷材。

1. 类型

胎基为涤棉无纺布—玻纤网格布复合毡（NK）。

按力学性能分为：Ⅰ型、Ⅱ型。

按上表面隔离材料：聚乙烯膜（PE）、细砂（S）、矿物粒（片）料（M）。

注：细砂为粒径不超过 0.60mm 的矿物颗粒。

2. 标记方法

按产品胎基、型号、上表面材料、厚度、面积和本标准号顺序标记。例：10m² 面积、3mm 厚、上表面为细砂、Ⅰ型沥青复合胎柔性防水卷材标记为：NKⅠ S3 10 JC/T 690—2008。技术要求及试件制备见表 8-5、表 8-6。

表 8-5　NK 型沥青复合柔性胎防水卷材物理力学性能

序号	指标			
	型号		Ⅰ	Ⅱ
1	可溶物含量（g/m²）≥	3mm	2100	
		4mm	2900	
2	不透水性		0.2MPa，30min 不透水	
3	耐热性（℃）		90	
			无滑动、流淌、滴落	
4	最大拉力（N/50mm）≥	纵向	500	600
		横向	400	500
5	低温柔度（℃）		−5	−10
			无裂纹	
6	热老化	拉力保持率（%）≥	90	
		低温柔度（℃）	−0	−5
			无裂纹	
		质量损失（%）≤	2.0	

表 8-6　实验项目和样品尺寸数量

序号	实验项目		试件形状（纵向×横向）（mm）	数量（个）
1	可溶物含量		100×100	3
2	耐热性		100×50	纵向 3
3	低温柔性		150×25	纵向 10
4	不透水性		150×150	3
5	拉力		（280～300）×50	纵横向各 5
7	热老化	拉力保持率	（280～300）×50	纵横向各 5
		低温柔性	150×25	纵向 10
		质量损失	（280～300）×50	纵向 5

3. 实验方法

（1）可溶物含量

按 GB/T 328.26 进行，取 3 个试件的平均值，观察胎基的类型是否为涤棉无纺布—玻纤网格布复合毡。

(2) 耐热性

按 GB/T 328.11—2007 中 B 法进行，实验温度 (90±2)℃，观察试件涂盖层相对于胎基是否滑动、流淌，沥青是否滴落。

(3) 低温柔性

按 GB/T 328.14—2007 进行，3mm 厚度卷材弯曲直径 30mm、4mm 厚度卷材弯曲直径 50mm。试件应在液体中进行实验，实验过程中应避免人为因素的影响，宜采用机械装置自动匀速弯曲。

(4) 不透水性

按 GB/T 328.10—2007 中方法 B 进行，采用 7 孔圆盘，上表面迎水，若上表面为细砂或矿物粒（片）料时，以下表面迎水；若下表为细砂时，实验前，将下表面的细砂沿密封圈一圈去除，然后在此部位涂 60 号热沥青，涂平冷却 1h 测定不透水性。

(5) 最大拉力

按 GB/T 328.8—2007 进行，拉伸速度 50mm/min，夹具间距离 200mm。分别取纵向、横向各 5 个试件的平均值。

8.2.4 合成高分子防水卷材

合成高分子类防水卷材是以合成树脂、合成橡胶或橡胶—塑料共混体等为基料，加入适量的化学助剂和添加剂，经过混炼（塑炼）压延或挤出成型、定型、硫化等工序制成的防水卷材（片材），有拉伸强度和撕裂强度高、断裂伸长率大、耐热性和低温柔性好、耐腐蚀、耐老化等特点，属高档防水材料。橡胶类有三元乙丙橡胶卷材、丁基橡胶卷材、氯化聚乙烯卷材、氯磺化聚乙烯卷材、氯丁橡胶卷材、再生橡胶卷材；树脂类有聚氯乙烯卷材、氯化聚乙烯卷材、乙烯共聚物卷材；橡塑共混类有氯化聚乙烯—橡胶共混卷材、聚丙烯—乙烯共聚物卷材。

8.2.4.1 聚氯乙烯（PVC）和氯化聚乙烯（CPE）防水卷材

1. 分类

主要包括无复合层（N 类）、用纤维单面复合（L 类）及织物内增强（W 类）三大类卷材。按理化性能分为Ⅰ型和Ⅱ型。

2. 标记方法

标记：产品名称（代号 PVC 或 CPE 卷材）、外露或非外露使用、类型、厚度、长×宽和标准顺序号。例：长度 10m、宽度 1.0m、厚度 1.5mmⅠ型 N 类外露使用聚氯乙烯防水卷材标记为：PVC 卷材 外露 NⅠ1.5mm/10×1.0（GB 12952—2011）。

标准实验条件：温度 (23±2)℃，湿度 (60±15)%。

技术要求见表 8-7～表 8-10。

表 8-7 PVC N 类卷材理化性能

序号	项目		Ⅰ型	Ⅱ型
1	拉伸强度（MPa）	≥	8.0	12.0
2	断裂伸长率（%）	≥	200	250
3	热处理尺寸变化率（%）	≤	3.0	2.0

续表

序号	项目		Ⅰ型	Ⅱ型
4	低温弯折性		−20℃无裂纹	−25℃无裂纹
5	抗穿孔性		不渗水	
6	不透水性		不透水	
7	剪切状态下的粘合性（N/mm）　≥		3.0或卷材破坏	
8	热老化处理	外观	无起泡、裂纹、粘结和孔洞	
		拉伸强度变化率（%）	±25	±20
		断裂伸长率变化率（%）		
		低温弯折性	−15℃无裂纹	−20℃无裂纹
9	(5±1)%　H_2SO_4 (10±2)%　NaCl 饱和 $Ca(OH)_2$	拉伸强度变化率（%）	±25	±20
		断裂伸长率变化率（%）		
		低温弯折性	−15℃无裂纹	−20℃无裂纹
10	人工气候加速老化	拉伸强度变化率（%）	±25	±20
		断裂伸长率变化率（%）		
		低温弯折性	−15℃无裂纹	−20℃无裂纹

表 8-8　PVC　L类W类卷材理化性能

序号	项目		Ⅰ型	Ⅱ型
1	拉伸强度（MPa）　≥		8.0	12.0
2	断裂伸长率（%）　≥		200	250
3	热处理尺寸变化率（%）　≤		3.0	2.0
4	低温弯折性		−20℃无裂纹	−25℃无裂纹
5	抗穿孔性		不渗水	
6	不透水性		不透水	
7	剪切状态下的粘合性（N/mm）　≥		3.0或卷材破坏	
8	热老化处理	外观	无起泡、裂纹、粘结和孔洞	
		拉伸强度变化率（%）	±25	±20
		断裂伸长率变化率（%）		
		低温弯折性	−15℃无裂纹	−20℃无裂纹
9	(5±1)%　H_2SO_4 (10±2)%　NaCl 饱和 $Ca(OH)_2$	拉伸强度变化率（%）	±25	±20
		断裂伸长率变化率（%）		
		低温弯折性	−15℃无裂纹	−20℃无裂纹
10	人工气候加速老化	拉伸强度变化率（%）	±25	±20
		断裂伸长率变化率（%）		
		低温弯折性	−15℃无裂纹	−20℃无裂纹

表 8-9　CPE　N 类卷材理化性能

序号	项目		Ⅰ型	Ⅱ型
1	拉伸强度（MPa）　≥		5.0	8.0
2	断裂伸长率（%）　≥		200	300
3	热处理尺寸变化率（%）　≤		3.0	纵向 2.5 横向 1.5
4	低温弯折性		−20℃无裂纹	−25℃无裂纹
5	抗穿孔性		不渗水	
6	不透水性		不透水	
7	剪切状态下的粘合性（N/mm）　≥		3.0 或卷材破坏	
8	热老化处理	外观	无起泡、裂纹、粘结和孔洞	
		拉伸强度变化率（%）	+50　−20	±20
		断裂伸长率变化率（%）	+50　−30	±21
		低温弯折性	−15℃无裂纹	−20℃无裂纹
9	耐化学侵蚀	拉伸强度变化率（%）	±30	±20
		断裂伸长率变化率（%）	±30	±20
		低温弯折性	−15℃无裂纹	−20℃无裂纹
10	人工气候加速老化	拉伸强度变化率（%）	+50　−20	±20
		断裂伸长率变化率（%）	+50　−30	±20
		低温弯折性	−15℃无裂纹	−20℃无裂纹

注：非外露使用可以不考核人工气候加速老化性能。

表 8-10　CPE　L 类及 W 类卷材理化性能

序号	项目		Ⅰ型	Ⅱ型
1	拉力（N/cm）　≥		70	120
2	断裂伸长率（%）　≥		125	250
3	热处理尺寸变化率（%）　≤		1.0	
4	低温弯折性		−20℃无裂纹	−25℃无裂纹
5	抗穿孔性		不渗水	
6	不透水性		不透水	
7	剪切状态下的粘合性（N/mm）　≥	L 类	3.0 或卷材破坏	
		W 类	6.0 或卷材破坏	
8	热老化处理	外观	无起泡、裂纹、粘结和孔洞	
		拉力（N/cm）　≥	55	100
		断裂伸长率（%）　≥	100	200
		低温弯折性	−15℃无裂纹	−20℃无裂纹
9	耐化学侵蚀	拉力（N/cm）　≥	55	100
		断裂伸长率（%）	100	200
		低温弯折性	−15℃无裂纹	−20℃无裂纹

续表

序号	项目		Ⅰ型	Ⅱ型
10	人工气候加速老化	拉力（N/cm）　≥	55	100
		断裂伸长率（%）	100	200
		低温弯折性	−15℃无裂纹	−20℃无裂纹

注：非外露使用可以不考核人工气候加速老化性能。

8.2.4.2　高分子片材

高分子片材技术要求见表 8-11～表 8-13。

表 8-11　片材的分类

分类		代号	主要原材料
均质片	硫化橡胶类	JL1	三元乙丙橡胶
		JL2	橡胶（橡塑）共混
		JL3	氯丁橡胶、氯磺化聚乙烯、氯化聚乙烯等
	非硫化橡胶类	JF1	三元乙丙橡胶
		JF2	橡塑共混
		JF3	氯化聚乙烯
	树脂类	JS1	聚氯乙烯等
		JS2	乙烯醋酸乙烯、聚乙烯等
		JS3	乙烯醋酸乙烯改性沥青共混
复合片	硫化橡胶类	FL	乙丙、丁基、氯丁橡胶、氯磺化聚乙烯等
	非硫化橡胶类	FF	氯化聚乙烯、乙丙、丁基、氯丁橡胶、氯磺化聚乙烯等
	树脂类	FS1	聚氯乙烯等
		FS2	聚乙烯等
自粘片	硫化橡胶类	ZJL1	三元乙丙/自粘料
		ZJL2	橡塑共混/自粘料
		ZJL3	（氯丁橡胶、氯磺化聚乙烯、氯化聚乙烯等）/自粘料
		ZFL	（三元乙丙、丁基、氯丁橡胶、氯磺化聚乙烯等）/织物/自粘料
	非硫化橡胶类	ZJF1	三元乙丙/自粘料
		ZJF2	橡塑共混/自粘料
		ZJF3	氯化聚乙烯/自粘料
		ZFF	氯化聚乙烯、三元乙丙、丁基、氯丁橡胶、氯磺化聚
	树脂类	ZJS1	聚氯乙烯/自粘料
		ZJS2	（乙烯醋酸乙烯共聚物、聚乙烯等）/自粘料
		ZJS3	乙烯醋酸乙烯共聚物与改性沥青共混等/自粘料
		ZFS1	聚氯乙烯/织物/自粘料
		ZFS2	（聚乙烯、乙烯醋酸乙烯共聚物等）/织物/自粘
异形片	树脂类（防排水保护板）	Y S	高密度聚乙烯、改性聚丙烯、高抗冲聚苯乙烯

续表

分类		代号	主要原材料
点粘片	树脂类	DS1/TS1	聚氯乙烯等
		DS2TS2	乙烯乙酸乙烯、聚乙烯等
		DS3/TS3	乙烯乙酸乙烯改性沥青共混物等

表 8-12　均质片的物理性能

项目		指标									适用 GB 18173.1—2012 试验条目
		硫化橡胶类			非硫化橡胶类			树脂类			
		JL1	JL2	JL3	JF1	JF2	JF3	JS1	JS2	JS3	
拉伸强度（MPa）	常温（23℃）≥	7.5	6.0	6.0	4.0	3.0	5.0	10	16	14	6.3.2
	高温（60℃）≥	2.3	2.1	1.8	0.8	0.4	1.0	4	6	5	
拉断伸长率（%）	常温（23℃）≥	450	400	300	400	200	200	200	550	500	
	低温（－20℃）≥	200	200	170	200	100	100	—	350	300	
撕裂强度（kN/m）≥		25	24	23	18	10	10	40	60	60	6.3.3
不透水性（30min）		0.3MPa 无渗漏	0.3MPa 无渗漏	0.2MPa 无渗漏	0.3MPa 无渗漏	0.2MPa 无渗漏	0.2MPa 无渗漏	0.3MPa 无渗漏	0.3MPa 无渗漏	0.3MPa 无渗漏	6.3.4
低温弯折		－40℃ 无裂纹	－30℃ 无裂纹	－30℃ 无裂纹	－30℃ 无裂纹	－20℃ 无裂纹	－20℃ 无裂纹	－20℃ 无裂纹	－35℃ 无裂纹	－35℃ 无裂纹	6.3.5
加热伸缩量（mm）	延伸≤	2	2	2	2	4	4	2	2	2	6.3.6
	收缩≤	4	4	4	4	6	10	6	6	6	
热空气老化（80℃×160h）	拉伸强度保持率（%）≥	80	80	80	90	60	80	80	80	80	
	拉断伸长保持率（%）≥	70	70	70	70	70	70	70	70	70	
耐碱性（饱和 $Ca(OH)_2$ 溶液（23℃×168h）（%）	拉伸强度保持率（%）≥	80	80	80	80	70	70	80	80	80	6.3.8
	拉断伸长保持率（%）≥	80	80	80	90	80	70	80	90	90	
臭氧老化（40℃×168h）	伸长率 40%，500×10^{-2}	无裂纹	—	—	无裂纹	—	—	—	—	—	6.3.9
	伸长率 20%，200×10^{-2}	—	无裂纹	—	—	—	—	—	—	—	
	伸长率 20%，100×10^{-2}	—	—	无裂纹	—	无裂纹	无裂纹	—	—	—	

续表

项目		指标									适用 GB 18173.1—2012 试验条目
		硫化橡胶类			非硫化橡胶类			树脂类			
		JL1	JL2	JL3	JF1	JF2	JF3	JS1	JS2	JS3	
人工气候老化	延伸 ≤	80	80	80	80	70	80	80	80	80	6.3.10
	收缩≤	70	70	70	70	70	70	70	70	70	
粘结剥离强度（片材与片材）	标准实验条件（N/mm）	1.5									6.3.11
	浸水保持率（23℃×168h）（%）≥	70									

表 8-13　复合片的物理性能

项目		指标				适用 GB 18173.1—2012 试验条目
		硫化橡胶类 FL	非硫化橡胶类 FF	树脂类		
				FS1	FS2	
拉伸强度（N/m）	常温（23℃）　≤	80	60	100	60	6.3.2
	高温（60℃）　≤	30	20	40	30	
拉断伸长率（%）	常温（23℃）　≤	300	250	150	400	
	低温（－20℃）　≤	150	50	—	300	
撕裂强度（N）　≥		40	20	20	50	6.3.4
不透水性（0.3MPa，30min）		无渗漏	无渗漏	无渗漏	无渗漏	6.3.4
低温弯折		－35℃ 无裂纹	－20℃ 无裂纹	－30℃ 无裂纹	－20℃ 无裂纹	6.3.5
加热伸缩量（mm）	延伸　≤	2	2	2	2	6.3.6
	收缩　≤	4	4	2	4	
热空气老化（80℃×160h）	拉伸强度保持率（%）≥	80	80	80	80	6.3.7
	拉断伸长率保持率（%）≤	70	70	70	70	
耐碱性（饱和 $Ca(OH)_2$ 溶液（23℃×168h）	拉伸强度保持率（%）≥	80	60	80	80	6.3.8
	拉断伸长率保持率（%）≥	80	60	80	80	
臭氧老化（40℃×168h），200×10^{-2}，伸长率 20%		无裂纹	无裂纹	—	—	6.3.9
人工气候老化	拉伸强度保持率（%）≥	80	60	80	80	6.3.10
	拉断伸长率保持率（%）≥	70	70	70	70	
粘结剥离强度（片材与片材）	标准实验条件（N/mm）≥	1.5	1.5	1.5	1.5	6.3.11
	浸水保持率（23℃×168h）（%）≥	70			70	
复合强度（FS2 型表层与芯层）（MPa）　≥		—			0.8	6.3.12

注：① 人工气候老化和粘合性能项目为推荐项目；

② 非外露使用可以不考核臭氧老化、人工气候老化、加热伸缩量、高温（60℃）拉伸强度性能。

8.3 检测方法和步骤

8.3.1 沥青防水卷材 拉伸性能

1. 仪器设备

拉伸实验机 有连续记录力和对应距离的装置，能按下面规定的速度均匀的移动夹具。拉伸实验机有足够的量程（至少 2000N）和夹具移动速度（100±10）mm/min，夹具宽度不小于 50mm。

拉伸实验机的夹具能随着试件拉力的增加而保持或增加夹具的夹持力，对于厚度不超过 3mm 的产品能夹住试件使其在夹具中的滑移不超过 1mm，更厚的产品不超过 2mm。这种夹持方法不应在夹具内外产生过早的破坏。为防止从夹具中的滑移超过极限值，允许用冷却的夹具，同时实际的试件伸长用引伸计测量。力值测量至少应符合 JJG 139 的 2 级（即±2%）。

2. 试件制备

整个拉伸实验应制备两组试件，一组纵向 5 个试件，一组横向 5 个试件。试件在试样上距边缘 100mm 以上任意截取，用模板，或用裁刀，矩形试件宽为（50±0.5）mm，长为(200mm＋2×夹持长度)，长度方向为实验方向。

表面的非持久层应去除，试件实验前在（23±2)℃和相对湿度（30～70)%的条件下至少放置 20h。

3. 实验步骤

① 将试件紧紧地夹在拉伸实验机的夹具中，注意试件长度方向的中线与实验机夹具中心在一条线上。夹具间距离为（200±2）mm，为防止试件从夹具中滑移，应作标记。当用引伸计时，实验前应设置标距间距离为（180±2）mm。为防止试件产生任何松弛，推荐加载不超过 5N 的力。

② 实验在（23±2)℃进行，夹具移动的恒定速度为（100±10）mm/min。

③ 连续记录拉力和对应的夹具（或引伸计）间距离。

4. 结果表示、计算和实验方法的精确度计算

① 记录得到的拉力和距离或数据，记录最大的拉力和对应的由夹具（或引伸计）间距离与起始距离的百分率计算的延伸率。

② 去除任何在夹具 10mm 以内断裂或在实验机夹具中滑移超过极限值的试件的实验结果，用备用件重测。

③ 最大拉力单位为 N/50mm。对应的延伸率用百分率表示，作为试件同一方向结果。

④ 分别记录每个方向 5 个试件的拉力值和延伸率，计算平均值。

⑤ 拉力的平均值修约到 5N，延伸率的平均值修约到 1%。

⑥ 同时对于复合增强的卷材在应力应变图上有两个或更多的峰值，拉力和延伸率应记录两个最大值。

8.3.2　沥青和高分子防水卷材　不透水性

1. 方法 A

实验适用于卷材低压力的使用场合，如屋面、基层、隔汽层。试件满足直到 60kPa 压力 24h。

2. 方法 B（现行产品标准基本用此法）

实验适用于卷材高压力的使用场合，如特殊屋面、隧道、水池。试件采用有 4 个规定形状尺寸狭缝的圆盘保持规定水压 24h，或采用 7 孔圆盘保持规定水压 30min，观测试件是否保持不渗水。

3. 实验条件

实验在（23±5)℃进行，产生争议时，在（23±2)℃相对湿度（50±5)%进行。

4. 方法 B 实验步骤

① 装置中充水直到满出，彻底排出水管中空气。

② 试件的上表面朝下放置在透水盘上，盖上规定的开缝盘（或 7 孔圆盘），其中一个缝的方向与卷材纵向平行。放上封盖，慢慢夹紧直到试件夹紧在盘上，用布或压缩空气干燥试件的非迎水面，慢慢加压到规定的压力。

③ 达到规定压力后，保持压力（24±1）h [7 孔盘保持规定压力（30±2）min]。

④ 实验时观察试件的不透水性（水压突然下降或试件的非迎水面有水）。

8.3.3　沥青防水卷材　耐热性

沥青防水卷材耐热性测定分：A 法和 B 法。

1. 方法 A

（1）A 法试件制备

矩形试件尺寸（115±1）mm×（100±1）mm。按 GB/T 328.11—2007 中 4.5.2、4.5.3 实验。试件均匀地在试样宽度方向截取，长边是卷材的纵向。试件应距卷材边缘 150mm 以上，试件从卷材的一边开始连续编号，卷材上表面和下表面应标记。

去除任何非持久保护层，适宜的方法是常温下用胶带粘在上面，冷却到接近假设的冷弯温度，然后从试件上撕去胶带。另一方法是用压缩空气吹 [压力约 0.5MPa（5bar），喷嘴直径约 0.5mm]，假若上面的方法不能除去保护膜，用火焰烤，用最少的时间破坏膜而不损伤试件。

在试件纵向的横断面一边，上表面和下表面的大约 15mm 一条的涂盖层去除直至胎体，若卷材有超过一层的胎体，去除涂盖料直到另外一层胎体。在试件的中间区域的涂盖层也从上表面和下表面的两个接近处去除，直至胎体。为此，可采用热刮刀或类似装置，小心地去除涂盖层不损坏胎体。两个内径约 4mm 的插销在裸露区域穿过胎体。任何表面浮着的矿物料或表面材料通过轻轻敲打试件去除。然后标记装置放在试件两边插入插销定位于中心位置，在试件表面整个宽度方向沿着直边用记号笔垂直画一条线（宽度约 0.5mm），操作时试件平放。

试件实验前至少放置在（23±2)℃的平面上 2h，相互之间不要接触或粘住，有必要时，将试件分别放在硅纸上防止粘结。

试件装置见图 8-1。

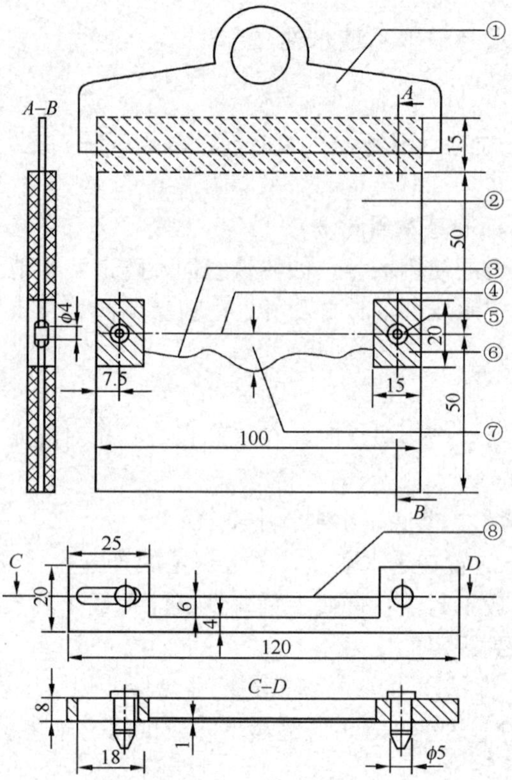

图 8-1　试件悬挂装置和标记装置（示例，mm）

1—悬挂装置；2—试件；3—标记线 1；；4—标记线 2；5—插销，ϕ4mm；6—去除涂盖层；7—滑动 ΔL（最大距离）；8—直边试件悬挂装置和标记装置

（2）实验步骤

烘箱预热到规定实验温度，温度通过与试件中心同一位置的热电偶控制。整个实验期间，实验区域的温度波动不超过±2℃。

① 规定温度下耐热性的测定

制备的一组 3 个试件露出的胎体处用悬挂装置夹住，涂盖层不要夹到。必要时，用如硅纸的不粘层包住两面，便于在实验结束时除去夹子。

制备好的试件垂直悬挂在烘箱的相同高度，间隔至少 30mm。此时烘箱的温度不能下降太多，开关烘箱门放入试件的时间不超过 30s。放入试件后加热时间为（120±2）min。

加热周期一结束，试件和悬挂装置一起从烘箱中取出，相互间不要接触，在（23±2)℃自由悬挂冷却至少 2h。然后除去悬挂装置，在试件两面画第二个标记，用光学测量装置在每个试件的两面测量两个标记底部间最大距离 ΔL，精确到 0.1mm。

② 耐热性极限测定

耐热性极限对应的涂盖层位移正好 2mm，通过对卷材上表面和下表面在间隔 5℃的不同温度段的每个试件的初步处理实验的平均值测定，其温度段总是 5℃的倍数（如 100℃、105℃、110℃）。这样实验的目的是找到位移尺寸 $\Delta L=2$mm 在其中的两个温度段 T 和 $(T+5)$℃。

卷材的两个面按标准 GB/T 328.11—2007 中 4.5.2 实验，每个温度段应采用新的试件实验。

3 个试件初步测定耐热性能的这样两个温度段已测定后，上表面和下表面都要测定两个温度 T 和（T+5)℃，在每个温度用一组新的试件。

在卷材涂盖层在两个温度段间完全流动将产生的情况下，ΔL=2mm 时的精确耐热性不能测定，此时滑动不超过 2.0mm 的最高温度 T 可作为耐热性极限。

（3）平均值计算

计算卷材每个面 3 个试件的滑动值的平均值，精确到 0.1mm。

2. 方法 B

（1）B 法试件制备

去除任何非持久保护层，适宜的方法是常温下用胶带粘在上面，冷却到接近假设的冷弯温度，然后从试件上撕去胶带。另一方法是用压缩空气吹［压力约 0.5MPa（5bar），喷嘴直径约 0.5mm］，假若上面的方法不能除去保护膜，用火焰烤，用最少的时间破坏膜而不损伤试件。

试件实验前至少在（23±2)℃平放 2h，相互之间不要接触或粘住，有必要时，将试件分别放在硅纸上防止粘结。

（2）实验步骤

烘箱预热到规定实验温度，温度通过与试件中心同一位置的热电偶控制。整个实验期间，实验区域的温度波动不超过±2℃。

规定温度下耐热性的测定：制备一组 3 个试件，分别在距试件短边一端 10mm 处的中心打一小孔，用细铁丝或回形针穿过，垂直悬挂试件在规定温度烘箱的相同高度，间隔至少 30mm。此时烘箱的温度不能下降太多，开关烘箱门放入试件的时间不超过 30s。放入试件后加热时间为（120±2）min。

加热周期一结束，试件从烘箱中取出，相互间不要接触，目测观察并记录试件表面的涂盖层有无滑动、流淌、滴落、集中性气泡（集中性气泡指破坏涂盖层原形的密集气泡）。

8.3.4　沥青防水卷材　撕裂性能（钉杆法）

1. 仪器设备

（1）拉伸实验机

拉伸实验机应有连续记录力和对应距离的装置，能够按以下规定的速度分离夹具。拉伸实验机有足够的荷载能力（至少 2000N），和足够的夹具分离距离，夹具拉伸速度为（100±10）mm/min，夹持宽度不少于 100mm。

（2）拉伸实验机的夹具

能随着试件拉力的增加而保持或增加夹具的夹持力，夹具能夹住试件使其在夹具中的滑移不超过 2mm，为防止从夹具中的滑移超过 2mm，允许用冷却的夹具。这种夹持方法不应在夹具内外产生过早的破坏。

（3）力测量系统

满足 JJG 1399 至少 2 级（即±2%）。

(4) U 型装置

U 型装置一端通过连接件连在拉伸实验机夹具上，另一端有两个臂支撑试件。臂上有钉杆穿过的孔，其位置能允许按 GB/T 328.18—2007 第 8 章要求进行实验。

2. 实验步骤

试件放入打开的 U 型头的两臂中，用一直径（2.5±0.1）mm 的尖钉穿过 U 型头的孔位置，同时钉杆位置在试件的中心线上，距 U 型头中的试件一端（50±5）mm，见图 8-2。钉杆距上夹具的距离是（100±5）mm。

把该装置试件一端的夹具和另一端的 U 型头放入拉伸实验机，开动实验机使穿过材料面的钉杆直到材料的末端。

实验在（23±2）℃进行，拉伸速度（100±10）mm/min。

穿过试件钉杆的撕裂力应连续记录，取纵向五个试件的平均值。

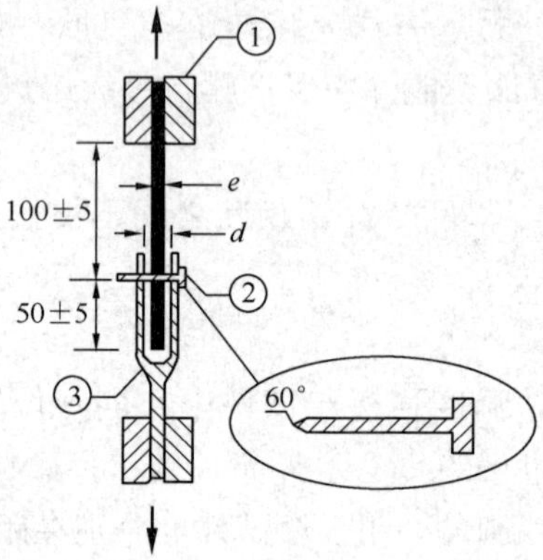

图 8-2

1—夹具；2—钉杆（ϕ2.5±0.1）；3—U 型头；

e—样品厚度；d—U 型头间隙 $e+1 \leqslant d \leqslant e+2$

8.3.5 沥青防水卷材 低温柔性

1. 仪器设备

实验装置的操作的示意和方法见图 8-3。该装置由两个直径（20±0.1）mm 不旋转的圆筒，一个直径（30±0.1）mm 的圆筒或半圆筒弯曲轴组成（可以根据产品规定采用其他直径的弯曲轴，如 20mm、50mm），该轴在两个圆筒中间，能向上移动。两个圆筒间的距离可以调节，即圆筒和弯曲轴间的距离能调节为卷材的厚度。

整个装置浸入能控制温度在＋20～－40℃、精度 0.5℃温度条件的冷冻液中。冷冻液用任一混合物：丙烯乙二醇/水溶液（体积比 1∶1）低至－25℃，或低于－20℃的乙醇/水混合物（体积比 2∶1）。

用一支测量精度 0.5℃的半导体温度计检查实验温度，放入实验液体中与实验试件在同一水平面。

试件在实验液体中的位置应平放且完全浸入，用可移动的装置支撑，该支撑装置应至少能放一组 5 个试件。

实验时，弯曲轴从下面顶着试件以 360mm/min 的速度升起，这样试件能弯曲 180°，电动控制系统能保证在每个实验过程和实验温度的移动速度保持在（360±40）mm/min。裂缝通过目测检查，在实验过程中不应有任何人为的影响。为了准确评价，试件移动路径是在实验结束时，试件应露出冷冻液，移动部分通过设置适当的极限开关控制限定位置。

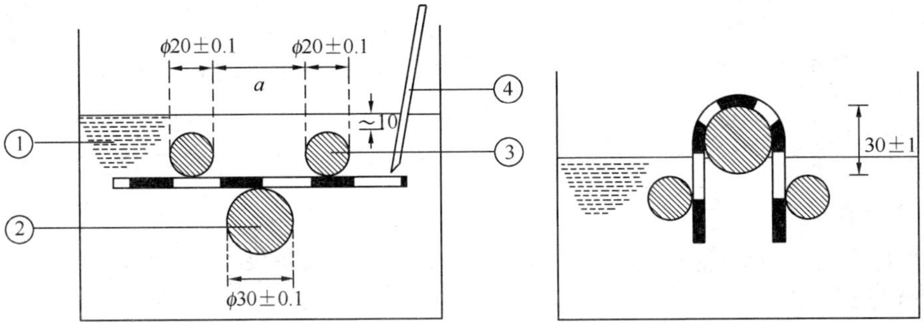

图 8-3　实验装置的操作示意和方法

2. 试件制备

实验的矩形试件尺寸（150±1）mm×（25±1）mm，试件从试样宽度方向上均匀地截取，长边在卷材的纵向，试件截取时应距卷材边缘不少于 150mm，试件应从卷材的一边开始做连续的记号，同时标记卷材的上表面和下表面。

去除表面的任何保护膜，适宜的方法是常温下用胶带粘在上面，冷却到接近假设的冷弯温度，然后从试件上撕去胶带，另一方法是用压缩空气吹［压力约 0.5MPa（5bar），喷嘴直径约 0.5mm］，假若上面的方法不能除去保护膜，用火焰烤，用最少的时间破坏膜而不损伤试件。

试件实验前应在（23±2)℃的平板上放置至少 4h，并且相互之间不能接触，也不能粘在板上。可以用硅纸垫，表面的松散颗粒用手轻轻敲打除去。

3. 实验步骤

（1）仪器准备

在开始所有实验前，两个圆筒间的距离应按试件厚度调节，即弯曲轴直径＋2mm＋两倍试件的厚度。然后装置放入已冷却的液体中，并且圆筒的上端在冷冻液面下约 10mm，弯曲轴在下面的位置。

弯曲轴直径根据产品不同可以为 20mm、30mm、50mm。

（2）试件条件

冷冻液达到规定的实验温度，误差不超过 0.5℃，试件放于支撑装置上，且在圆筒的上端，保证冷冻液完全浸没试件。试件放入冷冻液达到规定温度后，开始保持在该温度 1h±5min。半导体温度计的位置靠近试件，检查冷冻液温度，然后试件按 GB/T 328.14—2007 中 8.3 或 8.4 实验。

（3）低温柔性

两组各 5 个试件，全部试件按 8.2 在规定温度处理后，一组是上表面实验，另一组下表面实验，实验按下述进行。

试件放置在圆筒和弯曲轴之间，实验面朝上，然后设置弯曲轴以（360±40）mm/min 速度顶着试件向上移动，试件同时绕轴弯曲。轴移动的终点在圆筒上面（30±1）mm 处。试件的表面明显露出冷冻液，同时液面也因此下降。

在完成弯曲过程 10s 内，在适宜的光源下用肉眼检查试件有无裂纹，必要时，用辅助光学装置帮助。假若有一条或更多的裂纹从涂盖层深入到胎体层，或完全贯穿无增强卷材，即存在裂缝。一组 5 个试件应分别实验检查。假若装置的尺寸满足，可以同时实验几组试件。

3mm 厚度卷材弯曲直径 30mm、4mm、5mm 厚度卷材弯曲直径 50mm。

8.3.6 热老化

1. 仪器设备

天平：精度 0.1g。烘箱：控温精度±2℃。游标卡尺：精度±0.02mm。

2. 试件处理

纵向拉力保持率及最大拉力时延伸率可以用尺寸变化率及质量损失测定后的试件实验，有争议时用新试件实验。

对于测量拉力保持率、延伸率保持率、尺寸变化率和低温柔性的试件，平放在撒有滑石粉的玻璃板上，然后将试件水平放入已调节到（80±2）℃的烘箱中，在此温度下处理 10d±1h。

进行质量损失测定的试件按要求截取后，用毛刷清除有所粘结不牢的砂粒。试件在(50±2)℃的烘箱中干燥 24h±30min，然后在标准实验条件下放置 1h 后称量试件质量（m_1）。

测定尺寸变化率的试件用游标卡尺测量试件的长度（L_1）。

试件在干燥合放置过程中互相不应接触。质量损失试件放置在隔离纸上，其他试件平放撒有滑石粉的玻璃板上，然后将试件水平放入已调节到（80±2）℃的烘箱中，在此温度下处理 10d±1h。

3. 实验步骤

① 在加热 10d±1h 后，取出试件在标准实验条件下放置 2h±5min。

② 拉力和延伸率保持率按 GB/T 328.8 或本书 8.3.1 立即进行。

③ 对于低温柔性试件，立即按 GB/T 328.14 或本书 8.3.5 进行实验。

④ 对于尺寸变化率试件，立即在原来测量 L_1 的位置测量试件长度（L_2）。

⑤ 对于质量损失试件，立即称量试件质量（m_2）。

4. 结果计算

① 拉力保持率：

$$R_t = (T'_S / T_S) \times 100\%$$

式中 R_t——试件处理后拉力保持率，%；

T_S——试件处理前拉力平均值，N/50mm；

T'_S——试件处理后拉力平均值，N/50mm。

② 延伸率保持率参照上式计算。对于 PYG 胎基的产品，拉力保持率以最高峰值计算，延伸率保持率以第二峰时延伸率计算。

③ 低温柔性：记录试件表面有无裂纹。

④ 每个试件的尺寸变化率：

$$D = |(L_2 - L_1)/L_1| \times 100\%$$

式中　D——试件处理后尺寸变化率，%；

L_1——试件处理前长度，mm；

L_2——试件处理后长度，mm。

实验结果取5个试件的算术平均值。

⑤ 质量损失：

$$w = [(m_1 - m_2)/m_1] \times 100\%$$

式中　w——试件处理后质量损失，%；

m_1——试件处理前质量，g；

m_2——试件处理后质量，g。

实验结果取5个试件的算术平均值。

8.4　防水涂料

防水涂料是一种流态或半流态物质，涂布在基层表面，经溶剂或水分挥发或各组分间的化学反应，形成有一定弹性和一定厚度的连续薄膜，使基层表面与水隔绝，起到防水、防潮作用。

防水涂料固化成膜后的防水涂膜具有良好的防水性能，特别适合于各种复杂、不规则部位的防水，能形成无接缝的完整防水膜。它大多采用冷施工，不必加热熬制，既减少了环境污染，改善了劳动条件，又便于施工操作，加快了施工进度。此外，涂布的防水涂料既是防水层的主体，又是粘结剂，因而施工质量容易保证，维修也较简单。但是，防水涂料须采用刷子或刮板等逐层涂刷（刮），故防水膜的厚度较难保持均匀一致。因此，防水涂料广泛适用于工业与民用建筑的屋面防水工程，地下室防水工程和地面防潮、防渗等。

防水涂料按液态类型可分为溶剂型、水乳型和反应型三种；按成膜物质的主要成分可分为沥青类、高聚物改性沥青类和合成分子类。

8.4.1　建筑防水涂料实验方法

1. 标准实验条件

实验室标准实验条件为：温度（23±2）℃，相对湿度（50±10）%。

严格条件可选择温度：(23±2)℃，相对湿度：(50±5)%。

2. 涂膜制备

（1）实验器具

① 涂膜模框。

② 电热鼓风烘箱：控温精度+2℃。

（2）实验步骤

① 实验前模框、工具、涂料应在标准实验条件下放置24h以上。

② 称取所需的实验样品量，保证最终涂膜厚度（1.5±0.2）mm。

单组分防水涂料应将其混合均匀作为试料，多组分防水涂料应生产厂规定的配比精确称量后，将其混合均匀作为试料。在必要时可以按生产厂家指定的量添加稀释剂，当稀释剂的添加量有范围时，取其中间值。将产品混合后充分搅拌5min，在不混入气泡的情况下倒入模框中。模框不得翘曲且表面平滑，为便于脱模，涂覆前可用脱模剂处理。样品按生产厂的要求一次或多次涂覆（最多三次，每次间隔不超过24h），最后一次将表面刮平，然后按表8-14进行养护。

应按要求及时脱模，脱模后将涂膜翻面养护，脱模过程中应避免损伤涂膜。为便于脱模刻在低温下进行，但脱模温度不能低于低温柔性的温度。

表8-14　涂膜制备的养护条件

分类		脱模前的养护条件	脱模后的养护条件
水性	沥青类	在标准条件120h	(40±2)℃ 48h后，标准条件4h
	高分子类	在标准条件96h	(40±2)℃ 48h后，标准条件4h
溶剂型、反应型		在标准条件96h	标准条件72h

3. 固体含量

（1）实验器具

① 天平：感量0.001g。

② 电热鼓风烘箱：控温精度±2℃。

③ 干燥器：内放变色硅胶或无水氯化钙。

（2）实验步骤

将样品（对于固体含量测试不能添加稀释剂）搅匀后，取（6±1）g的样品倒入已干燥称量的培养皿（m_0）中并铺平底部，立即称量（m_1），再放入加热到表8-15中规定温度的烘箱中，恒温3h，取出放入干燥器中，在标准实验条件下冷却2h，然后称量（m_2）。对于反应型涂料，应在称量（m_1）后在标准实验条件下放置24h，再放入烘箱。

表8-15　涂料加热温度

涂料种类	水性	溶剂型、反应型
加热温度（℃）	105±2	120±2

（3）结果计算

固体含量按式 $X=[(m_2-m_0)/(m_1-m_0)]\times 100\%$ 计算：

式中　X——固体含量（质量分数），%；

m_1——干燥前试样和培养皿的质量，g；

m_2——干燥后试样和培养皿的质量，g；

m_0——培养皿质量，g。

实验结果取两次平行实验的平均值，结果计算精确到1%。

4. 耐热性

（1）实验器具

① 电热鼓风烘箱：控温精度±2℃。

② 铝板：厚度不小于2mm，面积大于100mm×50mm，中间上部有一小孔，便于悬挂。

（2）实验步骤

将样品搅匀后，将样品按生产厂的要求分2～3次涂覆（每次间隔不超过24h）在已清洁干净的铝板上，涂敷面积为100mm×50mm，总厚度为1.5mm，最后一次将表面刮平，按表8-14条件进行养护，不需要脱模。然后将铝板垂直悬挂在已调节到规定温度的电热鼓风干燥箱内，试件与干燥箱壁间的距离不小于50mm，试件的中心宜与温度计的探头在同一位置，在规定温度下放置5h后取出，观察表面现象。共实验3个试件。

（3）结果评定

实验后所有试件都不应产生流淌、滑动、滴落、试件表面无密集气泡。

5. 粘结强度

（1）A法

1）实验器具

① 拉伸实验机：测量值在量程的15%～85%之间，示值精度不低于1%，拉伸速度（5±1）mm/min。

② 电热鼓风烘箱：控温精度±2℃。

③ 拉伸专用金属夹具：上夹具、下夹具、垫板。

④ 水泥砂浆块：尺寸70mm×70mm×20mm。采用强度等级42.5的普通硅酸盐水泥，将水泥、中砂按照质量比1∶1加入砂浆搅拌机中搅拌，加水量以砂浆稠度70～90mm为准，倒入模框中振实抹平，然后移入养护室，1d后脱模，水中养护10d后再在（50±2）℃的烘箱中干燥（24±0.5）h，取出在标准条件下放制备用，去除砂浆试块成型面的浮浆、浮沙、灰尘等，同样制备5块砂浆试版。

⑤ 高强度粘胶剂：难以渗透涂膜的高强度胶粘剂，推荐无溶剂环氧树脂。

2）实验步骤

实验前制备好的砂浆块、工具、涂料应在标准实验条件下放置24h以上。取5块砂浆块用2号砂纸清除表面浮浆，必要时按生产厂要求在砂浆块的成型面70mm×70mm上涂刷底涂料，干燥后按生产厂要求的比例将样品混合后搅拌5min（单组分防水涂料样品直接使用）涂抹在成型面上，涂膜的厚度0.5～1.0mm（可分两次涂覆，间隔不超过24h），然后将制得的试件按表8-14要求养护，不需要脱模，制备5个试件。

将养护后的试件用高强度胶粘剂将拉伸用上夹具与涂料面粘贴在一起，小心地除去周围溢出的胶粘剂，在标准实验条件下水平放置养护24h。然后沿上夹具边缘一圈用刀切割涂膜至基层，使实验面积为40mm×40mm。

将粘有拉伸用上夹具的试件如图所示安装在实验机上，保持试件表面垂直方向的中线与实验机夹具中心在一条线上，以（5±1）mm/min的速度拉伸至试件破坏，记录试件的最大拉力。实验温度为（23±2）℃。

（2）B法

1）实验器具

① 拉伸实验机：测量值在量程的15%～85%之间，示值精度不低于1%，拉伸速度（5±1）mm/min。

② 电热鼓风烘箱：控温精度±2℃。

③ “8”字形金属模具：见图8-4，中间用插片分成两半。

④ 粘结基材：“8”字形水泥砂浆块，见图8-5。采用强度等级42.5的普通硅酸盐水泥，将水泥、中砂按照质量比1∶1加入砂浆搅拌机中搅拌，加水量以砂浆稠度70～90mm为准，

倒入模框中振实抹平，然后移入养护室，1d后脱模，水中养护10d后再在（50±2）℃的烘箱中干燥（24±0.5)h,取出在标准条件下放置备用，同样制备5对砂浆试块。

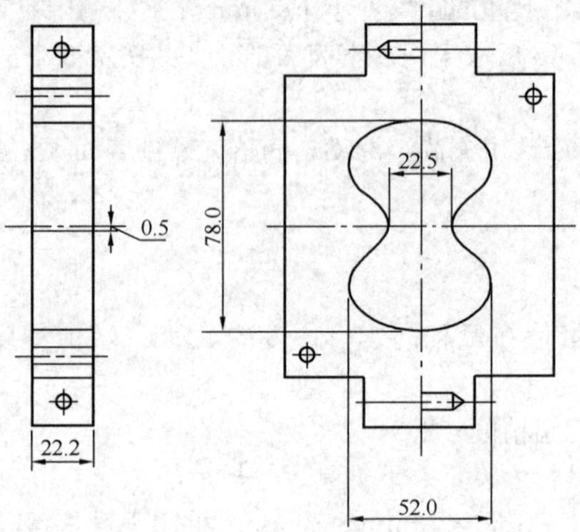

图8-4　(mm)

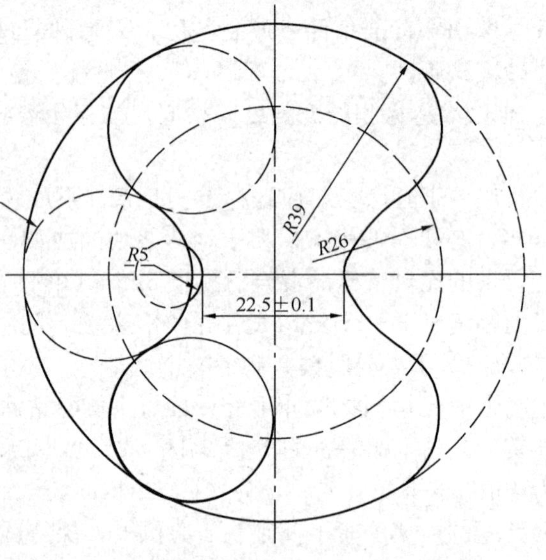

图8-5　(mm)

2）实验步骤

实验前制备好的砂浆块、工具、涂料应在标准实验条件下放置24h以上。

取5块砂浆块用2号砂纸清除表面浮浆，必要时先将涂料稀释后在砂浆块的断面上打底，干燥后按生产厂要求的比例将样品混合后搅拌5min（单组分防水涂料样品直接使用）涂抹在成型面上，将两个砂浆块断面对接，压紧，砂浆块间涂料的厚度不超过0.5mm。然后将制得的试件按规定要求养护，不需要脱模，制备5个试件。

将试件安装在实验机上，保持试件表面垂直方向的中线与实验机夹具中心在一条线上，以(5±1) mm/min的速度拉伸至试件破坏，记录试件的最大拉力。实验温度为（23±2）℃。

（3）结果计算

粘结强度按式公式 $\sigma = F/(a \times b)$ 计算。

式中　σ——粘结强度，MPa；

F——试件的最大拉力，N；

a——试件粘结面的长度，mm；

b——试件粘结面的宽度，mm。

6. 潮湿基面粘结强度

按上文第5条（2）B法所要求的制备“8”字形砂浆块。取5对养护好的水泥砂浆块，用2号砂纸清除表面浮浆，将砂浆块浸入（23±2）℃的水中浸泡24h。将在标准实验条件下已放置24h的样品按生产厂要求的比例混合后搅拌5min（单组分防水涂料样品直接使用）。从水中取出砂浆块用湿毛巾揩去水渍，晾置5min后，在砂浆块的断面上涂抹准备好的涂料，将两个砂浆块断面对接、压紧，砂浆块间涂料厚度不超过0.5mm，在标准实验条件下放置4h。然后将制得的试件进行养护，条件为温度（20±1）℃，相对湿度不小于90%，养护168h，制备5个试件。

将养护好的试件在标准实验条件下放置2h，将试件安装在实验机上，保持试件表面垂直方向的中线与实验机夹具中心在一条线上，以（5±1）mm/min的速度拉伸至试件破坏，记录试件的最大拉力。实验温度为（23±2）℃。

7. 拉伸性能

（1）实验器具

① 拉伸实验机：测量值在量程的15%～85%之间，示值精度不低于1%，拉伸范围大于500mm。

② 电热鼓风烘箱：控温精度±2℃。

③ 冲片机及符合GB/T 528要求的哑铃Ⅰ型裁刀。

④ 紫外线箱：500w直管汞灯，灯管与箱底平行，与试件表面的距离为47～50cm。

⑤ 厚度计：接触面直径6mm，单位面积压力0.02MPa，分度值0.01mm。

⑥ 氙弧灯老化实验箱：符合GB/T 18244要求的氙弧灯老化实验箱。

（2）实验步骤

无处理拉伸性能：将涂膜按要求，截取符合GB/T 528要求的哑铃Ⅰ型试件，并划好间距25mm的平行线，用厚度计测量试件标线中间和两端三点的厚度，取其算术平均值作为试件厚度，调整拉伸实验机夹具间距约70mm，将试件夹在实验机上，保持试件长度方向的中线与实验机夹具中心在一条线上，按表8-16的拉伸速度进行拉伸至断裂，记录试件断裂时的最大荷载（p），断裂时标线间距离（L_1），精确到0.1mm，测试5个试件，若有试件断裂在标线外，应舍弃用备用件补测。

表8-16　拉伸速度

产品类型	拉伸速度（mm/min）
高延伸率涂料	500
低延伸率涂料	200

（3）结果计算

① 拉伸强度试件的拉伸强度按式 $T_L = P/(B \times D)$ 计算。

式中 T_L——拉伸强度，MPa；

P——最大拉力，N；

B——试件中间部位宽度，mm；

D——试件厚度，mm。

取 5 个试件的算术平均值作为实验结果，结果精确到 0.01MPa。

② 试件的断裂伸长率按式 $E=[(L_1-L_0)/L_0]\times 100\%$ 计算。

式中 E——断裂伸长率,%；

L_0——试件起始标线间距离 25mm；

L_1——试件断裂时标线间距离，mm。

取 5 个试件的算术平均值作为实验结果，结果精确到 1%。

8. 撕裂强度

（1）实验器具

① 拉伸实验机：测量值在量程的 15%～85%之间，示值精度不低 1%，拉伸范围大于 500mm。

② 电热鼓风烘箱：控温精度±2℃。

③ 冲片机及符合 GB/T 529—2008 中 5.1.2 要求的直角撕裂裁刀。

④ 厚度计：接触面直径 6mm，单位面积压力 0.02MPa，分度值 0.01mm。

（2）实验步骤

将涂膜按要求，截取符合 GB/T 529—2008 要求的无割口直角撕裂试件，用厚度计测量试直角撕裂区域三点的厚度，取其算术平均值作为试件厚度。将试件夹在实验机上，保持试件长度方向的中线与实验机夹具中心在一条线上，按表 8-16 的拉伸速度进行拉伸至断裂，记录试件断裂时的最大荷载（P），测试 5 个试件。

（3）结果计算

试件的撕裂强度按式 $T_s=P/d$ 计算。

式中 T_s——撕裂强度，kN/m；

P——最大拉力，N；

d——试件厚度，mm。

取 5 个试件的算术平均值作为实验结果，结果精确到 0.1kN/m。

9. 加热伸缩率

（1）实验器具

① 电热鼓风干燥箱：控温精度±2℃。

② 测长装置：精度至少 0.5mm。

（2）实验步骤

将涂膜按要求截取（300×30）mm 试件 3 块，将试件在标准实验条件下水平放置 24h，用测长装置测定每个试件长度（L_0）。将试件平放在撒有滑石粉的隔离纸上，水平放入已加热到规定温度的烘箱中，加热温度沥青类涂料为（70±2）℃，其他涂料为（80±2）℃，恒温（168±1）h 取出，在标准实验条件下放置 4h，然后用测长装置在同一位置测定试件的长度（L_1），若试件有弯曲，用直尺压住后测量。

（3）结果计算

加热伸缩率按式 $S=[(L_1-L_0)/L_0]\times100\%$ 计算。

式中　S——加热伸缩率，%；

L_0——加热处理前长度，mm；

L_1——加热处理后长度，mm。

取 3 个试件的算术平均值作为实验结果，结果精确到 0.1%。

10. 不透水性

（1）实验器具

① 不透水仪：符合 GB/T 328.10—2007 中 5.2 要求。

② 金属网：孔径为 0.2mm。

（2）实验步骤

按要求截取 3 个约 150mm×150mm 试件，在标准实验条件下放置 2h，实验在(23±5) ℃进行，将装置中充水直到满出，彻底排出装置中空气。

将试件放置在透水盘上，再在试件上加一相同尺寸的金属网，盖上 7 孔圆盘，慢慢夹紧直到试件夹紧在盘上，用布或压缩空气干燥试件的非迎水面，慢慢加压到规定的压力。

达到规定压力后，保持压力（30±2）min，实验时观察试件的透水情况（水压突然下降或试件的非迎水面有水）。

（3）结果评定

所有试件在规定时间应无透水现象。

8.4.2　聚合物水泥防水涂料

标准实验条件（23±2)℃，相对湿度 45%～70%。聚合物水泥防水涂料的技术指标见表 8-17。

试样制备：在试件前，实验样品及所用实验器具在标准实验条件下放置 24h。

将在标准条件下放置后的样品按生产厂指定的比例分别称取适量液体和固体组分，混合后机械搅拌 5min，倒入模具中涂覆，注意勿混入气泡。为方便脱模，模具表面可用硅油石蜡进行处理。试样制备时分两次或三次涂覆，后道涂覆应在前道涂层实干后进行，在 72h 之内使试样厚度达到（1.5±0.2）mm。试样脱模后在标准条件下放置 168h，然后在（50±2)℃烘箱中处理 24h，取出后置于干燥器中，在标准条件下至少放置 2h。

表 8-17　聚合物水泥防水涂料的技术指标

序号	试验项目			技术指标	
				Ⅰ型	Ⅱ型
1	固体含量（%）		≥	65	
2	干燥时间	表干时间（h）	≤	4	
		实干时间（h）	≤	8	
3	拉伸强度	无处理（MPa）	≥	1.2	1.8
		加热处理后保持率（%）	≥	80	80
		碱处理后保持率（%）	≥	70	80
		紫外线处理后保持率（%）	≥	80	80

续表

序号	试验项目			技术指标	
				Ⅰ型	Ⅱ型
4	断裂伸长率	无处理（%）	≥	200	80
		加热处理（%）	≥	150	65
		碱处理（%）	≥	140	65
		紫外线处理（%）	≥	150	65①
5	低温柔性（ϕ10mm 棒）			－10℃无裂纹	—
6	不透水性（0.3MPa，30min）			不透水	不透水①
7	潮湿基面粘结强度（MPa）		≥	0.5	1.0
8	抗渗性（背水面）②/MPa		≥	—	0.6

① 如产品用于地下工程，该项目可不测试；

② 如产品用于地下防水工程，该项目必须测试。

8.4.3 聚氨酯防水涂料

标准实验条件（23±2)℃，相对湿度（60±15)%。聚氨酯防水涂料物理力学性能见表 8-18、表 8-19。

试件制备：在试件制备前，实验样品及所用实验器具在标准实验条件下放置 24h。

在标准实验条件下称取所需的实验样品量，保证最终涂膜厚度（1.5±0.2）mm。

表 8-18 单组分聚氨酯防水涂料物理力学性能

序号	项目			Ⅰ	Ⅱ
1	拉伸强度（MPa）		≥	1.9	2.45
2	断裂伸长率（%）		≥	550	450
3	撕裂强度（N/mm）		≥	12	14
4	低温弯折性（℃）		≤	－40	
5	不透水性（0.3MPa，30min）			不透水	
6	固体含量（%）		≥	80	
7	表干时间（h）		≤	12	
8	实干时间（h）		≤	24	
9	加热伸缩率（%）		≤	1.0	
			≥	－4.0	
10	潮湿基面粘结强度①（MPa）		≥	0.50	
11	定伸时老化	加热老化		无裂纹及变形	
		人工气候老化②		无裂纹及变形	
12	热处理	拉伸强度保持率（%）		80～150	
		断裂伸长率（%）	≥	500	400
		低温弯折性（℃）	≤	－35	

续表

<table>
<tr><th>序号</th><th colspan="3">项目</th><th>Ⅰ</th><th>Ⅱ</th></tr>
<tr><td rowspan="3">13</td><td rowspan="3">碱处理</td><td>拉伸强度保持率（%）</td><td></td><td colspan="2">60～150</td></tr>
<tr><td>断裂伸长率（%）</td><td>≥</td><td>500</td><td>400</td></tr>
<tr><td>低温弯折性（℃）</td><td>≤</td><td colspan="2">−35</td></tr>
<tr><td rowspan="3">14</td><td rowspan="3">酸处理</td><td>拉伸强度保持率（%）</td><td></td><td colspan="2">80～150</td></tr>
<tr><td>断裂伸长率（%）</td><td>≥</td><td>500</td><td>400</td></tr>
<tr><td>低温弯折性（℃）</td><td>≤</td><td colspan="2">−35</td></tr>
<tr><td rowspan="3">15</td><td rowspan="3">人工气候老化</td><td>拉伸强度保持率（%）</td><td></td><td colspan="2">80～150</td></tr>
<tr><td>断裂伸长率（%）</td><td>≥</td><td>500</td><td>400</td></tr>
<tr><td>低温弯折性</td><td>≤</td><td colspan="2">−35</td></tr>
</table>

① 仅用于地下工程潮湿基面时要求；

② 仅用于外露使用的产品。

表 8-19　多组分聚氨酯防水涂料物理力学性能

<table>
<tr><th>序　号</th><th colspan="3">项目</th><th>Ⅰ</th><th>Ⅱ</th></tr>
<tr><td>1</td><td colspan="2">拉伸强度（MPa）</td><td>≥</td><td>1.9</td><td>2.45</td></tr>
<tr><td>2</td><td colspan="2">断裂伸长率（%）</td><td>≥</td><td>450</td><td>450</td></tr>
<tr><td>3</td><td colspan="2">撕裂强度（N/mm）</td><td>≥</td><td>12</td><td>14</td></tr>
<tr><td>4</td><td colspan="2">低温弯折性（℃）</td><td>≤</td><td colspan="2">−35</td></tr>
<tr><td>5</td><td colspan="2">不透水性（0.3MPa，30min）</td><td></td><td colspan="2">不透水</td></tr>
<tr><td>6</td><td colspan="2">固体含量（%）</td><td>≥</td><td>92</td><td></td></tr>
<tr><td>7</td><td colspan="2">表干时间（h）</td><td>≤</td><td>8</td><td></td></tr>
<tr><td>8</td><td colspan="2">实干时间（h）</td><td>≤</td><td>24</td><td></td></tr>
<tr><td rowspan="2">9</td><td rowspan="2">加热伸缩率（%）</td><td>伸长</td><td>≤</td><td colspan="2">1.0</td></tr>
<tr><td>缩短</td><td>≥</td><td colspan="2">−4.0</td></tr>
<tr><td>10</td><td colspan="2">潮湿基面粘结强度①/MPa</td><td>≥</td><td colspan="2">0.50</td></tr>
<tr><td rowspan="2">11</td><td rowspan="2">定伸时老化</td><td>加热老化</td><td></td><td colspan="2">无裂纹及变形</td></tr>
<tr><td>人工气候老化②</td><td></td><td colspan="2">无裂纹及变形</td></tr>
<tr><td rowspan="3">12</td><td rowspan="3">热处理</td><td>拉伸强度保持率（%）</td><td></td><td colspan="2">80～150</td></tr>
<tr><td>断裂伸长率（%）</td><td>≥</td><td colspan="2">400</td></tr>
<tr><td>低温弯折性（℃）</td><td>≤</td><td colspan="2">−30</td></tr>
<tr><td rowspan="3">13</td><td rowspan="3">碱处理</td><td>拉伸强度保持率（%）</td><td></td><td colspan="2">60～150</td></tr>
<tr><td>断裂伸长率（%）</td><td>≥</td><td colspan="2">400</td></tr>
<tr><td>低温弯折性（℃）</td><td>≤</td><td colspan="2">−30</td></tr>
<tr><td rowspan="3">14</td><td rowspan="3">酸处理</td><td>拉伸强度保持率（%）</td><td></td><td colspan="2">80～150</td></tr>
<tr><td>断裂伸长率（%）</td><td>≥</td><td colspan="2">400</td></tr>
<tr><td>低温弯折性（℃）</td><td>≤</td><td colspan="2">−30</td></tr>
<tr><td rowspan="3">15</td><td rowspan="3">人工气候老化②</td><td>拉伸强度保持率（%）</td><td></td><td colspan="2">80～150</td></tr>
<tr><td>断裂伸长率（%）</td><td>≥</td><td colspan="2">400</td></tr>
<tr><td>低温弯折性（℃）</td><td>≤</td><td colspan="2">−30</td></tr>
</table>

① 仅用于地下工程潮湿基面时要求；

② 仅用于外露使用的产品。

将静置后的样品搅匀，不得加入稀释剂，若样品为多组分涂料，则按产品生产厂要求的配合比混合后充分搅拌 5min，在不混入气泡的情况下倒入模框中。模框不得翘曲且表面平滑，为便于脱模，涂覆前可用脱模剂处理。样品按生产厂的要求一次或多次涂覆（最多三次，每次间隔不超过 24h），最后一次将表面刮平，在标准实验条件下养护 96h，然后脱膜，涂模翻过来继续在标准实验条件下养护 72h。

8.4.4 聚合物乳液建筑防水涂料

标准实验条件（23±2)℃，相对湿度（50±10)%。聚合物乳液建筑防水涂料的技术指标见表 8-20。

试件制备：在试件前，实验样品及所用实验器具在标准实验条件下放置 24h。

将静置后的样品搅拌均匀，在不混入气泡的情况下倒入模具中涂覆。为方便脱膜在涂覆前模具表面可用硅油或液体腊进行处理，试件制备时分两次涂覆，两次涂覆间隔 24h，在 24h 以内使膜厚度达到 1.2～1.5mm，制备好的试件在标准条件下养护 96h，脱膜后再放入(40±2)℃干燥箱中烘干 48h，取出后在标准实验条件下放置 4h 以上。

表 8-20 聚合物乳液建筑防水涂料的技术指标

<table>
<tr><th rowspan="2">序号</th><th colspan="3" rowspan="2">试验项目</th><th colspan="2">指标</th></tr>
<tr><th>I类</th><th>II类</th></tr>
<tr><td>1</td><td colspan="2">拉伸强度（MPa）</td><td>≥</td><td>1.0</td><td>1.5</td></tr>
<tr><td>2</td><td colspan="2">断裂延伸率（%）</td><td>≥</td><td colspan="2">300</td></tr>
<tr><td>3</td><td colspan="3">低温柔性（绕 φ10mm 棒）</td><td>−10℃，无裂纹</td><td>−20℃，无裂纹</td></tr>
<tr><td>4</td><td colspan="3">不透水性（0.3MPa，0.5h)</td><td colspan="2">不透水</td></tr>
<tr><td>5</td><td colspan="2">固体含量（%）</td><td>≥</td><td colspan="2">65</td></tr>
<tr><td rowspan="2">6</td><td rowspan="2">干燥时间（h）</td><td>表干时间</td><td>≤</td><td colspan="2">4</td></tr>
<tr><td>实干时间</td><td>≤</td><td colspan="2">8</td></tr>
<tr><td rowspan="4">7</td><td rowspan="4">老化处理后的拉伸强度保持率（%）</td><td>加热处理</td><td>≥</td><td colspan="2">80</td></tr>
<tr><td>人工气候加速老化</td><td>≥</td><td>—</td><td>80～150</td></tr>
<tr><td>碱处理</td><td>≥</td><td colspan="2">60</td></tr>
<tr><td>酸处理</td><td>≥</td><td colspan="2">40</td></tr>
<tr><td rowspan="4">8</td><td rowspan="4">老化处理后的断裂延伸率（%）</td><td>加热处理</td><td>≥</td><td colspan="2">200</td></tr>
<tr><td>人工气候加速老化</td><td>≥</td><td>—</td><td>200</td></tr>
<tr><td>碱处理</td><td>≥</td><td colspan="2">200</td></tr>
<tr><td>酸处理</td><td>≥</td><td colspan="2">200</td></tr>
<tr><td rowspan="2">9</td><td rowspan="2">加热伸缩率（%）</td><td>伸长</td><td>≤</td><td colspan="2">1.0</td></tr>
<tr><td>缩短</td><td>≤</td><td colspan="2">1.0</td></tr>
</table>

8.5 止水带、膨胀橡胶

橡胶止水带是以天然橡胶与各种合成橡胶为主要原料，掺加各种助剂和填充剂，经塑炼、混炼、压制成型。橡胶止水带是利用橡胶的高弹性和压缩变形性，在各种荷载下产生压弹变形，用于建筑物的永久性接缝和周边的接缝上，起到紧固密封，有效地防止建筑物构件的漏水渗水，减震缓冲等作用，以确保建筑物的使用寿命。

遇水膨胀橡胶是把具有高度亲水性的物质（如吸水性聚氨酯，高吸水性树脂）掺和混在橡胶中后制成的产品。它是一种既有一般橡胶制品的特点，又有遇水可自行膨胀以水制水功能的橡胶材料。

遇水膨胀橡胶根据其形态可分为制品型和腻子型两大类型，它可以作为嵌缝腻子、止水带、截水材料，在与水接触过程中会迅速溶胀，从而充斥缝隙的各个空间，保持高度的密封性，达到防水的效果。

8.5.1　样品准备与环境要求

1. 样品和试样

① 尚未制备试样的样品及试样进行调节之前，应保存在引起老化可能性最小的环境中，如热、光或污染物，包括来自其他样品的交叉污染。

② 只要有可能，硫化与实验之间的时间间隔不应超过三个月。

③ 较厚样品需制试样时，可用旋转刀具设备，切割机等专用器械进行切片后，再用砂轮或挠性打磨带等将切片打磨到试件所需厚度。

④ 拉伸、撕裂、脆性温度实验的试片，打磨后的厚度应为（2.0±0.2）mm，低温弯折试件厚度为 2mm。

⑤ 膨胀橡胶成品测试在从制品上截取制备试样时，需经（70±2)℃恒温 3h 后，再在标准温度下停放 4h。

⑥ 需进行拉伸实验、撕裂实验和压缩永久变形实验的试样，在裁切试样时，试片在标准温度下至少调节 3h。

⑦ 做拉伸实验的试片裁切应与压延方向一致；做撕裂实验的试片裁切，撕裂口应与压延方向一致。

2. 环境要求

温度（23±2)℃。

8.5.2　实验方法

① 止水带的物理性能应符合表 8-21 的规定。

表 8-21　止水带的物理性能

序号	项目			指标		
				B	S	J
1	硬度（邵尔 A）(度)			60±5	60±5	60±5
2	拉伸强度（MPa）		≥	15	12	10
3	扯断伸长率（%）		≥	380	380	300
4	压缩永久变形	70℃×24h（%）	≤	35	35	35
5		23℃×168h（%）	≤	20	20	20

续表

<table>
<tr><th rowspan="2">序号</th><th rowspan="2" colspan="4">项目</th><th colspan="3">指标</th></tr>
<tr><th>B</th><th>S</th><th>J</th></tr>
<tr><td>6</td><td colspan="3">撕裂强度（kN/m）</td><td>≥</td><td>30</td><td>25</td><td>25</td></tr>
<tr><td>7</td><td colspan="3">脆性温度（℃）</td><td>≤</td><td>−45</td><td>−40</td><td>−40</td></tr>
<tr><td>8</td><td rowspan="6">热空气老化</td><td rowspan="3">70℃×168h</td><td>硬度变化（邵尔 A）度</td><td>≤</td><td>+8</td><td>+8</td><td rowspan="3">—</td></tr>
<tr><td>9</td><td>拉伸强度（MPa）</td><td>≥</td><td>12</td><td>10</td></tr>
<tr><td>10</td><td>扯断伸长率（%）</td><td>≥</td><td>300</td><td>300</td></tr>
<tr><td>11</td><td rowspan="3">100℃×168h</td><td>硬度变化（邵尔 A）（度）</td><td>≤</td><td rowspan="3">—</td><td rowspan="3">—</td><td>+8</td></tr>
<tr><td>12</td><td>拉伸强度（MPa）</td><td>≥</td><td>9</td></tr>
<tr><td>13</td><td>扯断伸长率（%）</td><td>≥</td><td>250</td></tr>
<tr><td>14</td><td colspan="4">臭氧老化 50pphm：20%，48h</td><td>2 级</td><td>2 级</td><td>0 级</td></tr>
<tr><td>15</td><td colspan="4">橡胶与金属粘合</td><td colspan="3">断面在弹性体内</td></tr>
</table>

注：① 止水带接头部位的拉伸强度指标不得低于标准性能的 80%（现场施工接头除外）；

② 橡胶与金属粘合项仅适用于具有钢边的止水带；

③ 若有其他特殊需要时，可由供需双方协议适当增加检验项目，如根据用户需求酌情考核霉菌实验，但其防霉性能应等于或高于 2 级。

② 腻子型膨胀橡胶的物理性能应符合表 8-22 的规定。

表 8-22　腻子型膨胀橡胶物理性能

<table>
<tr><th rowspan="2">序号</th><th rowspan="2" colspan="2">项目</th><th colspan="3">指标</th></tr>
<tr><th>PN-150</th><th>PN-220</th><th>PN-300</th></tr>
<tr><td>1</td><td>体积膨胀倍率①（%）</td><td>≥</td><td>150</td><td>220</td><td>300</td></tr>
<tr><td>2</td><td colspan="2">高温流淌性（80℃×5h）</td><td>无流淌</td><td>无流淌</td><td>无流淌</td></tr>
<tr><td>3</td><td colspan="2">低温实验（−20℃×2h）</td><td>无脆裂</td><td>无脆裂</td><td>无脆裂</td></tr>
</table>

① 检验结果应注明实验方法。

③ 制品型膨胀橡胶的物理性能应符合表 8-23 的规定。

表 8-23　制品型膨胀橡胶胶料物理性能

<table>
<tr><th rowspan="2">序号</th><th rowspan="2" colspan="2">项目</th><th colspan="4">指标</th></tr>
<tr><th>PZ-150</th><th>PZ-250</th><th>PZ-250</th><th>PZ-600</th></tr>
<tr><td>1</td><td colspan="2">硬度（邵尔 A）（度）</td><td colspan="2">42±7</td><td>45±7</td><td>48±7</td></tr>
<tr><td>2</td><td colspan="2">拉伸强度（MPa）</td><td colspan="2">3.5</td><td>3</td><td></td></tr>
<tr><td>3</td><td colspan="2">扯断伸长率（%）</td><td colspan="2">450</td><td colspan="2">350</td></tr>
<tr><td>4</td><td colspan="2">体积膨胀倍率（%）</td><td>150</td><td>250</td><td>400</td><td>600</td></tr>
<tr><td>5</td><td rowspan="3">反复浸水实验</td><td>拉伸强度（MPa）</td><td colspan="2">3</td><td colspan="2">2</td></tr>
<tr><td>6</td><td>扯断伸长率（%）</td><td colspan="2">350</td><td colspan="2">250</td></tr>
<tr><td>7</td><td>体积膨胀倍率（%）</td><td>150</td><td>250</td><td>300</td><td>500</td></tr>
<tr><td>8</td><td colspan="2">低温弯折（−20℃×2h）</td><td colspan="4">无裂纹</td></tr>
</table>

注：① 硬度为推荐项目；

② 成品切片测试应达到本标准的 80%；

③ 接头部位的拉伸强度指标不得低于标准性能的 50%。

8.5.2.1　硬度（邵尔 A）实验

在可能的情况下，试样在测试前在标准温度下进行调节。

1. 仪器设备

邵尔硬度计 A 型。

2. 试件制备

试样厚度至少 6mm。若试样厚度小于 6mm，可用不多于 3 层、每层厚度不小于 2mm 的光滑、平行试样进行叠加。但这样所测得的结果和在整块试样上所测得的硬度不能相比较。

试样必须有足够的面积，使压针和试样接触位置距离边缘至少 12mm，试样的表面和压足接触部分必须平整。

3. 操作步骤

① 把试样放置在坚固的平面上，拿住硬度计，压足中孔的压针距离试块边缘至少 12mm，平稳地把压足压在试样上，不能有任何振动，并保持压足平行于试样表面，以使压针垂直地压入试样。

② 所施加的力要刚好足以使压足和试样完全接触，必须在压足和试样完全接触后 1s 内读数。在试样相距至少 6mm 的不同位置测量硬度值 5 次。

③ 使用支架固定硬度计或在压针轴上用砝码加力使压足和试样接触，或两种方法兼用，可以提高测量准确度。对于邵尔硬度计，A 型推荐使用 1kg 砝码。

4. 数据处理与结果判定

取 5 次硬度值的中位数。

8.5.2.2　拉伸实验（拉伸强度、扯断伸长率）

1. 仪器设备

拉力实验机：能同时测定拉力与延伸率，保证拉力测试值在量程的 20%～80%间，精度 1%；能够达到（500±50）mm/min 的拉伸速度，测长装置测量精度 1mm。

厚度计：分度值为 0.01mm，压力为（22±5）kPa，扁平圆形测足直径为（2～10）mm。

2. 操作步骤

① 按要求在已打磨好的试片上截取三个符合 GB/T 528 中的哑铃Ⅱ型试件（图 8-6），拉伸速度（500±50）mm/min，夹具间距约 50～55mm，标线间距离 12.5mm，如遇接头部位应保证使其位于两条标线之内。用厚度计测量标线间中间 3 点的厚度，取中值作为试件厚度。

② 将试件置于夹持器中心夹紧，不得歪扭，开动拉力实验机。读取试件的最大拉力 P，试件断裂时标线间的长度 L_1，若试件在标线外断裂，数据作废，用备用试件补做。

3. 数据处理与结果判定

拉伸强度按式 $T_S = \dfrac{p}{B \times d}$ 计算，精确到 0.1MPa。

式中　T_S——拉伸强度，MPa；

P——最大拉力，N；

B——试件中间部位宽度，mm；

d——试件厚度，mm。

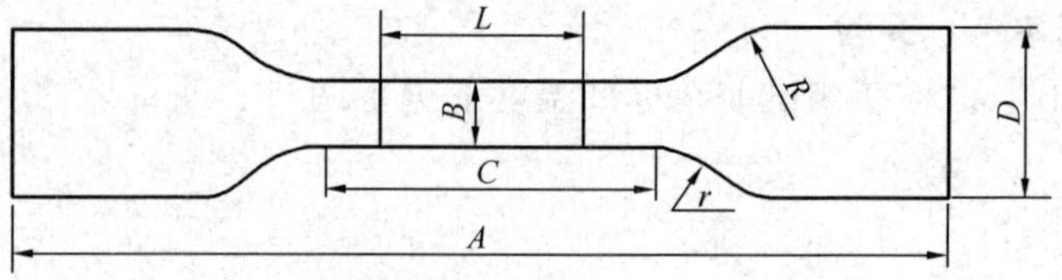

图 8-6　Ⅱ型哑铃形试件（mm）

A—总长，最小值 75；B—标距段的宽度 4.0±0.1；C—标距段的长度 25.0±1.0；

D—端部宽度 12.5±1.0；R—大半径 12.5±1.0；

r—小半径 8.0±0.1；L—标距线间的距离 12.5±1.0

扯断伸长率按式 $E_b=\dfrac{100(L_b-L_0)}{L_0}$ 计算。

式中　E_b——扯断伸长率；

L_b——试样断裂时标距；

L_0——试样的初始标距。

测试三个试样，结果取中位数。

8.5.2.3　体积膨胀倍率实验

1. 实验方法（I）

（1）仪器设备

天平：精度 0.001g。

（2）试样制备

将试样制成长、宽各为（20.0±0.2）mm，厚为（2.0±0.2）mm，数量为 3 个。用成品制作试样时，应尽可能去掉表层。

（3）操作步骤

① 将制作好的试样先用 0.001g 精度的天平称出在空气中的质量，然后再称出样品悬挂在蒸馏水中的质量。

② 将试样浸泡在（23±5)℃的 300mL 蒸馏水中，实验过程中，应避免试样重叠及水分的挥发。

③ 试样浸泡 72h 后，先用 0.001g 精度的天平称出其在蒸馏水中的质量，然后用滤纸轻轻吸干试样表面的水分，称出试样在空气中的质量。

（4）数据处理及结果判定

$$\Delta V=\frac{m_3-m_4+m_5}{m_1-m_2+m_5}\times 100\%$$

式中　ΔV——体积膨胀倍率，%；

m_1——浸泡前试样在空气中的质量，g；

m_2——浸泡前试样在蒸馏水中的质量，g；

m_3——浸泡后试样在空气中的质量，g；

m_4——浸泡后试样在蒸馏水中的质量，g；

m_5——坠子在蒸馏水中的质量，g（如无坠子用发丝等特轻细丝悬挂可忽略不计）。

体积膨胀倍率取三个试样的平均值。

2. 实验方法（Ⅱ）

（1）仪器设备

天平：精度 0.001g；量筒：50mL。

（2）试样制备

取试样质量为 2.5g，制成直径约为 12mm，高度约为 12mm 的圆柱体，数量为 3 个。

（3）实验步骤

① 将制作好的试样先用 0.001g 精度的天平称出其在空气中的质量，然后再称出试样悬挂在蒸馏水中的质量（必须用发丝等特轻细丝悬挂试样）。

② 先在量筒中注入 20 mL 左右的（23±5)℃的蒸馏水，放入试样后，加蒸馏水至 50mL。然后在标准环境的条件下放置 120h（试样表面和蒸馏水必须充分接触）。

③ 读出量筒中试样占水体积的 mL 数（即试样的高度），把 mL 数换算为 g（水的体积是 1mL 时，质量为 1g）。

（4）数据处理及结果判定

$$\Delta V = \frac{m_3}{m_1 - m_2} \times 100\%$$

式中　ΔV——体积膨胀倍率，%；

m_1——浸泡前试样在空气中的质量，g；

m_2——浸泡前试样在蒸馏水中的质量，g；

m_3——试样占水体积的 mL 数，换算为质量，g；

体积膨胀倍率取三个试样的平均值。

8.5.2.4　撕裂强度实验

1. 设备仪器

拉力实验机：符合 ISO 5893 的规定，其测力精度达到 B 级；作用力误差应控制在 2% 以内，实验过程中夹持器移动速度保持匀速。

直角裁刀：刀口锋利，不得有卷刃和缺口。

厚度计：分度值为 0.01mm，压力为（22±5）kPa，扁平圆形测足为 2～10mm。

2. 操作步骤

① 分别在已打磨好的试片上截取 5 个试样，测量每个试样撕裂区域的厚度不得少于三点，取中位数。厚度值不得偏离所取中位数的 2%。如果多组试样进行比较，则每一组试样厚度中位数必须在各组试样厚度中位数的 7.5%范围内。

② 将试样沿轴向对准拉伸方向分别夹入上下夹持器一定深度，以保证在平行的位置上充分均匀地夹紧。

③ 按（500±50）mm/min 的速度对试样进行拉伸，直至试样撕裂，记录其最大力值。

3. 数据处理及结果判定

撕裂强度 T_s 按式 $T_s = \frac{F}{d}$ 计算。

式中　T_s——撕裂强度，kN/m；

F——试样撕裂时所需的力（取力值 F 的最大值），N；

d——试样厚度中位数，mm。

实验结果以 5 个测定值的中位数和最大最小表示，数值准确到整数位。

8.5.2.5 反复浸水实验

1. 仪器设备

① 电热恒温箱：带有热风循环装置，控温精度±2℃。

② 拉力实验机：同本节拉伸实验用拉力实验机。

③ 厚度计：同拉伸实验测厚用厚度计。

④ 天平：精度0.001g。

2. 试样制备

分别在已打磨好的试片上截取拉伸试件不少于3个。

3. 实验步骤

实验前对每一个试件进行编号后，将试样在常温（23±5)℃的蒸馏水中浸泡16h，浸泡过程中，试样必须完全浸没在水中，试件不得重叠，取出后在70℃下烘干8h，再放到水中浸泡16h，再烘干8h；如此反复浸水，烘干4个循环周期之后，按前面8.5.2.2测其拉伸强度和扯断伸长率，按8.5.2.3测其体积膨胀倍率。

8.5.2.6 低温弯折实验

1. 仪器设备

低温箱：能在0～－40℃之间自动调节，且能使试样在被操作过程中保持恒定温度。

弯折板：由金属平板、转轴和调距离螺钉组成，平板间距可任意调节。

2. 试件制备

将试片裁成20mm×100mm×2mm的长方体。从试样制备到实验，时间为24h。

3. 操作步骤

将制备的试样弯曲180°，使试样边缘重合、齐平，并用定位夹或10mm宽的胶布将边缘固定以保证其在实验中不发生错位；并将弯折板的两平板间距离调到试样厚度的三倍。将弯折板上平板打开，把厚度相同的两块试样平放在底板上，重合的一边朝向转轴，且距转轴20mm；在规定温度下保持2h，之后迅速压下上平板，达到所调间距位置，保持1s后将试样取出。待恢复到室温后观察试样弯折处是否断裂，或用放大镜观察试样弯折处受拉面有无裂纹。

4. 数据处理及判定结果

用8倍放大镜观察试样表面，以两个试样均无裂纹为合格。

8.5.2.7 高温流淌性实验

1. 仪器设备

电热鼓风干燥箱：控温精度±2℃；75°倾角木架：木架面板上布有3个长20mm、宽20mm、深2mm的凹槽。

2. 试件制备

将腻子型膨胀橡胶放在事先涂有硅油的玻璃板上，用涂有硅油的光滑圆棒碾压腻子型膨胀橡胶，使其成4mm厚饼状，再用涂有硅油的刀把饼状腻子型膨胀橡胶切成20mm×20mm的试件三个。

3. 操作步骤

将试件分别放入75°倾角木架的凹槽中，使试件厚度的2mm在槽内，2mm在槽外。把装有试件的木架放入已调节到实验温度的干燥箱中，木架与干燥箱壁间的距离不小于

50mm，试件的中心宜与温度计的探头在同一水平位置，达至规定温度后放置 5h 取出，观察表面现象。

4. 结果判定

观察试样有无明显流淌，以不超过凹槽边线 1mm 为无流淌。

8.5.2.8　低温实验

1. 仪器设备

低温箱：可达－20℃，控温精度±2℃。

圆棒：直径 10mm。

2. 试件制备

将腻子型膨胀橡胶放在事先涂有硅油的玻璃板上，用涂有硅油的光滑圆棒碾压腻子型膨胀橡胶，使其成 2mm 厚饼状，再用涂有硅油的刀把饼状腻子型膨胀橡胶切成 50mm×100mm 的试件。

3. 操作步骤

将试件和圆棒一起放入低温箱中，在规定的温度下保持 2h 后打开低温箱，迅速把试件在 10mm 的棒上缠绕 1 圈。

4. 结果判定

观察试样是否脆裂。

例题：有制品型膨胀橡胶要测其在蒸馏水中浸泡后的体积膨胀倍率，试件为符合标准尺寸要求的薄片状 3 块，测试中以发丝悬挂试件称量并得知：浸泡前试样在空气中质量，1 号试件是 4.044g，2 号试件是 4.132g，3 号试件是 3.987g。浸泡前试样蒸馏水中的质量，1 号试件是 1.45g，2 号试件是 1.45g，3 号试件是 1.405g。浸泡后试样在空气中的质量，1 号试件 9.344g，2 号试件是 9.542g，3 号试件是 9.222g。浸泡后试样在蒸馏水中的质量，1 号试件是 1.68g，2 号试件是 1.763g，3 号试件是 1.613g。试问该制品型膨胀橡胶的体积膨胀倍率在标准中应是什么型？

解：体积膨胀倍率公式 $\Delta V = \dfrac{m_3 - m_4}{m_1 - m_2} \times 100\%$

一号试件 $\Delta V = \dfrac{9.344 - 1.68}{4.044 - 1.45} \times 100\% = 295\%$

二号试件 $\Delta V = \dfrac{9.542 - 1.763}{4.132 - 1.45} \times 100\% = 290\%$

三号试件 $\Delta V = \dfrac{9.222 - 1.613}{3.987 - 1.405} \times 100\% = 295\%$

3 个试件的平均值＝293％。

根据指标中 PZ250 的体积膨胀倍率在≥250％～＜400％类中，所以该制品型膨胀橡胶在标准中应是 PZ250 型。

项目 9　基础回填土及性能检测

土作为常用基础回填材料，在建筑工程中有广泛应用。地基层与建筑物共同工作时，其力学性能与状态又会因受力情况不同，而变得更为复杂，有时候根据地址条件的不同和工程的实际需要，采用灰土、砂和砂石、土工合成材料、粉煤灰等材料回填。

9.1　土的基本物理性质

(1) 湿密度（ρ_0）

在自然状态下（含水）单位体积土的质量 g/cm^3，表达式（9-1）。

$$\rho_0 = \frac{m_0}{v} \tag{9-1}$$

式中　ρ_0——试样的湿基密度，g/cm^3，准确到 0.01g/cm^3。

(2) 干密度（ρ_d）

在干燥状态下，单位体积土内颗粒的质量，g/cm^3，表达式（9-2）。

$$\rho_d = \frac{\rho_0}{1 + w_0} \tag{9-2}$$

式中　ρ_0——试样的干密度，g/cm^3；

w_0——试样的含水率，准确到 0.1%。

一般土的干密度为 1.3～1.8 g/cm^3，有实验方法测定后计算求得。

(3) 含水率

试样土中水的质量与颗粒质量之比的百分数，表达式（9-3）。

$$w_0 = \left(\frac{m_0}{m_d} - 1\right) \times 100\% \tag{9-3}$$

式中　m_d——干土质量；

m_0——湿土质量。

土的含水率一般为 20%～60%，由实验方法（烘干法）测定。

(4) 土的密实度指标

① 最大干密度（ρ_{dmax}）：土在最紧密状态下的干质量 g/cm^3。用击实法实验测定。

② 最小于密度（ρ_{dmin}）：土在最松散状态下的干质量，g/cm^3。用注入法、量筒法实验测定。

(5) 其他回填材料

其基本物理性质和密实度的实验，应根据各自的实验方法进行。当无具体的标准方法时，可参考回填的实验方法进行。

9.2　取样方法

土及其他基础回填材料取样数量，应依据现行国家标准或行业现行标准执行。

1. 根据《建筑地基基础工程施工质量验收规范》(GB 50202—2002)

一般规定：对灰土地基、砂和砂石地基、土工合成材料地基、粉煤灰地基、强夯地基、注浆地基、预压地基。其竣工后的结果（地基强度或承载力）必须达到设计要求的标准。检验数量，每单位工程不应少于 3 点。1000m^2以上工程，每 100m^2至少应有 1 点，3000m^2工程，每 300m^2至少应有 1 点。每一独立基础下至少应有 1 点。基槽每 20 延米应有 1 点。

对水泥土搅拌桩复合地基、高压喷射注浆桩复合地基、砂桩地基、振冲桩复合地基、土和灰土挤密桩复合地基、水泥粉煤灰碎石桩复合地基及夯实水泥土桩复合地基，其承载力检验，数量为总数的 0.5%～1%，但不应少于 3 处。有单桩强度检验要求时，数量为总数的 0.5%～1%，但不应少于 3 根。

除以上指定的主控项目外，其他主控项目及一般项目可随意抽查，但复合地基的水泥搅拌桩、高压喷射注浆桩、振冲桩、土和灰土挤密桩及夯实水泥桩至少应抽查 20%。土工合成材料地基：土工合成材料以 100m^2 为一批，每批应抽查 5%。

注浆地基：施工结束后，应检查注浆体强度、承载力等。检查孔数为总量的 2%～5%，不合格率大于或等于 20%时应进行二次注浆。检验应在注浆后 15d（砂土、黄土）或 60d（黏性土）进行。

土方工程：平整后的场地表面应逐点检查。检查点为每 100～400m^2取 1 点，但不应少于 10 点；长度、宽度和边坡为每 20m 取 1 点，每边不应少于 1 点。

2. 根据《建筑地基基础设计规范》(GB 50007—2011)

① 取样在压实填土的过程中，应分层取样检验土的干密度和含水量。

② 每 50～100m^2应有一个检验点，根据检验结果求得压实系数（环刀法）。

3. 根据《建筑地基处理技术规范》(JGJ 79—2012)

(1) 换填垫层法

① 垫层的施工质量检验必须分层进行，应在每层的压实系数符合设计要求后填上层土。

② 采用环刀法检验垫层的施工质量时，取样点应位于每层厚度的 2/3 深度处。检验点数量，对大基坑每 50～100m^2不应少于 1 个检验点；对基槽每 10～20m 不应少于 1 个检测点；每个独立柱基检测不应少于 1 个点。采用贯入仪或动力触探检验的施工质量时，每分层检验点的间距应小于 4m。

③ 竣工验收采用荷载实验检验垫层承载力时，每个单体工程不宜少于 3 点；对于大型工程，则应按单体工程的数量或工程的面积确定检验点数。

(2) 预压法

应对预压的地基土进行原位十字板剪切实验和室内土工实验。必要时，还应进行现场荷载实验，实验数量不应少于 3 点。

(3) 强夯法和强夯置换法

竣工验收承载力检验数量，应根据场地复杂程度和建筑物的重要性确定，对于简单场地上的一般建筑物，每个建筑地基的荷载实验检验点不应少于 3 点；对于复杂场地或重要建筑地基应增加检验点数。强夯置换地基荷载实验检验和置换墩着底情况检验数量均不应少于墩点数的1%，且不应少于3点。

（4）振冲法

① 振冲桩的施工质量检验可采用单桩载荷实验，检验数为桩数的0.5%，且不少于3根。

② 复合地基荷载实验检验数量不应少于总桩数的0.5%，且每个单体工程不应少于3点。

③ 对不加填料振冲加密处理的砂土地基，竣工验收承载力检验应采用标准贯入、动力触。探、荷载实验或其他合适的实验方法。检验点应选在有代表性或地基土质较差的地段，并位于振冲点围成的单元处及振冲点中心处。检验数量可为振冲点数量的1%，总数不应少于5点。

（5）砂石桩法

复合地基荷载实验数量不应少于总桩数的0.5%，且每个单体建筑不应少于3点。

（6）水泥粉煤灰碎石桩法

① 水泥粉煤灰碎石桩地基检验应在桩身强度满足实验荷载条件时，并宜在施工结束28d后进行。实验数量宜为总桩效的0.5%～1%。且每个单体工程的实验数量不应少于3点。

② 应抽取不少于总桩数的10%的桩进行低应变动力实验，检测桩身完整性。

（7）夯实水泥土桩法

① 施工过程中，对夯实水泥土桩的成桩质量，应及时进行抽样检验。抽样的数量不应少于总桩数的2%。

② 夯实水泥土桩地基检验数量应为总桩数的0.5%～1%，且每个单体工程不应少于3点。

（8）水泥土搅拌法

① 水泥土搅拌桩的施工质量检验可采用以下方法：

a. 成桩7d后，采用浅部开挖桩头［深度宜超过停浆（灰）面下0.5m］，目测检查搅拌的均匀性，量测成桩直径。检查量为总桩数的0.5%。

b. 成桩3d后，可用轻型动力触探（NIO）检查每米桩身的均匀性。检验数量为施工总桩数的1%，且不少于3根。

② 荷载实验必须在桩身强度满足实验荷载条件时，并宜在成桩28d后进行。检验数量为总桩数的0.50%～1%，且每项单体工程不应少于3点。经触探和载荷实验检验后对桩身质量有怀疑时，应在成桩28d后，用双管单动取样器钻取芯样做抗压强度检验，检验数量为施工总桩数的0.5%，且不少于3根。

（9）高压喷射注浆法

① 检验点数量为施工孔数的1%，并不少于3点。

② 质量检验宜在高压喷射注浆结束28d后进行。

③ 载荷实验必须在桩身强度满足实验条件时，并宜在成桩28d后进行。检验数量为总桩数的0.5%～1%，且每项单体工程应不少于3点。

（10）石灰桩法

① 石灰桩施工检测宜在施工7～10d后进行，竣工验收检测宜在施工28d后进行。

② 施工检测可采用静力触探、动力触探或标准贯入实验。检测部位为桩中心及桩间土，每两点为一组。检测组数不少于总桩数的1%。

③ 载荷实验数量宜为地基处理面积每 200m^2 左右布置一个点，且每一单体工程不应少于 3 点。

（11）灰土挤密桩法和挤密桩法

① 抽样检验的数量，对一般工程不应少于总桩数的 1%；对重要工程不应少于总桩数的 1.5%。

② 检验数量不应少于总桩数的 0.5%，且每项单体工程不少于 3 点。

（12）柱锤冲扩桩法

① 冲扩桩施工结束后 7～14d 内，对可桩身及桩间土进行抽样检验，可采用重型动力触探进行，并对处理后桩身质量及复合地基承载力作出评价。检验点数可按冲扩桩总数的 2% 计。每一单体工程桩身及桩间土总检验点数均不少于 6 点。

② 检验数量为总桩数的 0.5%，且每一单体工程不应少于 3 点。荷载实验应在成桩 14d 后进行。

（13）单液硅化法和碱液法

① 单液硅化法硅酸钠溶液灌注完毕，应在 7～10d 后，对加固的地基土进行检验。必要时，还应在加固的全部深度内，每隔 1m 取土样进行室内实验，测定其压缩性和湿陷性。

② 碱液法取样部位应在加固土中部，试块数不少于 3 个，28d 龄期的无侧限抗压强度平均值不低于设计值的 90%。将试块浸泡在自来水中，无崩解。

4. 根据《湿陷性黄土地区建筑规范》(GB 50025—2004)

（1）垫层法

在施工土（或灰土）垫层进行中，应分层取样检验，并应在每层表面以下的 2/3 厚度处取样检验土（或灰土）的干密度，然后换算为压实系数，取样的数量及位置应符合下列规定。

① 整片土（或灰土）垫层的面积每 100～500m^2，每层 3 处。

② 独立基础下的土（或灰土）垫层，每层 3 处。

③ 条形基础下的土（或灰土）垫层，每 10m 每层 1 处。

④ 取样点位置宜在各层的中间及边缘 150～300mm。

（2）强夯法

① 采用强夯法处理湿陷性黄土地基，应先在场地内选择有代表性的地段进行试夯或实验性施工，并应符合下列规定。

a. 试夯点的数量，应根据建筑场地的复杂程度、土质的均匀性和建筑物的类别等综合因素确定。在同一场地内土性基本相同，试夯或实验性施工可在一处进行；否则，应在土质差异明显的地段分别进行。

b. 在试夯过程中，应测量每个夯点夯击 1 次的下沉量（以下简称夯沉量）。

c. 试夯结束后，应从夯击终止时的夯面起至其下 6～12m 深度内，每隔 0.50～1.00m 取土进行室内实验，测定土的干密度、压缩系数和湿陷系数等指标，必要时，可进行静荷载实验或其他原位测试。

② 在强夯施工过程中或施工结束后，应按下列要求对强夯处理地基进行检测。

a. 检查强夯记录，基坑内每个夯点的累计夯沉量，不得小于试夯时平均夯沉量的 95%。

b. 隔 7～10d，在每 500～1000m^2 面积内的各夯点之间任选一处，自夯击终止时的夯面起止其下 5～12m 深度内，每隔 1m 取 1～2 个土样进行室内实验，测定其干密度、压缩系数和湿陷系数。

c. 强夯土的承载力，宜在地基强夯结束 30d 左右，采用静荷载测定。

（3）挤密法

孔内填料的夯实质量，应及时抽样检查，其数量不得少于总数的 2%，每台班不应少于 1 孔。在全部孔深内，宜每 1m 取土样测定干密度，检测点的位置应在距孔中心 2/3 孔径处。孔内填料的夯实量，也可通过现场实验测定。

9.3 取样须知

采取的试样应具有一定的代表性，取样量应能满足实验的需要。基础（包括桩基础）回填材料一般来说是被扰动的，在按规范、标准和设计要求所取检验样品时，每层应按要求夯实，采用环刀取样时，应注意以下事项。

① 现场取样必须是在证人见证下，由取样人员按要求在测点处取样，而取样和见证人员，必须通过上岗培训且有资格证书。

② 取样时应使环刀在检测点处垂直而下，并应在夯实层 2/3 处取样。

③ 取样时应注意尽量避免使试样受到外力作用，环刀内应充满试样，如果环刀内试样不足，应从取样处取同类试样补足。

④ 尽量使所取试样保持所取时的含水状态。

⑤ 如果对原状试样（如原状土）进行测试，除试样尽量免受人为和外界扰动外，还应注意保持试样的原状结构及其天然湿度。

9.4 试样存放及送达

在现场取样后，除特殊情况外应及时将试样运送到质量检测机构。同时应注意以下事项。

1. 试样存放

① 将现场采取的试样，在见证人员见证下，即时放入密封的试样盒或密封的土样筒内，并贴上相应的标签。

② 如不能现场提供足够的盛试样盒，或无密封的试样盒和密封的试样筒时，可将采取的试样，用塑料袋包裹，并尽量密封严实，这一切也必须在见证下进行。

③ 密封试样宜放在室内常温处，使其避免外界条件对样品的影响。

2. 试样运送

试样运送的根本问题是使试样在送达检测机构的过程中最大限度保持所取样时的状态。

3. 实验样品的要求

为保证基础回填材料的公正性、可靠性、真实性和科学性，有关技术人员应将见证取样的回填原材料，按照标准要求，仔细的送达检测机构，认真准确地填写试样实验的送样单，并将现场取样记录及试样标签等有关内容妥善保管，以备有争议时查询。

（1）土工材料实验送样单

① 在见证人员陪同下，试样人应准确填写下述内容。

委托单位、工程名称、实验项目、测点部位、测点编号、取样日期、取样地点、填单日期、取样人、送样人、见证人以及联系电话等。必要时还应附上测点平面分布图。

② 送样单一式两份，检测单位一份，施工单位留存一份。

（2）现场取样记录

① 测点标高（步数或层数）、部位及相对应的取样日期。

② 取样人，见证人。

（3）试样标签

① 标签纸应该选用韧质且字迹附着力好的纸为佳。

② 试样标签编号应与试样单编号一致。

9.5　结果判定与处理

9.5.1　土的工程分类

若土样实验只要求进行工程分类时，应按现行国家标准《土的工程分类标准》（GB/T 50145—2007）中有关规定判定。

9.5.2　根据《建筑地基基础设计规范》(GB 50007—2011)

基础回填材料质量检测与评判：

① 作为建筑地基的岩土，可分为岩石、碎石土、砂土、黏性土和人工填土。

② 碎石土为粒径大于 2mm 的颗粒含量超过全重 50%的土。碎石土可按表 9-1 分为漂石、块石、卵石、碎石、圆砾和角砾。

表 9-1　碎石土的分类

土的名称	颗粒形状	控组含量
漂石块石	圆形及亚圆形为主控角形为主	粒径大于 200mm 的颗粒含量超过全重 50%
卵石碎石	圆形及亚圆形为主棱角形为主	粒径大于 20mm 的颗粒含量超过全重 50%
圆砾角砾	圆形及亚圆形为主控角形为主	粒径大于 2mm 的颗粒含量超过 50%

注：分类时应根据粒组含量栏从上到下以最先符合者确定。

③ 碎石土的密实度，可按表 9-2 分为松散、稍密、中密、密实。

④ 砂土粒径大于 2mm 的颗粒含量不超过全重 50%、粒径大于 0.075mm 的颗粒超过全重 50%的土。砂土可按表 9-3 分为砾砂、粗砂、中砂、细砂和粉砂。

表 9-2　碎石土密实度

重型圆锥动力触探锤击数	密实度	重型圆锥动力触探锤击数	密实度
$N \leqslant 10$	松散	$15 < N \leqslant 30$	中密
$10 < N \leqslant 15$	稍密	$N > 30$	密实

注：① 本表适用于平均粒径小于等于 50mm 且最大粒径不超过 100mm 的卵石、碎石、圆砾、角砾，对于平均粒径大于 100mm 的碎石土，可按本规范附录 B 鉴别其密实度。

② 表内 N 为经综合修正后的平均值。

表 9-3 砂土分类

土的名称	粒组含量
砂砾	粒径大于 2mm 的颗粒含量占全重 25%～50%
粗砂	粒径大于 0.5mm 的颗粒含量超过全重 50%
中砂	粒径大于 0.25mm 的颗粒含量占超过全重 50%
细砂	粒径大于 0.75mm 的颗粒含量超过全重 85%
粉砂	粒径大于 0.75mm 的颗粒含量占全重 50%

注：分类时应根据粒组含量栏从上到下以最先符合者确定。

⑤ 砂土的密实度，可按表 9-4 分为松散、精密、中密、密实。

表 9-4 砂土的密实度

标准贯入实验锤击数 N	密实度	标准贯入实验锤击数 N	密实度
$N\leqslant10$	松散	$15<N\leqslant30$	中密
$10<N\leqslant15$	稍密	$N>30$	密实

注：当用静力触探探头阻力判定砂土的密实度时，可根据当地经验确定。

⑥ 黏性土为塑性数 I_P大于 10 的土，可按表 9-5 分为黏土和粉质黏土。

表 9-5 黏土的分类

塑性指数	土的名称
$I_p>17$	黏土
$10<I_p\leqslant17$	粉质黏土

注：塑性指数由相应于 76g 圆锥体沉入土样中深度为 10mm 时测定的液限计算而得。

⑦ 粉土为介于砂土与黏性土之间，塑性指数 $I_p\leqslant10$ 且粒径大于 0.075mm 的颗粒含量不超过全重 50%的土。

⑧ 人工填土根据其组成和成因，可分为素填土、杂填土和冲填土。素填土为由碎石土、砂土、粉土、黏性土等组成的填土。经过压实或夯实的素填土为压实填土。杂填土为含有建筑垃圾、工业废料、生活垃圾等杂物的填土。冲填土为由水力冲填淤泥形成的填土。

9.5.3 根据《建筑地基处理技术规范》(JGJ 79—2012)

1. 换填垫层法

换填垫层法适用于浅层软弱地基及不均匀地基处理。垫层可选用下列材料：

(1) 砂石

宜选用碎石、卵石、角石、圆砾、砾砂、粗砂、中砂或石屑（粒径大于 2mm 的部分不应超过总重的 45%），应级配良好，不含植物残体、垃圾等杂质。当使用粉细砂或石粉（粒径小于 0.075mm 的部分不超过总重的 9%）时，应掺入不少于总重 30%的碎石或卵石。砂石的最大粒径不宜大于 50mm。对湿陷性黄土地基，不得选用砂石等透水材料。

（2）粉质黏土

土料中有机质含量不得超过5%，亦不得含有冻土或膨胀土。当含有碎石时，其粒径不宜大于50mm。用于湿陷性黄土或膨胀土地基的粉质黏土垫层，土料中不得夹有砖、瓦和石块。

（3）灰土

体积配合比宜为2∶8或3∶7。土料宜用粉质黏土，不宜使用块状黏土和砂质粉土，不得含有松软杂质，并应过筛，其颗粒不得大于15mm。石灰宜用新鲜的消石灰，其颗粒不得大于5mm。

（4）粉煤灰

可用于道路、堆场和小型建筑、构筑物等的换填垫层。粉煤灰垫层上宜覆土0.3～0.5m。粉煤灰垫层中采用掺加剂时，应通过实验确定其性能及适用条件。作为建筑物垫层的粉煤灰应符合有关放射性安全标准的要求。粉煤灰垫层中构件、管网宜采取适当防腐措施。大量填筑粉煤灰时应考虑对地下水和土壤的环境影响。

（5）矿渣

垫层使用的矿渣是指高炉渣，可分为分级矿渣、混合矿渣及原状矿渣。矿渣垫层主要用于堆场、道路和地坪，也可用于小型建筑、构筑物地基。选用矿渣的松散重度不小于$11kN/m^3$，有机质及含泥总量不超过5%。设计、施工前必须对选用的矿渣进行实验，在确认其性能稳定并符合安全规定后方可使用。作为建筑物垫层的矿渣应符合对放射性安全标准的要求。易受酸、碱影响的基础或地下管网不得采用矿渣垫层。大量填筑矿渣时，应考虑对地下水和土壤的环境影响。

（6）其他工业废渣

在有可靠实验结果或成功工程经验时，对质地坚硬、性能稳定、无腐蚀性和放射性危险的工业废渣等均可用于填筑换填垫层。被选用工业废渣的粒径、级配和施工工艺等应通过实验确定。

（7）土工合成材料

由分层铺垫设的土工合成材料与地基土构成加筋垫层。所用土工合成材料的品种与性能及填料的土类应根据工程特性和地基土条件，按照现行国家标准《土工合成材料应用技术规范》（GB 50290）的要求，通过设计并进行现场实验后确定。

作为加筋的土工合成材料应采用抗拉强度较高、受力时伸长率不大于4%～5%、耐久性好、抗腐蚀的土工格栅、土工格室、土工垫或土工织物等土工合成材料；垫层填料宜用碎石、角砾、砾砂、粗砂、中砂或粉质黏土等材料。等工程要求垫层具有排水功能时，垫层材料应具有良好的透水性。

① 在软土地基上使用加筋垫层时，应保证建筑稳定并满足允许变形的要求。

② 垫层的压实标准可按表9-6选用。

③ 垫层的施工方法、分层铺填厚度、每层压实遍数等宜通过实验确定，一般情况下。垫层的分层铺填厚度可取200～300mm。

④ 粉质黏土和灰土垫层土料的施工含水量宜控制在最优含水量$\omega_{op}\pm2\%$的范围内，粉煤灰垫层的施工含水量宜控制在$\omega_{op}\pm4\%$的范围内。最优含水量可通过击实实验确定，也可按当地经验取用。

表 9-6 各种垫层的压实标准

施工方法	换填材料类别	压实系数 λ_c
碾压、振密或夯实	碎石、卵石	0.94～0.97
	砂夹石（其中碎石、卵石占全重的 30%～50%）	
	土夹石（其中碎石、卵石占全重的 30%～50%）	
碾压、振密或夯实	中砂、粗砂、砾砂、角砾、圆砾、石屑	0.94～0.97
	粉质黏土	
	灰土	0.95
	粉煤灰	0.90～0.95

注：① 压实系数 λ_c 为土的干密度与最大干密度的比值；土的最大干密度宜采用击实验确定，碎石或卵石的最大干密度可取 2.0～2.2t /m^3；

② 当采用轻型击实实验时，压实系数 λ_c 宜取最高值，采用重型击实实验时，压实系数 λ_c 可取最低值；

③ 矿渣垫层的压实指标为最后两遍压实的压陷差小于 2mm。

⑤ 对粉质黏土、灰土、粉煤灰和砂石垫层的施工质量检验可用环刀法、贯入仪、静力触探、轻型动力触探或标准贯入实验检验；对砂石、矿渣垫层可用重型动力触探检验。并均应通过现场实验以设计压实系数所对应的贯入度为标准检验垫层的施工质量。压实系数也可采用环刀法、贯砂法、灌入法或其他方法检验。

⑥ 垫层的施工质量检验必须分层进行。应在没层的压实系数符合设计要求后铺垫上层土。

2. 预压法

① 预压法包括堆载预压法和真空预压法。预压法适用于处理淤泥质土、淤泥和冲填土等饱和黏土地基。

② 对重要工程，应在现场选择实验区进行预压实验，在预压过程中进行地基竖向变形、侧向位移、孔隙水压力、地下水位等项目的监测，并进行原位十字板剪切实验和室内土工实验。

③ 预压法处理地基必须在地表铺设与排水竖井相连的砂垫层，砂垫层厚度不应小于 500mm。

砂垫层砂料宜用中粗砂，黏粒含量不宜大于 3%，砂料中可混有少量粒径小于 50mm 的砾石。砂垫层的干密度应大于 1.5g/cm^3，其渗透系数宜大于 1×10^{-2}cm/s。

④ 砂井的砂料应选用中粗砂，其黏粒含量不应大于 3%。

⑤ 对于堆载预压法，砂井的灌砂量，应按井孔的体积和砂在中密状态时的干密度计算，其实际灌砂量不得小于计算值的 95%。灌入砂袋中砂宜用于砂，并应灌制密实。

⑥ 施工过程中质量检验和监测应包括以下内容。

a. 塑料排水带必须在现场随机抽样送往实验室进行性能指标的测试，其性能指标包括纵向通水量、复合体抗拉强度、滤膜抗拉强度、滤膜渗透系数和等效孔径等。

b. 对不同来源的砂井和砂垫层砂料，必须取样进行颗粒分析和渗透性实验。

c. 对于以抗滑稳定控制的重要工程，应该在预压区内选择代表性地点预留孔位，在加载不同阶段进行原位十字板剪切实验和取土进行室内土工实验。

d. 对预压工程，应进行地基竖向变形、侧向位移和空隙水压力等项目的监测。

e. 真空预压工程除应进行地基变形、空隙水压力的监测外，还应进行膜下真空度和地下水位的量测。

⑦ 对于预压法，排水竖井处理深度范围内和竖井底面以下受土层经预压所完成的竖向变形和平均固结度应满足设计要求。

⑧ 应对预压的地基土进行原位十字板剪切实验和室内土工实验。

3. 强夯法和强夯置换法

① 强夯法试用于处理碎石土、砂土、低饱和度的粉土和黏性土。湿陷性黄土、杂质土和素填土等地基。强夯置换法适用于高饱和度的粉土与软塑到流塑的黏性土等地基上对变形控制要求不严的工程。

② 强夯置换法在设计前必须通过现场实验确定其适用性和处理效果。

③ 强夯处理后的地基竣工验收承载力检验，应在施工结束后间隔一定时间方能进行，对于碎石土和砂土地基，其间隔时间可取 7～14d；粉土和黏性土地基可取 14～28d。强夯置换地基间隔时间可取 28d。

④ 强夯处理后的地基竣工验收时，承载力检验应采用原位测试和室内土工实验。强夯置换后的地基竣工验收时，承载力检验除采用单墩荷载实验外，还应采用动力触探等有效手段查明置换墩着底情况及承载力与密度随深度的变化，对饱和粉土基地允许采用单墩复合地基载荷实验代替单墩数载荷实验。

4. 振冲法

① 振冲法适用于处理砂土、粉土、粉质黏土、素填土和杂填土等地基。对于处理不排水抗剪强度不小于 20kPa 的饱和黏性土和饱和黄土基地。应在施工前通过现场实验确定其适用性。不加填料的振冲加密适用于处理黏粒含量不大于 10%的粗砂、中砂基地。

② 振冲施工结束后，除砂土地基外，应间隔一定时间方可进行质量检验。对粉质黏土地基，间隔时间可取 21～28d，对粉土地基可取 14～28d。

③ 对碎石桩体验可用重型动力初探进行随机检验。对桩间土的检验可在处理深度内用标准贯入、静力触探等进行检验。

④ 振冲处理后的地基竣工验收时，承载力检验应采用复合地基荷载实验。

5. 土或灰土挤密桩法

土或灰土挤密桩法适用于处理地下水位以上的湿陷性黄土、素填土和杂填土等地基。处理深度宜为 5～15m。

当以消除地基土的湿陷性为主要目的时，宜选用挤密桩法。

当以提高地基的承载力或增强其水稳定性为主要目的时，宜选用灰土挤密桩法。

当以基土的含水量大于 24%及饱和度大于 0.65%时，不宜选用上述方法。

① 施工结束后，对土或灰土挤密桩处理地基的质量，应及时进行抽样检验。

② 对一般的工程，主要应检查桩和间土的干密度、承载力和施工记录。

③ 对重要或是大型工程，除应检测上述内容外，还应进行荷载实验或是其他原位测试。也可在地基处理的全部深度内取土样测定桩间土的压缩性和湿陷性。土或灰土挤密性桩复合地基的载荷实验应符合相关规定。

④ 抽样检验的数量不应少于桩孔总数的 2%。不合格处应采取加桩或是其他补救措施。

6. 砂石桩法

① 砂石桩法适用于挤密松散砂土、粉土、黏性土、素填土和杂填土等地基。对饱和黏性土地基上对变形控制要求不严的工程也可采用砂石桩置换处理。砂石桩法也可用于处理液化地基。

② 施工后应间隔一定时间方可进行质量检验。对饱和黏性土地基应待空隙水压力消散后进行，间隔时间不宜少于 28d；对粉土、砂土和杂填土地基，不宜少于 7d。

③ 砂石桩的施工质量检验可采用单桩载荷实验，对状体可采用动力触探实验检验，对桩间土可采用标准贯入，静力触探、动力触探或是其他原位测试等方法进行检测。

④ 砂石桩地基竣工验收时，承载力检验应采用复合地基载荷实验。

7. 水泥粉煤灰碎石桩

① 水泥粉煤灰碎石桩（CFG 桩）法适用于处理黏性土、粉土、砂土和已自重固结的素填土等地基。对淤泥质土应按地区经验或通过现场实验确定其适用性。

② 施工质量检验主要应检查施工记录。混合料坍落度、桩数、桩位偏差、褥垫层厚度、夯填度和桩体试块抗压强度等。

③ 水泥粉煤灰碎石桩地基竣工验收时，承载力检验应采用复合地基荷载。

④ 水泥粉煤灰碎石桩地基检验应在桩身强度满足实验荷载条件时，并宜在施工结束 28d 后进行。

8. 夯实水泥土桩法

① 夯实水泥土桩法适用于处理地下水位以上的粉土、素填土、杂填土、黏性土等地基。处理深度不宜超过 10m。

② 夯实水泥土桩设计前必须进行配比实验，针对现场地基土的性质，选择合适的水泥品种，为设计提供各种配合比强度的参数。夯实水泥土桩体强度宜取 28d 龄期试块的立方体抗压强度平均值。

③ 夯填桩孔时，宜选用机械夯实。分段夯填时，夯锤的落距和填料厚底应根据现场实验确定，混合料的压实系数 λ_c 不应小于 0.93。

④ 土料中有机含量不得超过 5%，不得含有冻土或是膨胀土，使用时应过 10～20mm 筛，混合料含水应满足土料的最优含水量 ω_{op}，其允许偏差不大于±2%。涂料与水泥拌合均匀，水泥用量不得少于按配比实验确定的质量。

垫层材料应级配良好，不含植物残体，垃圾等杂质。垫层铺设时应压（夯）密实，夯填度不得大于 0.9，采用的施工方法应严禁使基底土层扰动。

⑤ 对一般工程，可检查桩的干密度和施工记录。干密度的检验方法可在 24h 内采用取土样测定或是采用轻型动力触探击数 N10 与现场实验确定的干密度进行对比，以判断桩身的质量。

⑥ 夯实水泥土桩地基竣工验收时，承载力检验应采用单桩复合地基静载实验。对重要或是大型工程，还应进行多桩复合地基载荷实验。

9. 水泥土搅拌法

① 水泥土搅拌法分为深层搅拌法（以下简称湿法）和粉体喷搅法（以下简称干法）。水泥土搅拌法适用于处理正常固结的淤泥与淤泥质土、粉土、饱和黄土、素填土、黏性土以及无流动地下水的饱和松散砂土等地基。当地基土的天然含水量小于 30%（黄土含水量小于

25%)、大于70%或是地下水的pH值小于4时不宜采用用于法。冬季施工时，应注意负温对处理效果的影响。

② 水泥土搅拌法用于处理泥炭土，有机质土，塑性指数 I_p 大于25的黏土，地下水具有腐蚀性时以及无工程经验的地区，必须通过现场实验确定其适应性。

③ 设计前应进行拟处理土的室内配合比实验。针对现场拟处理的最弱层软土的性质，选择合适的固化剂，外渗剂及其掺量，为设计提供各种龄期、各种配合比强度参数。

对竖向承载的水泥强度取90d龄期试块的立方体抗压强度平均值；为承受水平荷载的水泥土强度宜取28d龄期试块的立方体抗压强度平均值。

④ 固化剂宜选用强度等级为32.5级以上的普通硅酸盐水泥。水泥掺量除块状加固时可用被加固湿土质量7%～12%外，其余宜为12%～20%。湿法的水泥浆水灰比可选用0.45～0.55。外掺剂可根据工程需要和土质条件选用具有早强、缓凝、减水以及节省水泥等作用的材料，但应避免污染环境。

⑤ 竖向承载搅拌复合地基应在基础和桩之间设置被褥层。被褥层厚度可取200～300mm。其材料可选用中砂、粗砂、级配砂石等，最大粒径不宜大于20mm。

⑥ 水泥土搅拌法（干法）喷粉施工机械必须配置经国家计量部门确认的具有瞬时检测并记录出粉体计量装置及搅拌深度自动记录仪。

⑦ 水泥土搅拌桩的质量控制应贯穿在施工的全过程，并应坚持全程的施工监理。施工过程必须随时检查施工记录和计量记录，并对照规定的施工工艺对每根桩进行质量评定。检查重点是：水泥用量、桩长、搅拌头转数和提升速度、复搅次数和复搅深度、停浆处理方法等。

⑧ 竖向承载水泥土搅拌桩地基竣工验收时，承载力检验应采用复合地基载荷实验和单桩载荷实验。

10. 高压喷射注浆法

① 高压喷射注浆法适用于处理淤泥、淤泥质土、流塑、软塑或是可塑黏性土、粉土、砂土、黄土、素填土和碎石土等地基。

当土中含有较多的大粒径块石、大量植物根茎或有较高的有机质时，以及地下水流速过大和已涌水的工程，应根据现场实验结果确定适用性。

② 高压喷射注浆法可用于既有建筑和新建建筑地基加固，深基坑、地铁等工程的土层加固或防水。

③ 高压喷射注浆的主要材料为水泥，对于无特殊要求的工程，宜采用强度等级为32.5级以上的普通硅酸盐水泥。根据需要可加入适量的外加剂及掺合料。外加剂和掺合料的用量，应通过实验确定。

④ 水泥浆液的水灰比应按工程要求确定，可取0.8～1.5，常用1.0。

⑤ 高压喷射注浆可根据工程要求和当地经验采用开挖检查、取芯（常规取芯或软取芯)、标准贯入实验、载荷实验或围井水实验等方法进行检验，并结合工程测试，观测测试及实际效果综合评价加固效果。

⑥ 质量检验宜在高压喷射注浆结束28d后进行。

⑦ 竖向承载旋喷桩地基竣工验收时，承载力检验应采用复合地基载荷实验和单桩载荷实验。

11. 石灰桩法

① 石灰桩法适用于处理饱和黏性土、淤泥、淤泥质土、素填土和杂填土等地基；用于地下水位以上的土层时，宜增加掺合料的含水量并减少生石灰用量，或采取土层浸水等措施。

② 对重要工程或缺少经验的地区，施工前应进行桩身材料配合比、成桩工艺及复合地基承载实验。桩身材料配合比实验应在现场地基土中进行。

③ 石灰桩的主要固化剂为生石灰，掺合料宜优先选用粉煤灰、火山灰、炉渣等工业废料。生石灰与掺合料的配合比宜根据地质情况确定，生石灰与掺合料的体积比可选用 1∶1 或是 1∶2，对于淤泥、淤泥质土等软土可适当增加生石灰用量，桩顶附近生石灰用量不宜过大。当掺石膏和水泥时，掺加量为生石灰用量的 3%～10%。

④ 石灰材料应选用新鲜生石灰块，有效氧化钙含量不宜低于 70%，粒径不应大于 70mm，含粉量（即消石灰）不宜超过 15%。

⑤ 掺合料应保持适当的含水量，使用粉煤灰或是炉渣时含水量宜控制在 30%左右。无经验时宜进行成桩工艺实验，确定密实度的施工控制指标。

⑥ 石灰桩施工检测宜在施工 7～10d 后进行，竣工验收检测宜在施工 28d 后进行。

⑦ 施工检测可采用静力触探，承载力检验应采用复合地基载荷实验。

⑧ 石灰桩地基竣工验收时，承载力检验应采用复合地基载荷实验。

12. 灰土挤密桩法和土挤密桩法

① 灰土挤密桩法和土挤密桩法适用于处理地下水位以上的湿陷性黄土、素填土和杂填土等地基，可处理地基的深度为 5～15m。当以消除地基土的湿陷性为主要目的时，宜选用土挤密桩法。当以提高地基的承载力或增强其水稳定性为主要目的时，宜选用灰土挤密桩法。当地基土的含水量大于 24%、饱和度大于 65%时，不宜选用灰土挤密桩法或土挤密桩法。

② 对重要工程或在缺乏经验的地区，施工前应按设计要求，在现场进行实验。如土性基本相同，实验可在一处进行，如土性差异明显，应在不同地段分别进行实验。

③ 桩孔内的填料，应根据工程要求或处理地基的目的确定，桩体的夯实质量宜用平均压实系数 λ_c 控制。

当桩孔内用灰土或素土分层回填、分层夯实时，桩体内的平均压实系数 λ_c 值，均不应小于 0.96；消石灰与土的体积配合比，宜为 2∶8 或是 3∶7。

④ 桩顶标高以上应设置 300～500mm 厚的 2∶8 灰土软层，其压实系数不应小于 0.95。

⑤ 灰土挤密桩和土挤密桩复合地基承载力特征值，应通过现场单桩或多桩复合地基载荷实验确定。当初步设计当无实验资料时，可按当地经验确定，但对会土挤密桩复合地基的承载力特征值，不宜大于处理前的 2.0 倍，并不宜大于 250kPa；对土挤密桩复合地基的承载力特征值，不宜大于处理前的 1.4 倍，并不宜大于 180kPa。

⑥ 成桩后，应及时抽样检验灰土挤密桩或土挤密桩处理地基的质量。对一般的工程，主要应检查施工记录、检测全部处理深度内桩体和桩间土的干密度，并将其分别换算为平均压实系数 λ_c 和平均挤密系数 η_c。对重要工程，除检测上述内容外，还应测定全部处理深度内桩间土的压缩性和湿陷性。

⑦ 灰土挤密桩和土挤密桩地基竣工验收时，承载力检验应采用复合地基载荷实验。

13. 柱锤冲扩桩法

① 柱锤冲扩桩法适用于处理杂填土、粉土、黏性土、素填土和黄土等地基，对地下水位以下饱和松软土层，应通过现场实验确定其适用性。地基处理深度不宜超过 6m，复合地基承载力特征值不宜超过 160kPa。

② 对大型的、重要的或场地复杂的工程，在正式施工前，应在有代表性的场地上进行实验。

③ 桩体材料可采用碎砖三合土、级配砂石、矿渣、灰土、水泥混合土等。当采用碎砖三合土时，其配合比（体积比）可采用生石灰∶碎砖∶黏性土为 1∶2∶4。当采用其他材料时，应经实验确定其适用性和配合比。

④ 柱锤冲扩桩法地基竣工验收时，承载力检验应采用复合地基载荷实验。

14. 单液硅化法和碱液法

① 单液硅化法和碱液法适用于处理地下水位以上渗透系数为 0.10～2.00m/d 的湿陷性黄土等地基。在自重湿陷性黄土场地，当采用碱液法时，应通过实验确定其适用性。

② 灌注溶液实验结束后，隔 7～10d，应在实验范围内加固深度内量测加固土的半径，并取土样进行室内实验，测定加固土的压缩性和湿陷性等指标。必要时，应进行浸水荷载实验或其他原位测试，以确定加固土的承载力和湿陷性。

③ 硅酸钠溶液灌注完毕，应在 7～10d 后，对加固的地基土进行检验。

④ 单液硅化法处理后的地基竣工验收时，承载力及其均匀性应采用动力触探法或其他原位测试检验。

⑤ 碱液法加固地基的竣工验收，应在加固施工完毕 28d 后进行。可通过开挖或钻孔取样，对加固土进行无侧限抗压强度实验和水稳性实验。当需要查明加固土体的外形和整体性时，可对有代表性加固土体进行开挖，量测其有效加固半径和加固深度。

9.5.4　根据《湿陷性黄土地区建筑规范》(GB 50025—2004)

1. 一般规定

单地基的湿陷变形，压缩变形或承载力不能满足设计要求时，应针对不同土质条件和建筑类别，在地基压缩层内或湿陷性黄土层内采取处理措施，各类建筑的地基处理应符合下列要求：

① 甲类建筑应消除地基的全部湿陷量或采用桩地基穿透全部湿陷性黄土层，或将基础设置在非湿陷性黄土层上。

② 乙、丙类建筑应消除低级的部分湿陷量。

2. 垫层法

垫层法包括土垫层和灰土垫层。当仅要求消除基底下 1～3m 湿陷性黄土的湿陷性量时，宜采用局部（或整片）土垫层进行处理，同时要求提高垫层土的承载力及增强水稳定时，宜采用整片灰十垫层进行处理。

土（或灰土）的最大干密度和最优含水量，应在现场采取有代表性的扰动土样采用轻型标准击实实验确定。土（或灰土）垫层的施工质量，应用压实系数 λ_c 控制，并应符合下列规定：

① 大于或等于 3m 的土（或灰土）垫层，不应小于 0.95。

② 大于3m的土（或灰土），其超过3m部分不应小于0.97。

③ 垫层厚度宜从基础底面标高算起。

④ 土（或灰土）垫层的承载力特征值，应根据现场原位（静载荷或静力触探）实验结果确定。

⑤ 当无实验资料时，对土垫层不宜超过180kPa，对灰土垫层不宜超过250kPa。灰土垫层中的消石灰与土的体积配合比，宜为2∶6或3∶7。

⑥ 当无实验资料时，土（或灰土）的最优含水量，宜在该场地天然土的塑限含水量为其填料的最优含水量。

⑦ 强夯处理的地基的质量应测定土的干密度、压缩系数和湿陷系数。

⑧ 强夯的承载力，宜在地基强夯结束30d左右，采用静载荷实验测定。

3. 挤密法

① 挤密填孔后，3个孔之间的最小挤密系数 η_{dmin}，甲、乙类建筑不宜小于0.88；丙类建筑不宜小于0.84。

② 孔底在加料前必须夯实。填料时，宜分层回填夯实，其压实系数不宜小于0.97。

③ 对重要或大型工程，还应进行下列测试工资综合判定：

a. 在处理深度内，分层取样测定挤密土及填料湿陷性及压缩性。

b. 在现场进行静载实验或其他原位测试。

4. 既有建筑物的地基加固和纠倾

① 单液硅化法和碱液加固法适用于加固地下水以上、渗透系数为0.50～2.00m/d的湿陷性黄土地基。在自重湿陷性黄土地场，采用碱液加固法应通过现场实验确定其可行性。

② 采用单液硅化法或碱液法加固湿陷性黄土地基，灌注实验结束后，隔10d左右，应在实验范围加固深度内测量加固土的半径，取土进行室内实验，测定加固土的压缩性和湿陷性等指标。必要时应进行沉降观察，至沉降稳定止，观察时间不应少于半年。

③ 单液硅化法应由浓度10%～15%的硅酸钠溶液掺入2.5%氯化钠组成，其相对密度宜为1.13～1.15，但不应小于1.10。硅酸钠溶液的模数值宜为2.50～3.30，其杂质含量不应大于2%。

④ 硅酸钠溶液全部灌注结束后，隔10d左右，应按下列规定对已加固的地基进行检测；检查施工记录，各灌注孔的加固深度和注入土中的溶液量与设计规定应相同或接近；应采用动力触探或其他原位测试，在已加固上的全部深度内进行检测，确定加固土的范围及其承载力。

⑤ 碱液法加固地基，碱液可用固体烧碱或液体烧碱配制。加固1m。黄土需氢氧化钠量约为干土质量的3%，即35～45kg。碱液浓度宜为100g/L，并且将碱液加热至80～100℃再注入土中。采用双液加固时，氢氧化钠溶液的浓度宜为50～80g/L。

⑥ 坑式静压柱的质量检验，制桩前或制桩期间，必须分别抽样检测水泥、钢材和混凝土试块的安定性、抗拉或抗压强度，检验结果必须符合设计要求；检查压桩施工记录，并作为验收的原始依据。

9.5.5 根据《建筑地面设计规范》(GB 50037—2013)

1. 地面的地基

① 地面垫层下的填土应选用砂土、粉土、黏性土及其他有效填料，不得使用过湿土、

淤泥、腐殖土、冻土、膨胀土及有机物含量大于8%的土。填料的质量和施工要求，应符合现行国家的有关标准的规定。

② 压实填土地基的密实度、含水率应符合下列规定：

a. 压实系数λ_c，不应小于0.09。

b. 控制含水量应为：

$$\omega_p = \omega_{op} \pm 3$$

式中 ω_{op}——土的最优含水量，%，可按当地经验或取$\omega_p \pm 2$，粉土可取14～18；

ω_p——土的塑限。

c. 压实系数应经现场实验确定。当无实验条件时，应要求施工压实机具、每层铺土厚度及每层压实遍数，均应符合表9-7的规定。

注：① 土的最大干密度宜采用击实实验确定，或按现行国家标准《建筑地基基础设计规范》的有关规定计算，土的控制干密度可根据当地经验确定。② 重要上程或工程量较大时，尚应采用触探配合检验。如素填土N10>20等。

表9-7 压实填土每层铺土厚度和压实遍数

压实机具	每层铺土厚度（mm）	每层压实遍数	压实机具	每层铺土厚度（mm）	每层压实遍数
平碾	200～300	6～8	蛙式打夯机	200～250	3～4
羊足碾	200～350	8～15	人工打夯	不大于200	3～4

注：本表适用于选用粉土、黏性土等作土料，对灰土、砂土类填料应按现行国家标准《建筑地基基础设计规范》的有关规定执行。

2. 地面的垫层

地面的垫层最小厚度应符合表9-8的规定。

表9-8 垫层最小厚度 mm

垫层名称	材料强度等级或配合比	厚度
混凝土	≥C10	60
四合土	1∶1∶6∶12（水泥∶石灰膏∶砂∶碎砖）	80
三合土	1∶3∶6（熟化石灰∶砂∶碎砖）	100
灰土	3∶7或2∶8（熟化石灰∶黏性土）	100
砂、炉渣、碎（卵）石		60
矿渣		80

注：① 一般民用建筑中的混凝土垫层最小厚度可采用50mm；

② 表中熟化石灰可用粉煤灰、电石渣等代替，砂可用炉渣代替，碎砖可用石、矿渣、炉渣等代替。

9.5.6 其他零星工程

填方和柱基、基坑、基槽、管沟回填，必须按规定分层夯压密实。取样测定压实以后的干土质量密度，其合格率不应小十90%，不合格干土质量密度的最低值与设计值的差不应大于0.08g/cm^{3}且不应集中。填土工程的质量检测与评价可采用下列几种方法。

1. 用环刀取样测定其干重度

测出的干重度应符合实际要求和上述规定，当设计无规定时，各类黏土的最小干重度值(rd-min)，可参考表9-9采用。

表 9-9　黏土类最小干重度值参考　　kN/m³

黏土类别	最小干重度
砂质黏土	15.5
粉质黏土	15.0
黏土	14.5

2. 用压实系数（λ_c）来鉴定黏性类填土地基质量

压实系数为土的控制（实际）干土密度（ρ_d）与最大干土密度（ρ_{dmax}）的比值。最大干土密度（ρ_{dmax}）是当最优含水量时，通过标准击实方法确定的。而密实度要求一般由设计单位根据工程结构性质、使用要求及土的性质来确定的，如果未作规定可参考表 9-10、表-11 数值采用。

表 9-10　压实填土地基质量的控制值

结构类型	填土部位	压实系数 λ_c
一般工程	基础四周成两侧的一般回填土	0.09
	室内地坪、管理地沟的回填土	0.09
	一般堆放物作场地的回填土	0.85

表 9-11　土的最优含水量和最大干密度参考

填土类名称	最优含水量 ω_{op}（质量比）（%）	最大干密度 ρ_{dmax}（g/cm²）
砂土	8～12	1.08～1.88
黏土	19～23	1.58～1.70
粉质黏土	12～15	1.85～1.95
粉土	16～22	1.61～1.80

3. 填土地基（垫层）的承载力进行确定与评判

对于按现行国家标准《建筑地基基础设计规范》（GB 50007）划分安全等级为三级的建筑物及一般不太重要的、小型、轻型或对沉降要求不高的工程，在无实验资料或经验时，当施工达到规范要求的压实标准后，可参照表 9-12 所列的承载力特征值取用。

表 9-12　各种垫层的承载力

换填材料类别	承载力标准值 f_n（kPa）
碎石、卵石	200～300
砂英石（其中碎石、卵石占全量的 30%～50%）	200～250
土英石（其中碎石、卵石占全量的 30%～50%）	150～200
中砂、粗砂、烁砂、角砾、圆砾	150～200
粉质黏土	130～180
石墨	120～150
灰土	200～250

续表

换填材料类别	承载力标准值f_k（kPa）
粉煤灰	120～150
矿渣	200～300

注：① 压实系数小的垫层，承载力标准值取低值，反之取高值；原状矿渣垫层取低值，分级矿渣或混合矿渣垫层取高值；

② 夯实土的承载力标准值取低值，灰土取高值；

③ 压实系数 λ_c 为土的控制干密度 ρ_d 与最大干密度 ρ_{dmax} 的比值，土的最大干密度宜采用击实实验确定，碎石或卵石的最大干密度可取 2.0～2.2t/m^3。

有关垫层的模量应根据实验或当地经验确定。在无实验资料或经验时，可参照表 9-13 选用。

表 9-13　垫层的模量

垫层材料	压缩模量 E_a	变形模量 E_b	垫层材料	压缩模量 E_p	变形模量 E_o
粉煤灰	8～20		碎石、卵石	30～50	
砂	20～30		矿渣		35～70

注：压实矿渣的 E_o/E_p，比值可按 1.5～3 取值。

4. 基础回填材料质量的控制要求和处理程序

（1）回填密实度

一般应以设计规定的控制干密度（ρ_d）作为检查标准。

（2）当控制干密度设计无规定，要求按压实系数时

应从现场的回填材料（扰动土）中采取样品 15kg（轻型击实实验用）或 30kg（重型击实实验用），在现场或实验室进行击实实验。击实实验按《土工试验方法标准》（GB/T 50123—1999）中规定进行，并按规定计算出实验的干密度（ρ_d）和最优含水量（ω_{op}）。

（3）对回填材料实际干密度的取样测定

一般是用环刀法按规定进行取样测定。

（4）回填材料的实际干密度应不小于 ρ_d（或实际规定的控制干密度）

当实测回填材料的实际干密度小于 ρ_d（或设计规定的控制干密度）时，则该回填材料密实度判为不合格，但应及时查明原因后，采取有效的技术措施进行处理，然后，在对处理好后的回填材料重新进行干密度检测，直到判为合格为止。

（5）一般处理技术措施

① 回填材料没达到最优含水量时。当检测回填材料的实际含水量没达到该回填材料的最优含水量时，可事先向松散的回填土材料均匀洒适量水，使其含水量接近最优含水量后，再经振、压、夯实后，重新用环刀法取样，检测新的实际干密度，应使实际干密度不小于 ρ_d。

② 当回填材料含水量超过该填料最优含水量时。尤其是用黏性土质类回填，当含水量超过最优含水量，在进行振、压、夯实时，易形成“橡皮土”，这就需采取如下技术措施处理后，还必须该填料的实际干密度不小于 ρ_d。开檐晾干。均匀地向松散填土内掺入同类干性黏土质类或刚化开的熟石灰粉。

当工程量不大，而且已夯压成“橡皮土”时，则可采取“换填法”，即挖去已形成的“橡皮土”后填入新的符合填土要求的填料。

③ 对黏性土填土的密实措施中，绝不允许采用灌水法。因黏性土浸水后，其含水量超过黏性土的最优含水量，在进行压、夯实时，易形成“橡皮土”。

（6）换填法用砂（或砂石）垫层分层回填

① 每层施工中，应按规定用环刀现场取样，并检测和计算出测试点砂样的实际干密度。

② 当实际干密度未达到设计要求或事先由实验室按现场砂样测算出的控制干密度（例）值时，应及时通知现场；在该取样出所属的范围进行重新振、压、夯实；当含水量不够时（即没达到最优含水量），应均匀地加洒水后再进行振、压、夯实。

③ 经再次振压实后，还须在该处范围内重新用环刀取样检测，应使新检测的实际干密度达到规定要求。

9.6 土工实验

9.6.1 试样的制作备样

1. 根据《土工试验方法标准》（GB/T 50123）规定提取土样

根据以下步骤备样：

① 将土样取出，并对土样的颜色、气味、夹杂物和土类及均匀程度进行描述，将土样切成碎块拌匀后，取有代表性土样测定含水量。

② 对均质和含有机质的土样，采用天然含水率状态下代表土样，供颗粒分析、界限含水率实验。

③ 对非均质土应根据实验项目取足够数量的土样，置于通风处晾干至可碾散为止；对砂类土和进行比重实验的土样宜在 105～110℃温度下烘干，对有机质含量超过 5%的土、含石膏的硫酸盐土，应在 65～70℃下烘干。将风干或烘干的土样在橡皮板上用木碾碾散；对不含砂和砾的土样，可在土壤粉碎机内粉碎。

④ 根据实验所需土样数量过筛；物理性实验应过 0.5mm 的筛，水性及力学性实验应过 2mm 的筛，击实实验应过 5mm 的筛；过筛后的土样应用四分法进行缩分，取足够数量具有代表性的土样，分别装入玻璃缸内，并标明工程名称、土样编号、过筛孔径、用途、制备日期及制备人员等。

2. 扰动土制样

将碾散的风干土样通过孔径 2mm 或 5mm 的筛，取筛下足够实验用的土样，充分拌匀，测定风干土的含水率，装入保湿缸或塑料袋内备用。根据实验所需的土量与含水率，按式（9-4）计算加水量：

$$m_{\omega}=\frac{m_0}{1+0.01\omega_0}\times 0.01(\omega_1-\omega_0) \tag{9-4}$$

式中 m_{ω}——制备试样所需要的加水量，g；

m_0——湿土（或风干土）质量，g；

ω_0——湿土（或风干土）含水率，%；

ω_1——制样要求含水率，%。

称取过筛的风干土样平铺于搪瓷盘内，将水均匀喷洒于土样上，充分搅拌后装入盛土容器内盖紧，湿润一昼夜，沙土的润湿时间可酌减。测定润湿土样不同位置处的含水率（不少于两点）。根据环刀容积及所需的干密度，试样所需的湿土量应按式（9-5）计算：

$$m_0 = (1 + 0.01\omega_0)\rho_d V \tag{9-5}$$

式中　ρ_d——试样的干密度，g/cm^3；

V——试样体积（环刀容积），cm^3。

扰动土试样制作方法：

① 击样法：根据环刀的容积及所求干密度、含水率计算出干土质量和所加水量制备湿土试样；将一定量的湿土分三层倒入装有环刀的击实仪内，用击实方法将土击入环刀内，击实到所需密度。

② 压样法：将制备好的湿土样倒入预先装好环刀的压样器内，拂平表面土样，以静压力将土压入环刀内，压至所需密度。

同一组试样密度差值应≤$0.02g/cm^3$，含水量差值应≤1%。取出带有试样的环刀，称环刀和试样的总质量，对不需饱和且不立即进行实验的试样，应存放在保湿器内备用。

3. 原样土制样

① 将土样筒按标明的上下方向放置，开启土样筒取出土样。取出后应检查土样结构，确定土样已受扰动土或取土质量不符合规定时，不应制备力学实验的试样。

② 根据实验要求用环刀切取试样时，应在环刀内壁涂一薄层凡士林，刀口向下放在土样上，将环刀垂直向下压，并用切土刀沿环刀外侧切削土样，边压边削至土样高出环刀，根据试样的软硬采用钢丝锯或切土刀平整环刀两端土样，擦净环刀外壁，称环刀和土的总质量。切削试样时，应对土的层次、气味、颜色、夹杂物、和土类及均匀程度进行描述，对低塑性和高灵敏度的软土，制备试样时不得扰动。

③ 从余土中取代表性试样测定含水率。

9.6.2　土工实验方法

1. 含水率实验

土的含水率是指试样所含水的质量占干燥（试样烘干至恒量）试样的百分率。含水率检测方法有烘干法、酒精燃烧法、炒干法和实容积法等。

（1）实验步骤

取具有代表性的土样 15～30g 或用环刀中的试样，有机质土、砂类土和整体状构造冻土为 50g，放入以称好的称量盒 m_0 中盖好，用天平称重 m_1（湿土加盒重，精确至 0.01g）。

将称好试样打开盒盖，放入干燥器中，在温度为 105～110℃下烘至恒量。黏土、粉土不得少于 8h，沙土不得少于 6h，含有机质超过干土质量 5%的土，应将温度控制在 65～70℃的恒温下烘至恒量。

取出试样盖上盒盖，放入干燥器中冷却至恒温，放在天平上称其质量 m_2（干盒加盒重，精确至 0.01g）。计算含水率：

$$\omega = \left(\frac{m_w}{m_s}\right) \times 100\% = \left(\frac{m_1 - m_2}{m_2 - m_0}\right) \times 100\% \tag{9-6}$$

（2）实验结果

实验必须进行两次平行测定，两次测定值之差在土的含水率小于40％时不超过1.0％，在土的含水率大于40％时不超过2％，则取平均值作为实验结果。

2. 密度实验

土密度的实验方法有环刀法、蜡封法、液体石蜡法和现场坑测法等。以环刀法为例检验其密度。

（1）实验步骤

试样制备：按工程需要取原状土；制备扰动土试样；扰动土经风干碾散后，配制成天然含水量和所需状态的土样。

将环刀内壁涂抹一层凡士林，刀口向下放在土样上，用手垂直将环刀按入土内，第一次只能按如环刀高度的1/3，然后将环刀周围的土用切土刀削掉；再将环刀按入1/3，最后土样两边的土要高于环刀。

用切土刀将试样两边削去修平，擦净环刀外壁称量（精确至0.1g）。

（2）实验结果

$$\text{计算土的密度}\ \rho = m/V = (m_1 - m_2)/V \tag{9-7}$$

式中 m_1——湿土加环刀重，g；

m_2——环刀重，g；

V——环刀内净体积，cm^3。

本实验须进行两次平行测定，当两次平行测定值之差≤0.03g/cm^3时，则其最终测定值为算术平均值。

3. 相对密度实验

土颗粒相对密度是指在100～105℃下烘干至恒量时的质量与同体积4℃纯水质量的比值。其测定方法根据土粒粒径大小不同而不同，若粒径小于5mm的土，采用比重瓶法测定；粒径大小5mm的土，其中含大于20mm的颗粒小于10％时，应用浮称法进行；含有大于20mm颗粒大于10％时，用虹吸筒法进行；粒径小于5mm部分用比重瓶法进行，取其加权平均值作为土粒的相对密度。

（1）比重瓶法

① 实验步骤

一般土的相对密度用纯水测定，含有可溶性的盐、亲水性胶体或有机质的土，需用中性液体（如煤油）测定。

将比重瓶烘干，将烘干土约15g装入100ml的比重瓶内（若用50ml的比重瓶，装烘干土约10g），称其质量（精确至0.01g）。

为排除土中空气，向装有烘干土的比重瓶中注入纯净水（或蒸馏水）至瓶的一半处，摇动比重瓶，并将比重瓶放在砂浴上沸煮。砂及砂质粉土沸煮时间不少于30min；黏土、粉土沸煮时间不少于1h。沸煮时比重瓶内的土液不能溢出瓶外。

将纯净水注入比重瓶，注水至略低于瓶的刻线处（短颈比重瓶，应注水至近满）。等瓶内悬液温度温稳定及瓶的上部悬液澄清。长颈比重瓶用滴管调整液面至刻线处；短颈比重瓶则将瓶塞塞好，使多余水分从瓶塞毛细管中溢出；擦干瓶外和瓶内刻线以上部分的水，称其质量 m_2（瓶＋水＋土）；并立即测定瓶内水的温度。

用与实验相同条件的水（水质相同、水温相同），将水注入比重瓶中，测其质量 m_1（瓶＋水）；用中性液体（如煤油等）代替纯水，测定含有可溶性盐、亲水性胶体或有机质土时，用真空抽气法代替沸煮法排出土中的空气。抽气时真空度需接近一个大气压，从达到一个大气压时算起，抽气时间为 1～2h，直至悬液内无气泡溢出为止。其余步骤与上相同。

② 实验结果

计算土的相对密度（纯水）：

$$G_s=\left(\frac{m_d}{m_1+m_d-m_2}\right)\times G_{wt} \tag{9-8}$$

式中　G_s——土的相对密度；

m_d——干土质量，g；

G_{wt}——t℃时纯水的密度，kg/m^3。

计算土的相对密度（中性液体）：

$$G_s=\left(\frac{m_d}{m_1'+m_d-m_2'}\right)\times G_{kt} \tag{9-9}$$

式中　m_d——干土质量，g；

G_{kt}——t℃时中性液体的密度，g/m^3。

实验需进行两次平行测定，当两次平行测定的差值≤0.02 时，实验结果为两次测定的算数平均值（精确到 0.01）。

（2）浮称法

① 实验步骤

取粒径大于 5mm 具有代表性的土样 500～1000g，冲洗至土颗表面无尘土和其他污物。

向静水力学天平的盛水器中注入水，并调平天平。将试样在水中浸泡 24h 后取出放入静水力学天平的吊篮框内，缓缓浸没水中，将其轻轻摇晃直到无气泡为止。

称其试样在水中的质量 m_2。取出试样烘干称其质量 m_d。

② 实验结果

计算土的相对密度：

$$G_s=\left(\frac{m_d}{m_d-m_2}\right)\times G_{wt} \tag{9-10}$$

式中　m_d——干土的质量；

G_{wt}——t℃时纯水的密度。

实验需进行两次平行测定，当两次平行测定的差值≤0.02 时，实验结果为两次测定的算数平均值（精确至 0.01）。

计算土粒的平均相对密度：

$$G_s=\frac{1}{(P_1/G_{s1})+(P_2/G_{s2})} \tag{9-11}$$

式中　G_{s1}——粒径大于 5mm 土粒的相对密度；

G_{s2}——粒径小于 5mm 土粒的相对密度；

P_1——粒径大于 5mm 土粒占总质量的百分率；

P_2——粒径大于 5mm 土粒占总质量的百分率。

(3) 虹吸筒法

① 实验步骤

取粒径大于5mm具有代表性的土样700～1000g，冲洗至土颗表面无尘土和其他污染物。

将试样在水中浸泡24h后取出，擦干其表面水分称其质量m。

在虹吸筒内注入清水至管口有水溢出时；待管口没有水流出时关闭管夹，将试样慢慢放入通筒中，边放边搅，直至无气泡为止，搅动时不要使水溅出筒外。称其量筒的质量m_0。

待筒内水平静时，开启管夹，让试样所排开的水通过虹吸管流入量筒中。称其量筒加水的质量m_1。测定量筒内水的温度。

取出筒内的试样，烘干称其质量m_d。

② 实验结果

计算土的比重：

$$G_s=\frac{m_d}{(m_1-m_0)-(m-m_d)}\times G_{st} \tag{9-12}$$

式中 m——擦干或晾干试样的质量，g；

m_0——量筒的质量，g；

m_1——量筒和水的总质量，g；

m_d——干土质量，g；

G_{st}——t℃时纯水的密度，g/m^3。

实验需进行两次平行测定，当两次平行测定的差值≤0.02时，实验结果为两次测定的算数平均值（精确至0.01）。

按下式计算土粒的平均相对密度：

$$G_s=\frac{1}{(P_1/G_{s1})+(P_2/G_{s2})} \tag{9-13}$$

式中 G_{s1}——粒径大于5mm土粒的相对密度；

G_{s2}——粒径小于5mm土粒的相对密度；

P_1——粒径大于5mm土粒占总质量的百分率；

P_2——粒径大于5mm土粒占总质量的百分率。

4. 击实实验

击实实验用于测定土的密度和含水率的关系，从而确定土的最大干密度与相应的最优含水率。击实实验分为轻型击实实验和重型击实实验两种方法。

(1) 实验步骤

按预定含水率制备土样：取一定量土样（轻型击实取2.5kg，重型击实取5kg），平铺在不吸水的平板上用喷水设备在土样上均匀喷洒预定的水量，边喷边翻，稍静置一段时间后，装入塑料袋或密封在盛土器内静置24h备用。

将击实仪放在坚实的地面上。击实筒底和筒内壁涂上少量润滑油。取制备好的试样一份（轻型击实实验分三层击实，每层需土样600～750g，重型击实实验分五层击实，每层需土样750～950g）装入击实筒内；平整其表面进行击实。若是轻型击实则每层击实25击，重型击实则每层击实56击，每层击实后应将其表面刨毛，再装入下一层土样；击实完成后，其超出击实筒的余土高度不大于6mm。

用削土刀沿套环内壁削挖后，取下套环，沿筒顶削平试样，拆除底板。若试样底板超出筒外，也应该将其削平。擦净筒外壁，称其质量。

用推土器，将土样从击实筒内推出，从上向下切开土样，并在土样中心处各取两个15g以上的土样测定其含水率。

对不同含水率的试样依次击实。

（2）实验结果

计算土样击实后各试样的含水率：

$$\omega=[(m-m_d)/m_d]\times100\% \tag{9-14}$$

式中　m——湿土质量，g；

m_d——干土质量，g。

计算土样击实后各试样的干密度：

$$\rho_d=(\rho/1)+\omega \tag{9-15}$$

式中　ρ——土样的湿密度。

计算土的饱和含水率：

$$\omega_{sat}=[(\rho_w/\rho_d)-(1/G_s)]\times100\% \tag{9-16}$$

式中　G_s——土粒的相对密度；

ρ_w——水的密度，g/cm^3。

绘图：以干密度为纵坐标，以含水率为横坐标，绘制干密度与含水率的关系曲线。曲线上峰值点的纵、横坐标分别表示土的最大干密度和最优含水率。若曲线不能给出峰值点，则须补点实验。

5. 界限含水率实验

土的液限是指土体中水分减少，而由流动状态转向塑性状态时所保留的流体状态最低的含水量。土的塑限是指土自塑性状态蒸发水分，过渡到半固体状态时的含水率。

实验方法包括：锥式液限仪法、碟式液限仪法、液塑限联合测定仪法和滚搓法。下面介绍液塑限联合测定仪法。

（1）实验步骤

采用天然含水量的土样制备试样。如实际操作困难时，也允许用分干土进行测定。

采用风干土时，将其提样放在橡皮板上用木碾碾散，过0.5mm的筛后，取其具有代表性的土样20g，放在橡皮板上用纯水调成土膏，放入调土皿中，静置24h；采用天然含水量的土样时，取代表性上样250g。若土中含有大于0.5mm的颗粒时，应将土颗粒过0.5mm的筛（有机质含量不超过5的黏性土）。如用过0.5mm的筛风干土。放在调土皿中加蒸馏水调成均匀土膏，用玻璃板盖住，静置一昼夜。天然含水量土样的静置时间，可按其含水量大小而定，甚至可以不静置。

取已制备好的试样用调土刀充分搅拌均匀，分层装入试杯中。填土时不要使土内留有空隙和气泡。再齐杯口刮去多余的土，把杯放在杯座上。刮土时，不得反复用刀在土面上涂抹，以免土面上含水率增大。

用布抹净锥体并涂以薄层凡士林或润滑油，接通电源，使电磁铁吸稳圆锥仪。调节屏幕准线，使初始读数在零位刻线处，调节升降座，使圆锥仪锥尖刚好接触土面，圆锥仪在自重作用下沉入土内经5s后读出圆锥下沉深度。然后再取试杯中的试样10g左右测定其含水率。用同样方法对其余两个试样进行实验。

（2）实验结果

计算含水率：

$$\omega=[(m/m_{d})-1]\times 100\% \tag{9-17}$$

式中 m——湿土的质量，g；

m_{d}——干土的质量，g。

绘图：以含水率为横坐标，圆锥下沉深度为纵坐标的双对数坐标。在坐标上，将三个含水率与其相对应的圆锥下沉深度绘在坐标纸上，将其三点连成一条直线；如果三点不在一条直线上，则通过高含水率的一点与其余两点分别连成两条直线，在圆锥下沉深度为2mm处查的两个相应的含水率，如果差值不超过2%，用平均值得点与高含水量的点作一条直线；若差得的两个含水率超过2%，则应补做实验。

在坐标图上查得两下沉深度为10mm时所对应的含水率为液限；查得圆锥下沉深度为2mm时所对应的含水率为塑限。计算塑性指数和液性指数。

$$I_{p}=\omega_{L}-\omega_{p} \qquad I_{L}=\omega-\omega_{P}/I_{p} \tag{9-18}$$

式中 I_{p}——塑性指数；

I_{L}——液性指数；

ω——土的天然含水率；

ω_{L}——土的液限含水率。

附录A 混凝土外加剂与混凝土其他原材料相容性的快速试验方法

A.0.1 本检测方法适用于试验各类含碱水组分的混凝土外加剂与混凝土其他原材料的相容性

A.0.2 实验所用仪器设备应符合下列规定

1. 水泥胶砂搅拌机：符合现行行业标准《行星式水泥胶砂搅拌机》（JC/T 681）的要求。

2. 砂浆扩展度筒：内壁光滑无接缝的筒状金属制品，筒壁厚度不应小于2mm，见图A-1，尺寸如下：

顶部内径d：（50±1）mm；

底部内径D：（100±1）mm；

高度h：（150±1）mm。

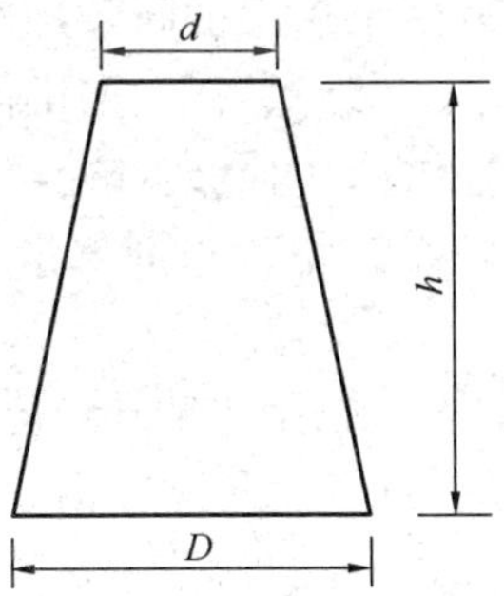

图A-1 砂浆扩展度筒示意图

3. 捣棒：直径（8±0.2）mm，长（300±3）mm的钢棒，端部应磨圆。

4. 玻璃板：500mm×500mm×5mm。

5. 游标卡尺：量程500mm，分度值1mm。

6. 刮刀。

7. 秒表：分度值0.1s。

8. 时钟：分度值1s。

9. 天平：称量100g；分度值0.01g。

10. 台秤：称量5kg，分度值1g。

A.0.3 试验所用材料、配合比及环境条件

1. 水泥：工程实际使用水泥。

2. 砂：工程实际使用砂，需筛除粒径大于5mm以上部分。

3. 矿物掺合料：工程实际使用掺合料。

4. 外加剂：工程实际使用外加剂。

5. 砂浆配合比：与工程实际用混凝土配合比中的砂浆相同，水胶比降低 0.02，砂浆总量约（3000±50）g。

6. 砂浆初始扩展度要求：对于高性能减水剂、高效减水剂和泵送剂，砂浆初始扩展度应控制在（350±20）mm，对普通减水剂，砂浆初始扩展度宜控制在（260±20）mm。

7. 试验室条件应符合现行国家标准《水泥胶砂强度检验方法（ISO 法）》（GB/T 17671）的要求。

A.0.4 试验方法应按下列步骤进行

1. 将玻璃板放置在水平位置，用湿布将玻璃板、砂浆扩展度筒、搅拌叶片及搅拌锅内壁均匀擦过，使其表面湿而不带水滴。

2. 将砂浆扩展度筒放在玻璃板中央，并用湿布覆盖待用。

3. 按混凝土配合比的比例称取水泥、掺合料、砂及外加剂待用。

4. 外加剂为液体时，先将预混的胶凝材料加入搅拌锅内，再加入与水混合均匀的外加剂溶液；外加剂为固体时，先将预混的胶凝材料及外加剂加入搅拌锅内，再加入水。

5. 从加水时刻开始计时。

6. 启动砂浆搅拌机，搅拌 30s 后开始自动加砂，30s 内加完，按砂浆搅拌机程序自动搅拌 4min。

7. 搅拌完毕，将砂浆分两次倒入砂浆扩展度筒，每次约倒入筒高的 1/2，并用捣棒自边缘向中心按顺时针方向均匀插捣 15 下，最后，表面用刮刀刮平，将筒缓慢匀速垂直提起，10s 后用游标卡尺量取相互垂直的两个方向的最大直径，取其平均值作为砂浆扩展度。

8. 砂浆扩展度未达到目标值时，需调整减水剂掺量，重复本条第 1～7 款的试验步骤，直至达到砂浆扩展度目标值为止。

9. 将试验砂浆重新倒入搅拌锅中，并用湿布覆盖搅拌锅，至加水后 10min（高性能减水剂需做）、30min、60min，开启搅拌机，快速搅拌 1min，按本条第 7 款步骤测定砂浆扩展度。

A.0.5 试验结果评价

1. 应根据外加剂掺量和砂浆扩展度经时损失判断外加剂与混凝土其他原材料的相容性。

2. 对试验结果有异议时，可按实际混凝土配合比进行试验验证。

3. 宜注明所用外加剂和混凝土原材料的品种、等级、生产厂，及试验室温度、湿度等。

附录B　补偿收缩混凝土的限制膨胀率测定方法

B.0.1　本方法适用于测定掺膨胀剂混凝土的限制膨胀率及限制干缩率

B.0.2　试验用仪器应符合以下规定

1. 测量仪：

测量仪由千分表、支架和标准杆组成，见图B-1，千分表分辨率为0.001mm。

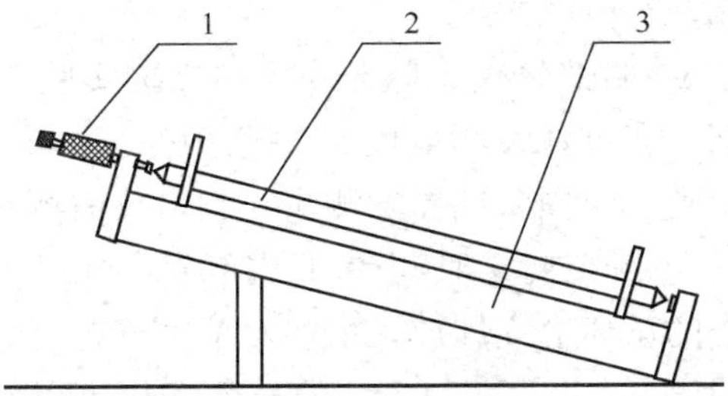

图B-1　测量仪

1—电子千分表；2—标准杆；3—支架

2. 纵向限制器：

① 纵向限制器由纵向限制钢筋与钢板焊接制成，见图B-2。

② 纵向限制钢筋采用《钢筋混凝土用钢　第2部分：热轧带肋钢筋》(GB 1499.2)中规定的钢筋，直径10mm，横截面面积$78.54mm^2$。钢筋两侧焊12mm厚的钢板，材质符合《碳素结构钢》(GB/T 700)技术要求，钢筋两端点各7.5mm范围内为黄铜或不锈钢，测头呈球面状，半径为3mm。钢板与钢筋焊接处的焊接强度，不应低于260MPa。

③ 纵向限制器不应变形，一般检验可重复使用3次，仲裁检验只允许使用1次。

④ 该纵向限制器的配筋率为0.79%。

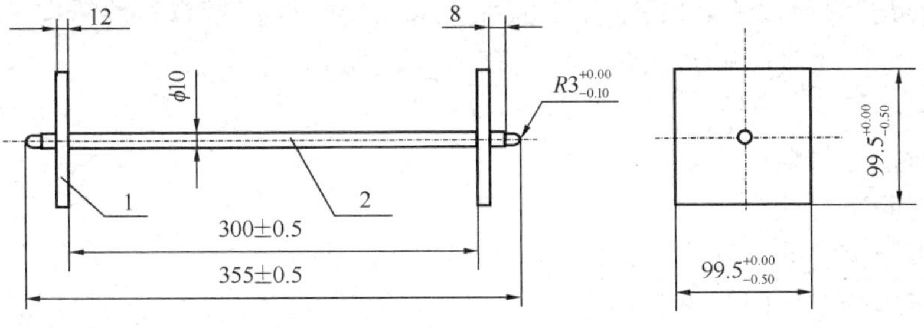

图B-2　纵向限制器

1—端板；2—钢筋

B.0.3　试验室温度应符合下列规定

1. 用于混凝土试体成型和测量的实验室的温度为(20±2)℃。

2. 用于养护混凝土试体的恒温水槽的温度为(20±2)℃。恒温恒湿室温度为(20±2)℃，湿度为(60±5)%。

3. 每日应检查、记录温度变化情况。

B.0.4 试体制作应符合以下规定

1. 用于成型试体的模型宽度和高度均为100mm，长度大于360mm。

2. 同一条件有3条试体供测长用，试体全长355mm，其中混凝土部分尺寸为100mm×100mm×300mm。

3. 首先把纵向限制器具放入试模中，然后将混凝土1次装入试模，把试模放在振动台上振动至表面呈现水泥浆，不泛气泡为止，刮去多余的混凝土并抹平；然后把试体置于温度为（20±2)℃的标准养护室内养护，试体表面用塑料布或湿布覆盖，防止水分蒸发。

4. 当混凝土抗压强度达到3～5MPa时拆模（一般为成型后12～16h)。

B.0.5 试体测长和养护应符合以下规定

1. 试体测长：测长前3h，将测量仪、标准杆放在标准实验室内，用标准杆校正测量仪并调整千分表零点。测量前，将试体及测量仪侧头擦净。每次测量时，试体记有标志的一面与测量仪的相对位置必须一致，纵向限制器的测头与测量仪的测头应正确接触，读数应精确至0.001mm。不同龄期的试体应在规定时间±1h内测量。试体脱模后在1h内测量试体的初始长度。测量完初始长度的试体应立即放入恒温水槽中养护，在规定龄期进行测长。测长的龄期从成型日算起，一般测量3d、7d和14d的长度变化。14d后，将试体移入恒温恒湿室中养护，分别测量空气中28d、42d的长度变化。也可根据需要安排测量龄期。

2. 试体养护：养护时，应注意不损伤试体测头。试体之间应保持25mm以上间隔，试体支点距限制钢板两端约70mm。

B.0.6 各龄期的限制膨胀率应按式（B-1）进行计算

$$\varepsilon = \frac{L_1 - L}{L_0} \times 100\% \tag{B-1}$$

式中 ε——所测龄期的限制膨胀率，%；

L_1——所测龄期的试体长度测量值，mm；

L——初始长度测量值，mm；

L_0——试体的基准长度，300mm。

取相近的2个试体测定值的平均值作为限制膨胀率的测量结果，计算值精确至0.001%。导入混凝土中的膨胀或收缩应力按式（B-2）计算：

$$\sigma = \mu \cdot E \cdot \varepsilon \tag{B-2}$$

式中 σ——膨胀或收缩应力，MPa；

μ——配筋率，%；

E——限制钢筋的弹性模量，取（2.0×105）MPa；

ε——所测龄期的限制膨胀率，%。

计算值精确至0.01MPa。

附录C 灌浆用膨胀砂浆竖向膨胀率的测定方法

C.0.1 本试验方法适用于灌浆用膨胀砂浆的竖向膨胀率的测定

C.0.2 测试仪器工具应符合下列规定

1. 千分表：量程10mm，分辨率为0.001mm。
2. 测量支架：钢质测量支架。
3. 玻璃板：长140mm×宽80mm×厚5mm。
4. 钢质压块：直径约70mm，厚约5mm，质量约为150g。
5. 试模：100mm×100mm×100mm立方体试模的拼装缝应填入黄油，不得漏水。
6. 铲勺：宽60mm，长160mm。
7. 捣板：可用钢锯条替代。

C.0.3 仪表安装应满足下列要求

竖向膨胀率的测量装置示意图如图C-1所示。

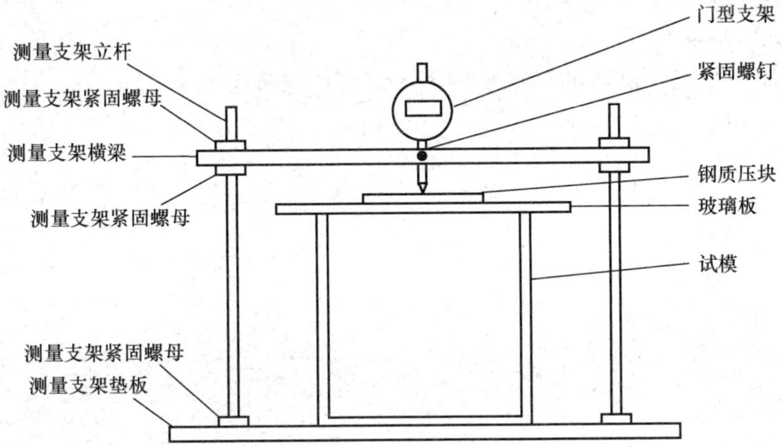

图C-1 竖向膨胀率测量装置示意图

1. 测量支架：测量支架的垫板和测量支架横梁用螺母紧固，其水平度不应超过0.02；测量支架水平放置在工作台上，水平度也不应超过0.02。
2. 试模：放置在钢垫板上，不可摇动。
3. 玻璃板：平放在试模中间位置。其左右两边与试模内侧边留出10mm空隙。
4. 钢质压块置于玻璃板中央。
5. 千分表：千分表与测量支架横梁固定牢靠，但表杆能够自由升降。安装千分表时，要下压表头，使表针指到量程的1/2处左右。

C.0.4 灌浆操作应按下列步骤进行

1. 灌浆料用水量按扩展度为（250±10）mm时的用水量。
2. 灌浆料加水搅拌均匀后立即灌模。从玻璃板的一侧灌入，当灌到50mm左右高度时，用捣板在试模的每一侧插捣6次，中间部位也插捣6次。灌到90mm高度时，和前面相同再做插捣，尽量排出气体。最后一层灌浆料要一次灌至两侧流出灌浆料为止，要尽量减少灌浆料对玻璃板产生的向上冲浮作用。

3. 玻璃板两侧灌浆料表面，用小刀轻轻抹成斜坡，斜坡的高边与玻璃相平。斜坡的低边与试模内侧顶面相平。抹斜坡的时间不应超过30s。之后30s内，用两层湿棉布覆盖在玻璃板两侧灌浆料表面；成型温度、养护温度均为（20±3)℃。

4. 把钢质压块置于玻璃板中央，再把千分表测量头垂放在钢质压块上，在30s内记千分表读数 h_0，为初始读数。

5. 从测定初始读数起，每隔2h浇水1次，连续浇水4次，以后每隔4h浇水1次。湿养护至要求龄期，测定3d、7d试体高度读数。

6. 从测量初始读数开始，测量装置和试体应保持静止不动，并不受振动。

C.0.5 竖向膨胀率应按下式进行计算

$$\varepsilon_t = \frac{h_t - h_0}{h} \times 100\%$$

式中 ε_t——竖向膨胀率，%；

h_0——试体高度的初始读数，mm；

h_t——试体龄期为 t 时的高度读数，mm；

h——试体基准高度100，mm。

试验结果取一组三个试体的算术平均值，计算值精确至0.001%。